U0204354

21 世纪全国本科院校土木建筑类创新型应用人才培养规划教材

水泵与水泵站

主　编　张　伟　周书葵

副主编　汪彩文　谢德华

参　编　李　斌　汪爱河

　　　　周　俊　谢　敏

北京大学出版社

PEKING UNIVERSITY PRESS

内容简介

本书从水泵基本理论、水泵与泵站的运行调节及节能、泵站的工艺设计与运行管理角度出发对给排水科学与工程中常用水泵及泵站作了相应介绍。全书共分6章,第1章主要介绍了泵及泵站在给排水科学与工程中的地位和作用,以及泵及泵站运行管理的发展现状及特点;第2章主要对给排水科学与工程中常用的叶片式水泵的基本工作原理、构造、性能参数、基本方程式作了简要介绍;第3章主要介绍了离心泵装置运行工况及其工况调节,并对现行水泵装置的节能与控制作了介绍;第4章主要对射流泵、气升泵、往复泵、螺旋泵、水环式真空泵、螺杆泵的构造、工作原理、性能特点和选用计算作了简要介绍;第5章从给水泵站的特点、水泵的选择、机组布置与基础、辅助设备等角度介绍了给水泵站工艺设计、计算及其具体的应用实例;第6章结合实例就污水泵站、雨水泵站、合流泵站的构造特点、工艺设计作了介绍。

本书可作为高等院校给排水科学与工程专业本科教材,也可作为环境工程、水利工程等专业的参考教材,还可作为从事泵站规划设计和泵站运行管理技术人员的参考用书。

图书在版编目(CIP)数据

水泵与水泵站/张伟,周书葵主编. —北京:北京大学出版社,2014.1
(21世纪全国本科院校土木建筑类创新型应用人才培养规划教材)
ISBN 978-7-301-23346-7

Ⅰ.①水… Ⅱ.①张…②周… Ⅲ.①水泵—高等学校—教材②泵站—高等学校—教材 Ⅳ.①TV675

中国版本图书馆 CIP 数据核字(2013)第 245202 号

书　　　　名:水泵与水泵站
著作责任者:张　伟　周书葵　主编
策 划 编 辑:曹　薇
责 任 编 辑:伍大维
标 准 书 号:ISBN 978-7-301-23346-7/TU·0371
出 版 发 行:北京大学出版社
地　　　　址:北京市海淀区成府路 205 号　100871
网　　　　址:http://www.pup.cn 新浪官方微博:@北京大学出版社
电 子 信 箱:pup_6@163.com
电　　　　话:邮购部 62752015　发行部 62750672　编辑部 62750667　出版部 62754962
印 刷 者:北京京华虎彩印刷有限公司
经 销 者:新华书店
　　　　　　787 毫米×1092 毫米　16 开本　17 印张　396 千字
　　　　　　2014 年 1 月第 1 版　2018 年 1 月第 2 次印刷
定　　　　价:35.00 元

前　言

　　21 世纪的工程教育改革趋势是"回归工程"，工程教育将更加重视工程思维训练，强调工程实践能力。针对工科院校给排水科学与工程专业的特点和发展趋势，为了培养和提高学生综合运用各门课程基本理论、基本知识来分析解决实际工程问题的能力，编者总结近年来给排水科学与工程的实践经验与实例，组织编写了本书。

　　水泵与水泵站是给排水科学与工程中不可缺少的组成部分，在给水或排水系统中起着不可替代的枢纽作用。离开水泵，整个给水或排水工程系统将不能正常运行。因此，水泵与水泵站是高等学校给排水科学与工程、环境工程、水利工程等专业学生必修的一门重要的专业基础课。

　　水泵与水泵站技术发展迅速，新技术、新产品层出不穷，为适应教学的需要，使教学与工程紧密结合，使教学与新技术、新产品发展相适应，编者在总结多年的教学和工程实践的基础上，借鉴许多前辈的经验，根据新技术、新产品的发展趋势，编写了本书。

　　本书参加编写的人员有湖南城市学院张伟博士、南华大学周书葵教授、长沙理工大学谢敏副教授、广州工业大学李斌副教授、湖南科技大学谢德华讲师、湖南城市学院汪彩文讲师、湖南城市学院周俊讲师、湖南城市学院汪爱河讲师。具体编写分工：第 1 章由谢德华编写，第 2 章由张伟、周俊、汪爱河编写，第 3 章由李斌编写，第 4 章由周书葵编写，第 5 章由张伟、汪彩文编写，第 6 章由张伟、谢敏编写。本书由张伟、周书葵担任主编，汪彩文、谢德华担任副主编。

　　由于编者水平有限，书中难免存在不足之处，恳请广大读者批评指正。

编　者

2013 年 6 月

目 录

第1章
绪 论

教学目标

主要讲述泵及泵站的基本定义,以及目前国际国内的实际情况。通过本章的学习,应达到以下目标:
(1) 泵的定义及分类;
(2) 了解各种水泵型号的意义。

教学要求

知识要点	能力要求	相关知识
泵的定义	掌握泵的定义	泵的定义
泵的分类	(1) 按照工作原理分类 (2) 按照流体性质分类 (3) 其他分类方法	(1) 叶片式泵、容积式泵等 (2) 清水泵和污水泵 (3) 立式泵和卧式泵、单吸泵和双吸泵、电动泵、汽轮机泵、柴油机泵

 基本概念

泵、泵的分类标准等。

1.1 泵及泵站在给水排水工程中的地位和作用

泵的基本功能是将流体等物质从低位提升到高位,或者从一个地方输送到另外一个地方。在这一过程中,外界提供的能量(一般是电能或者热能)通过泵这一机械装置被转换成流体等物质所具有的机械能(势能或动能),从而使流体等物质能顺利到达目标位置。

泵的应用范围非常广泛,几乎所有与流体能沾上边的地方都会用到,如农业灌溉、生活用水、城市排污、化工厂原料输送、电厂冷却、石油开采与输送、轮船动力、航空航天等。所有与流体打交道的企业都会用到泵,如自来水公司、炼油厂、油田、房地产企业、化工厂、造船厂、火电厂、核电厂、污水处理厂等。同时,各种行业有不同类型的泵,功能分类十分广泛。

在城市给水和排水工程中,水泵及泵站是极其重要的组成部分。它们通常是整个给水排水系统正常运转的枢纽。图1.1所示为城市给水排水系统工艺基本流程。由图可知,原水由取水泵站,从水源地(江、河、湖、水库等)抽送至自来水厂,净化后的清水由送水泵站输送到城市管网,流入工厂、企业以及千家万户。城市中的废水,经过各区域的排水管网收集进入排水泵站，由各区域的排水泵站将各路污(废)水输送至污水处理厂。经过一系列的污水处理工艺后，由污水处理厂的主泵站将处理合格的出厂水，再回送入江、河、湖水之中。

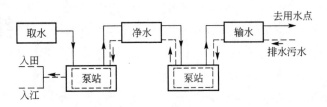

图 1.1　城市给水排水系统工艺基本流程

图 1.1 中虚线表示城市中排泄的生活污水和工业废水经排水管渠系统汇集后，由各区域排水泵站将污水抽送回污水处理厂，是一个逆向的循环过程。实际上，在排水管渠系统中使用泵站的场合是相当多的。除抽送污水和工业废水的泵站外，还有专门抽送雨水的泵站，也有仅用来抽送城市地势低洼区防洪排涝的区域性泵站，在污水处理厂内，往往从沉淀池把新鲜污泥抽送到污泥消化池，从沉砂池中排除沉渣，从二次沉淀池中提送回流活性污泥等，都要用各种不同类型的泵和泵站来保证运行。

由此可见，水的采集、净化、输送、回收利用，直到再净化、再输送及再利用的过程，都涉及泵的使用。泵在给水排水工程中的作用就如同心脏对人的作用。

此外，全国多跨区、跨市的长距离、大流量的输配水系统工程的建设也带动了大型水泵和水泵站的发展及应用。在这些大型的调水工程中，泵站的建设和运行管理通常是起很重要的角色。诸如"引黄(河)济青(岛)"工程，是一项较大规模的跨流域的调水工程。该工程由山东博兴县引黄河水，经惠民、东营、潍坊、青岛四市，全长 290km，沿线建造 5 个梯级站，安装 34 台大型机组，每天为青岛供水 $30 \times 10^4 \mathrm{m}^3$。该工程质量优，技术先进，荣获"国家科技进步奖"。

从经济的角度来看，城市供水企业一般都是用电大户。在整个给水工程的用电量中，95%～98%的电量是用来维持泵的运转，其他 2%～5%是用在制水过程中的辅助设备上(如电动阀、排污泵、真空泵、机修及照明等)。以一般城镇水厂而言，泵站消耗的电费，通常占自来水制水成本的 40%～70%，甚至更多。就全国泵机组的电能消耗而言，它占全国电能总耗的 21%以上。因此，通过科学调度，提高机泵设备的运行效率；采用调速电机，扩大泵机组的高效工作范围；对役龄过长、设备陈旧的机泵，及时采取更新改造等措施，都是合理降低泵站电耗的重要途径。

1.2 泵的定义及分类

泵是输送和提升流体的机器。它把原动机的机械能转化为被输送液体的能量，使液体获得动能或势能。由于泵在国民经济各部门中应用很广，品种系列繁多，对它的分类方法也各不相同。按工作原理不同可分为以下三类。

(1) 叶片式泵，依靠旋转的叶轮对液体的动力作用，把能量连续地传递给液体，使液体的动能和压力能增加(主要是动能)，随后通过压出室将动能转换为压力能，又可分为离心泵、轴流泵、混流泵和旋涡泵等。

（2）容积式泵，依靠包容液体的密封工作空间容积的周期性变化，把能量周期性地传递给液体，使液体的压力增加至将液体强行排出，根据工作元件的运动形式又可分为往复泵和回转泵。根据运动部件结构不同，有活塞泵、柱塞泵、齿轮泵、螺杆泵和水环泵等。

（3）其他类型的泵，以其他形式传递能量。如射流泵依靠高速喷射的工作流体将需输送的流体吸入泵后混合，进行动量交换以传递能量；水锤泵利用制动时流动中的部分水被升到一定高度传递能量；电磁泵是使通电的液态金属在电磁力作用下产生流动而实现输送。

另外，泵也可按输送液体的性质、驱动方法、结构、用途等进行分类。

按流体性质不同可分为清水泵和污水泵等。

清水泵主要用于城市给水处理工程，污水泵主要应用于城市污水处理工程，两者在构造上有所不同。污水泵有自身的结构特点，污水泵的扬程都不高，由于污水中杂物较多，叶轮的间隙比清水泵大。污水泵容易产生的故障，和一般离心泵也是相似的，因为抽污水，所以叶轮磨损较快。污水泵属于离心泵范围，结构和原理与一般离心泵是一样的。普通清水泵是以获得最高效率而设计的，也就是说，清水泵的水力结构参数是获得最高效率的最佳组合。对污水泵这类有特殊要求的泵其效率不可能超过同一时期的清水泵。污水泵的效率低于清水泵的主要原因是它们的过流通道加宽了。效率下降的值主要与加宽的程度有关。污水泵流道加宽是为防止阻塞，污水泵的叶轮比清水泵简单，没有护圈，这样就不会挡住污草，叶轮的下面还有一个锯齿片，可以上下调节，能把线头、布片绞碎并抽出。

按泵轴位置分为立式泵和卧式泵。

按吸口数目分为单吸泵和双吸泵。

按驱动泵的原动机分为电动泵、汽轮机泵、柴油机泵。

上述各种类型泵的使用范围是很不相同的。图1.2所示为常用的几种类型泵的总型谱图。由图可见，目前定型生产的各类叶片式泵的使用范围是相当广泛的，而其中离心泵、轴流泵、混流泵和往复泵等的使用范围各具有不同的性能。往复泵的使用范围侧重于高扬程、小流量。轴流泵和混流泵的使用范围侧重于低扬程、大流量。而离心泵的使用范围则介乎两者之间，工作区间最广，产品的品种、系列和规格也最多。

以城市给水工程来说，一般水厂的扬程为 $20 \sim 100\mathrm{m}$，单泵流量的使用范围一般为 $50 \sim 10000\mathrm{m}^3/\mathrm{h}$。要满足这样的工作区间，由总型谱图可以看出，使用离心泵装置是十分合适的。某些大型水厂，也可以在泵站中采取多台离心泵并联工作方式来满足供水量的要求。从排水工程来看，城市污水、雨水泵站的特点是大流量、低扬程，扬程一般在 $2 \sim 12\mathrm{m}$，流量可以超过 $10000\mathrm{m}^3/\mathrm{h}$，这样的工作范围，一般采用轴流泵比较合适。

综上所述，在城镇及工业企业的给水排水工程中，大量的、普遍使用的泵是离心式和轴流式两种。

目前，我国对泵的型号的编制方法尚未完全统一，但大多数产品主要以汉语拼音字母来表示泵的结构类型和特征。在泵样本及使用说明中，都应对泵型号的组成和含义加以说明。例如，一般大写字母有如下含义：

Q代表潜水，W代表排污，G代表管道，Y代表液下，N代表泥浆，Z代表自吸，L代表立式，JY代表搅匀，P代表不锈钢，B代表防爆等。

下例为无堵塞潜水式排污泵QW（WQ）的名称的具体含义。

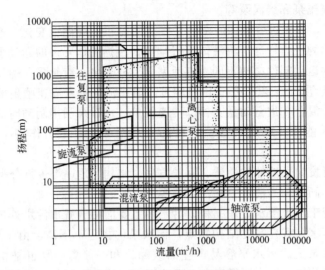

图 1.2 常用几种泵的总型谱图

例：$80WQ(QW)P40-15-4$

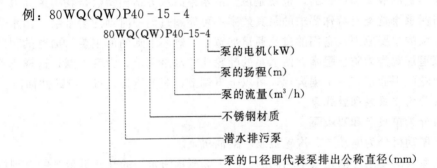

1.3 发达国家泵及泵站运行管理的发展现状及特点

随着世界经济的高速发展，水资源的战略地位愈来愈重要，水资源的高效利用和有效管理越来越得到世界各国政府的高度重视。以"水——可持续发展的关键"为主题的国际淡水会议于 2002 年 12 月 3 日在德国波恩拉开序幕。世界各国先后出台了水资源调度及综合利用、水土保持、按用途优化用水及海水淡化等方针政策，并以此来解决日益严重的水危机问题。

泵站作为水的唯一人工动力来源，作为重要的工程措施，它在水资源的合理调度和管理中起着不可替代的作用。同时，泵站在防洪、排涝和抗旱减灾，以及工农业用水和城乡居民生活供水等方面发挥着重要作用。另外，泵站为耗能大户，节能和节水问题一样重要。因此，泵站的经济运行和优化管理就显得尤为重要。

1.3.1 国内外泵站工程的发展状况

修建泵站是解决洪涝灾害、干旱缺水、水环境恶化当今三大水资源问题的有效工程措施之一。泵站承担着区域性的防洪、除涝、灌溉、调水和供水的重任，主要用于农田排灌、城市给排水及跨流域调水等。泵站与其他水利建筑物不同，它无须修建挡水和引水建筑物，对资源和环境无影响，受水源、地形、地质等条件的影响较小，且具有投资省、成本低、工期短、见效快、灵活机动等优点。但是，泵站运行要耗能，设备维护和更新费用高。尽管如此，许多国家还是把泵站工程建设列为优先考虑的重点。尤其是荷兰、日本和美国等国家，他们的发展速度较快，技术更先进，管理更完善，有许多东西值得我们借鉴和学习。

荷兰是一个地势低洼的国家，约有四分之一的国土面积低于海平面，历史上即以筑堤、排水、围海造田而著称，再加上部分地区开垦沼泽地等，其排水问题十分突出。为了解决这些矛盾，荷兰政府兴建了众多的大型排水泵站，迄今已从围海造田中增加土地面积约 60 万 hm²。荷兰排水泵站的特点是扬程低、流量大。如 1973 年兴建的爱茅顿排水泵站，最大扬程仅 2.3m，单机流量 37.5m³/s，总排水能力 150m³/s，并有可能在将来扩大至 350～400m³/s。荷兰目前已建成的大型泵站有 600 多座，安装口径 1.2m 以上的大型水泵机组 2400 多台(荷兰泵的转速高，其口径 1.2m，相当于我国口径 1.8m 以上的大泵)，其泵站的数量是我国泵站数量的三倍以上。在水泵设计及装置配套方面，荷兰有世界著名的水力机械专家，可对水泵装置进行性能测试、水锤计算、模型试验等；在机械方面，可进行振动计算和测量、性能和噪声的监测等。他们还广泛利用计算机，从计算机辅助选型(CAS)、计算机辅助设计(CAD)到计算机辅助制造(CAM)；从水力、结构优化设计到叶片、导叶加工的严格控制，全程使用计算机，使产品在高度先进的设计和工艺基础上制造出来。荷兰比较注重科研的投入，科研力量很强，研究机构齐全，设施非常完善，对水泵及其进、出水流道均有比较系统的研究。完美的设计和制造，提高了机组的性能指标，增加了泵站运行的安全性和稳定性。

日本是一个岛国，国土面积大部分为山地、丘陵，人均拥有的耕地面积较少。为增加土地面积，日本采用了大规模拦海造地的方法，同时兴建了一批排水泵站，以解决易涝地区的排渍问题。目前，日本由国家投资兴建的水库、水渠、水闸、泵站等骨干水利设施共 1443 项，灌排水渠总长 17810km。全国共有 7400 个土地改良区，控制面积 340 万 hm²。现在的日本灌排事业，已远远超过了因种植水稻而必须具备的功能。所到之处，灌溉排水设施与自然密切共存，相依相伴。它们在储存地下水、防洪、防污治污、国土治理的生态环境中，发挥着极为重要的作用，维护和创造了日本优美的农村景观和人文环境。在该国众多的大型泵站中，新川河口和三乡排水站是较有代表性的。新川河口排水站共装有 6 台直径为 4.2m 的贯流式水泵，扬程 2.6m，单台泵流量 40m³/s，排水受益面积 30 万亩(1 亩＝666.67 平方米，下同)。三乡排水站装有直径为 4.6m 的混流泵，单台泵流量 50m³/s，设计扬程 6.3m。

1902 年，美国国会通过《灌溉法案》，拉开了西部 17 个州水利建设的序幕。20 世纪 30 年代初遭遇经济大萧条后，总统富兰克林·罗斯福提出"新政"，把以水利设施为主的公共工程建设作为刺激经济的重要手段之一。大批水力发电、防洪、灌溉、调水等综合性工程纷纷上马，全国水利建设达到空前高潮。经过近一百年的努力，已建成并管理 345 座水库、254 座大坝、267 座泵站、21.6 万 km 渠道、2300km 输水干管、950km 隧洞和 58 座水电站，这些水资源开发利用骨干工程的建设和建成，为西部的社会和经济发展奠定了坚实的基础，解决了 3100 万人的用水问题，为西部 1000 万英亩(1 英亩＝4046.86 平方米，下同）农田提供了灌溉水，这些农田生产的蔬菜目前在全美蔬菜总产量中占到 60%。美国拥有世界上流量和扬程最大的泵站——埃德蒙斯顿泵站。它位于美国加州中部圣华金河谷地区的贝克斯菲尔德市南郊，是全长 864km 加州北水南调工程干渠上 22 座大型泵站之一（将水从加州北部干渠越过 Tehachapi 山脉输送到加州南部）。埃德蒙斯顿泵站装有 14 台泵，每台泵的流量为 9m³/s，需提供的净扬程为 587m(不包括管路损失)，效率为 92.2%，转速是 600r/m(与电动机同)，配套电动机功率为 8 万马力(近 6 万 kW)。泵站总流量为 125m³/s，配套总功率 112 万马力，年耗电量约 60 亿 kW·h。水泵为立轴 4 级串联，高 9.45m，转轮直径 4.88m，重 220t。水泵与电动机直联，机组总高近 20m，重 420t。该工程于 1951 年 5 月提出方案论证，1965 年 5 月最终确定方案，1971 年 9 月正式提出实施，1984 年完成最后 3 台机组的安装，工程总投资约 1.75 亿美元。

1.3.2 国外泵站的运行、管理及自动化

国外泵站在运行、管理方面自动化程度高，监控系统完善。这样，既提高了泵站运行的安全性、可靠性和经济性，又节约了人力资源，为工程的维护提供了可靠依据。其中，泵站在运行、管理方面自动化程度高的有美国、日本、英国和荷兰等。

美国西部调水工程的建设和管理经验表明，对系统实行集中统一调度具有许多优越性。加州的调水工程由水资源部统一管理运行，并于 1964—1974 年安装了控制系统，包括计算机、通信和电子设备。该系统可对 17 座泵站和电厂，71 座节制闸的 198 个闸门和其他各种设备、设施实行计算机通信、监控、检测和调度。为便于工程的控制和运用，除在萨克拉门托市设置中央控制室外，还在奥洛维尔、三角洲、圣路易斯、圣华金和南加州等 5 个区域设置分控制中心。中央控制室负责所有工程的管理和协调，同时也兼作其各分控制中心的备用。整个控制系统的投资为 1350 万美元，其中中央控制系统为 260 万美元。

中央控制系统主要由计算机系统、CRT 系统、调度控制台、模拟屏、打印系统和通信系统组成。其中，模拟屏高 3m，长 16m，带有警铃装置。一旦出现事故或非常情况，警铃会自动报警。

日本水管理几乎全部实现了自动化。工程设施和自动化设备均有明确的使用期限，一般规定 10~20 年更新一次。所以，20 世纪 60—70 年代兴建的水利工程和安装的设备，现已完成改造、扩建，并安装新的计算机系统。监控系统大都采用集中管理的分层分布式结构，即在一个水系上设有中央管理站，采用计算机和遥测、遥控装置对各种泵站、水工建筑物、渠道等进行集中监控，以达到水资源综合利用的目的。各分站和中央管理站之间采用无线电进行联系，也有采用国家专用电话线进行联系的，70—80 年代新装的设备大多采用微波通信。水管理系统的监控设备随着 CRT 的高密度化，辅助存储器的小型化、大容量化及微型计算机的普及和个性化等，大大地提高了工程的自动化水平。大型泵站由于设备比较集中，易于实现自动化。例如，新川河口排水站装有 6 台贯流式轴流泵，扬程 2.6m，单台泵流量 40m³/s，该站的水泵及其他设备均由中央控制室远距离操作。为保证新川河口的水位稳定在设计范围内，采用自动调节水泵叶片安装角和自动选择运转台数的控制机构，并根据内外水位差的变化，可发出开启自动排水闸的信号。该站的其他辅助设备和自动清污装置，也均由中央控制室操作。

1.3.3 国外泵站工程的管理体制

和其他水利工程一样，"有法可依、有法必依"是泵站工程稳定发展的基础和保证，充足的经费是泵站保证正常持续运转、实行有效管理的动力源泉。不同制度下的国家对泵站工程投资、管理的方法不同，其中管理、投资体制比较完善的国家有日本、荷兰和美国等。

美国是联邦制国家，各州都有相当大的立法权，州政府与联邦政府的关系相对较为松散，这就形成了其在泵站管理上实行以州为基本单位的管理体制。在政治体制上，美国实行私有制，在经济管理上，政府主要任务是基础设施的建设。在过去的一百多年里，联邦政府对水利建设十分重视，兴建了一大批水利设施，收到了明显的经济效益。近二十年来，由于联邦财政困难，其职责更多地由州政府履行，从而更加确立了以州为基本管理单位的管理体制。泵站的运行管理费用则由受益人根据受益的多少来承担。以城市供水为例，它主要通过向用水部门和个人计收水费而获得。在水费的具体收费办法上，各地一般分为七至八项。第一项为发行供水债券，主要用于新增供水及污水处理能力；第二项为地产税中有10%左右为水资源税；第三项为供水与污水处理统一收费；第四项为地下管线接管费；第五项为家庭排污年附加费；第六项为企业单位废水检测费；第七项为取水许可费及违规罚款等。水费的定价为一年一定。每年各城市及各供水区的水务部门会同用户代表，对下一年度的水供需情况进行分析，同时对下一年度的供水及污水处理的财务情况也进行预测，在财务平衡的基础上制订水价。美国政府对水的管理主要集中在水权的管理上。至于供水、配水的管理，则主要依靠市场自发的调节和民间机构的运作。尤其在农村，水的管理主要是通过一些灌溉公司或民间组织来进行，灌溉公司主要由水权拥有人组成。这样，既减少了政府的直接干预，也降低了政府在水资源管理方面的开支，使得政府机构运作效率更高，可以集中精力进行水管理中的重大问题的研究和决策，也避免了由于政府直接干预过多造成的效率低下的问题。在加州，中央河谷工程共兴建了约20座水坝和水库及长达800多千米的运河等，水力发电产生的电力可满足200万人的需求，加州10个农业高产县中有6个靠这一工程供水。据估计，美联邦政府在中央河谷工程上投资30亿美元，在农业等领域共产生了约100倍的回报。而包括32座水库和湖泊、1000多千米运河的加州北水南调工程，也帮助解决了占该州总人口三分之二的约2300万居民以及数千家企业的用水问题，满足了66万英亩农田的灌溉需求。以上数据表明，水利工程，特别是泵站工程在获得减灾、抗旱和排涝等直接效益的同时，还在工业增产、农业增收、人民正常生产生活等方面获得间接效益。所以，由受益单位和个人来支付其运行管理费用是不无道理的。

1.3.4 国外泵站技术和管理制度值得学习和借鉴的地方

（1）国外泵站技术装备好、自动化程度高。

国外水泵的性能指标明显优于国内，机组的结构、配套和传动方式也丰富多彩。国外大型水泵生产企业制造出来的泵，一般具有转速高、体积小、重量轻等优点，其流量是我国同口径水泵流量的1.5～2倍。如荷兰1.8m的水泵与我国2.8m的水泵性能相同，但前者的重量为 23.1t，后者的重量却是 48t，两者相差一倍以上。另外，采用齿轮传动，可以大幅度地减小电动机的体积和重量。如荷兰口径 3.6m 的贯流泵，采用齿轮变速传动的结构设计后，与其配套的高速电机直径仅 1.2m，电机和齿轮箱的总重量是 15t。如果将这台泵改用我国的直接传动，其电机直径将由原来的 1.2m 增加到 6.1m，重量由 15t 增加到 49t。由此可见，国外机组的高速化，不仅使机组的体积减小、重量变轻，而且还使厂房和土建投资大幅度降低，特别是考虑不同机组的装置形式（立、卧、斜式）对泵房结构的影响后，这种效果更明显。

国外水利工程建设，十分注意严把质量关。如荷兰的水泵生产和泵站管理，两者在业务上的关系要比我国密切得多，水泵厂的设计人员对泵站的运行管理非常熟悉，他们与泵站管理单位在设计、生产、制造、试验、安装、调试、运行和检修等各个环节上配合默契，协调一致。水泵的内外表面平整光滑，叶片铝青铜表面加工光洁度高。这样就确保了水泵符合泵站的使用要求，不仅效率高，空化性能好，而且大大地延长了水泵的使用寿命，减少了事故的发生。

而国内的泵站质量是令人置疑的。如某些泵站，运行一段时间后就发生地基下陷和建筑物开裂。国内水泵品种规格较少、结构形式单一、制造质量普遍较差，价格方面甚至低于与其配套的电动机。泵站设计时，只能选用性能差不多的几种定型产品，这样不但降低了泵站效率，而且还留下了许多安全隐患。

国外泵站的自动化程度较高，对泵站运行的各种指标进行长期跟踪、监测和记录，发现问题可随时加以解决。同时，记录下来的数据也将成为水泵开发和性能完善的依据。另外，自动化大大减少了事故的发生，也减少了泵站的管理工作人员。如美国，几十千米的输水干线上，只有几个工作人员。国内泵站一般建于 20 世纪 60—70 年代，设备陈旧，自动化程度低，往往采用经验管理和定期大修的办法。这样，大大地影响了泵站的经济性，增加了管理开支，造成经济上不必要的损失。

(2) 国外泵站运行管理人员少、素质好、社会分工严密。

(3) 国外十分注重工程的维护和保养、运行管理费用充足。

本 章 小 结

本章主要讲述泵及泵站的基本定义和分类标准，以及目前国际国内的实际情况。
本章的重点是泵的定义及分类。

习 题

1. 什么叫泵？
2. 简述泵的分类。
3. 城市给水工程一般采用什么泵？
4. 指出下列水泵型号中各符号的意义：1100B90/30；2IS100 – 65 – 250。

第**2**章
叶片式水泵的构造及理论基础

本章主要介绍了叶片式水泵的工作原理，包括离心泵、轴流泵和混流泵的基础理论；叶片式水泵基本构造；叶片式水泵的基本性能参数；叶片式水泵的基本方程；叶片式水泵的特性曲线；叶轮相似定律和相似准数。通过本章的学习，应达到以下目标：

（1）掌握叶片式水泵的工作原理；

（2）熟悉叶片式水泵的基本构造；

（3）掌握叶片式水泵的基本性能参数；

（4）掌握运用叶片式水泵的基本方程；

（5）掌握运用叶片式水泵的特性曲线；

（6）掌握叶轮相似定律和相似准数。

教学要求

知识要点	能力要求	相关知识
叶片式水泵的 工作原理	（1）掌握离心泵的工作原理 （2）掌握轴流泵的工作原理 （3）掌握混流泵的工作原理	（1）灌水启动 （2）机翼的升力理论 （3）蜗壳式和导叶式混流泵
叶片式水泵的 基本构造	（1）掌握离心泵的基本构造 （2）掌握轴流泵的基本构造 （3）掌握混流泵的基本构造	（1）叶轮的分类 （2）轴封装置 （3）导叶
叶片式水泵的 基本性能参数	（1）掌握叶片式水泵的六大基本参数 （2）掌握基本参数之间关系	（1）流量 （2）扬程 （3）允许吸上真空高度和气蚀余量
叶片式水泵的 基本方程	（1）了解叶轮中液体流动情况 （2）熟悉叶轮出口速度三角形 （3）掌握基本方程式的推导 （4）掌握基本方程式讨论和修正	（1）后弯式叶片 （2）三个假定 （3）普夫列德尔法
叶片式水泵的 特性曲线	（1）掌握理论特性曲线的推求 （2）熟悉理论特性曲线的修正	（1）离心泵的理论特性曲线 （2）离心泵的实测特性曲线
叶轮相似定律 和相似准数	（1）熟悉叶片式泵的工况相似 （2）叶轮相似定律	（1）几何相似和动力相似 （2）三大相似律 （3）比例律的应用

📖 **基本概念**

叶轮、轴封装置、泵轴、导叶、流量、扬程、允许吸上真空高度、气蚀余量、后弯式叶片、三个假定、相似律、比例律。

2.1 叶片式水泵的工作原理

水泵是指把原动机的机械能转化为被输送液体的能量，使液体能量(动能或势能)得到增加的装置。

按照水泵作用原理的不同分为以下三类：

(1) 叶片式水泵：依靠装有叶片的叶轮高速旋转完成对液体的压送，属于这一类的如离心泵、轴流泵、混流泵等。

(2) 容积式水泵：它对液体的压送是靠泵体工作室容积的改变来完成的。一般使工作室容积改变的方式有往复运动和旋转运动两种。属于往复运动这一类的如活塞式往复泵、柱塞式往复泵等；属于旋转运动这一类的如转子泵等。

(3) 其他类型水泵：螺旋泵、射流泵(又称水射器)、水锤泵、水轮泵以及气升泵等。其中除螺旋泵是利用螺旋推进原理来提高液体的位能以外，上述各种泵的特点都是利用高速液流或气流的动能或动量来输送液体的。在给水排水工程中，结合具体条件应用这类特殊泵来输送水或药剂(混凝剂、消毒药剂等)时，常常能起到良好的效果。

往复泵的使用范围侧重于高扬程、小流量。轴流泵和混流泵的使用范围侧重于低扬程、大流量。而离心泵的使用范围则介乎两者之间，工作区间最广。

2.1.1 离心泵的工作原理

由物理学可知，作圆周运动的物体有受向心力的作用，如果向心力不足或失去向心力，物体由于惯性就会沿圆周的切线方向飞出，离转动圆心越来越远，形成所谓的离心运动，离心泵(图 2.1)就是利用这种惯性离心运动来进行扬水的。

图 2.1 离心泵

图 2.3 所示为给水排水工程中常用的单级单吸式离心泵的基本构造。泵包括蜗壳形的泵壳 1，装于泵轴 2 上旋转的叶轮 3，蜗壳形泵壳的吸水口与泵的吸水管 4 相连，出水口与泵的压水管 5 相连接。泵的叶轮一般是由两个圆形盖板所组成，盖板之间有若干片弯曲的叶片，叶片之间的槽道为过水的叶槽，如图 2.3 所示，叶轮的前盖板上有一个大圆孔，这就是叶轮的进水口，它装在泵壳的吸水口内，与泵吸水管

路相连通。离心泵在启动之前，应先用水灌满泵壳和吸水管道，然后驱动电机，使叶轮和水作高速旋转运动，此时，水受到离心力作用被甩出叶轮，经蜗形泵壳中的流道而流入泵的压水管道，由压水管道而输入管网中去。同时，泵叶轮中心处由于水被甩出而形成真空，吸水池中的水便在大气压力作用下，沿吸水管而源源不断地流入叶轮吸水口，又受到

高速转动叶轮的作用，被甩出叶轮而输入压水管道。这样，就形成了离心泵的连续输水。

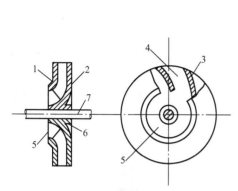

图 2.2　单吸式叶轮

1—前盖板；2—后盖板；3—叶片；4—叶槽；
5—吸水口；6—轮毂；7—泵轴

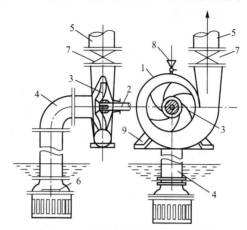

图 2.3　单级单吸式离心泵的构造

1—泵壳；2—泵轴；3—叶轮；4—吸水管；5—压水管；
6—底阀；7—闸阀；8—灌水漏斗；9—泵座

离心泵启动前一定要充满水才能工作，因为水的质量比空气约大 800 倍，若启动前泵中不灌满水，尽管叶轮高速旋转，但空气太轻，惯性极小，排出空气有限，压差不够，水无法压入泵内。

2.1.2　轴流泵的工作原理

轴流泵的工作是以空气动力学中机翼的升力理论为基础的。其叶片与机翼具有相似形状的截面，一般称这类形状的叶片为翼型，如图 2.4 所示。在风洞中对翼型进行绕流试验表明，当流体绕过翼型时，在翼型的首端点处分离成为两股流，它们分别经过翼型的上表面（即轴流泵叶片工作面）和下表面（轴流泵叶片背面），然后，同时在翼型的尾端点汇合。由于沿翼型下表面的路程要比翼型上表面路程长一些，因此，流体沿翼型下表面的流速要比沿翼型上表面流速大，相应地，翼型下表面的压力将小于上表面，流体对翼型将有一个由上向下的作用力。同样翼型对于流体也将产生一个反作用力，此力的大小与升力相等，方向相反，作用在流体上。

图 2.5 为立式轴流泵工作示意图。具有翼型断面的叶片，在水中作高速旋转时，水流

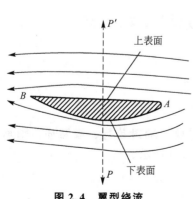

图 2.4　翼型绕流

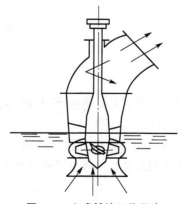

图 2.5　立式轴流工作示意

相对于叶片就产生了急速的绕流，如上所述，叶片对水施以力，在此力作用下，水就被压升到一定的高度。

2.1.3　混流泵的工作原理

混流泵根据其压水室的不同，通常可分为蜗壳式(图 2.6)和导叶式(图 2.7)两种。混流泵从外形上看，蜗壳式与单吸式离心泵相似，导叶式与立式轴流泵相似。其部件也无多大区别，所不同的仅是叶轮的形状和泵体的支承方式。混流泵叶轮的工作原理是介于离心泵和轴流泵之间的一种过渡形式。

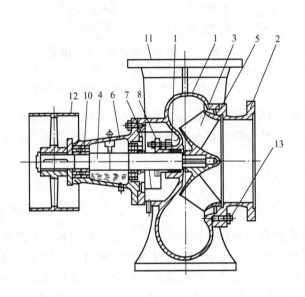

图 2.6　蜗壳式混流泵

1—泵壳；2—泵盖；3—叶轮；4—泵轴；
5—减漏环；6—轴承盒；7—轴套；
8—填料压盖；9—填料；10—滚动轴承；
11—出水口；12—皮带轮；13—双头螺钉

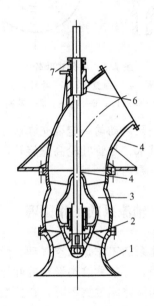

图 2.7　导叶式混流泵

1—进水喇叭；2—叶轮；3—导叶体；
4—出水弯管；5—泵轴；
6—橡胶轴承；7—填料函

2.2　叶片式水泵和基本构造

2.2.1　离心泵的基本构造和主要零部件

离心泵的组成主要有叶轮、泵轴、泵壳、泵座、轴封装置、减漏环、轴承座、联轴器、轴向力平衡装置。单级单吸卧式离心泵如图 2.8 所示。

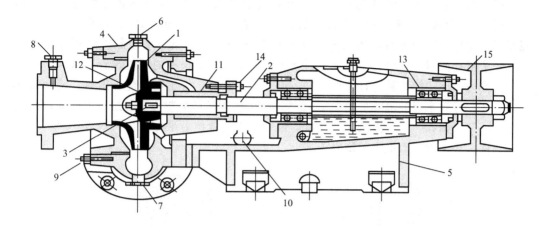

图2.8 单级单吸卧式离心泵

1—叶轮；2—泵轴；3—键；4—泵壳；5—泵座；6—灌水孔；7—放水孔；8—接真空表孔；9—接压力表孔；
10—泄水孔；11—填料盒；12—减漏环；13—轴承座；14—压盖调节螺栓；15—传动轮

1. 叶轮（工作轮）

1）按照吸水方式分

单吸式叶轮：单边吸水，叶轮的前后盖板不对称。

双吸式叶轮：两边同时吸水，叶轮前后盖板对称，如图2.9所示。

2）按照叶轮盖板情况分

封闭式叶轮：具有两个盖板的叶轮，这种叶轮应用最广，前述的单吸式、双吸式叶轮均属于这种形式，如图2.10(a)所示。

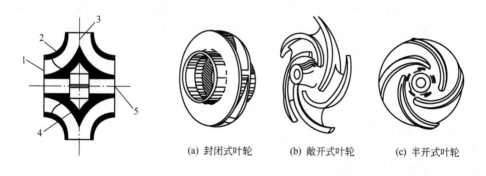

(a) 封闭式叶轮   (b) 敞开式叶轮   (c) 半开式叶轮

图2.9 双吸式叶轮

1—吸入口；2—轮盖；3—叶片；
4—轮毂；5—轴孔

图2.10 叶轮形式

敞开式叶轮：只有叶片没有完整盖板的叶轮，如图2.10(b)所示。

半开式叶轮：只有后盖板，没有前盖板的叶轮。多用于抽升浆粒状液体或污水，为了避免堵塞，有时采用开式或半开式叶轮。这种叶轮的特点是叶片少，一般仅2～5片。而封闭式叶轮一般有6～8片，多的可至12片，如图2.10(c)所示。

单吸式离心泵，由于其叶轮缺乏对称性，离心泵工作时，叶轮两侧作用的压力不相等，如图 2.11 所示。一般采取在叶轮的后盖板上钻开平衡孔(图 2.12)，并在后盖板上加装减漏环，此环的直径可与前盖板上的减漏口环直径相等。压力水经此减漏环时压力下降，并经平衡孔流回叶轮中去，使叶轮后盖板上的压力与前盖板的压力接近，这样，就消除了轴向推力。此法简单易行且效果较好，但开平衡孔后，由于水流前后连通，使叶轮进水条件变坏，导致水泵效率降低约2%～5%。所以扬程较低的单吸离心泵，由于其轴向推力较小可不开平衡孔。对于多级泵则在泵的最后一级安装推力平衡盘。而双吸式水泵，由于叶轮对称，则无须采取推力平衡措施。

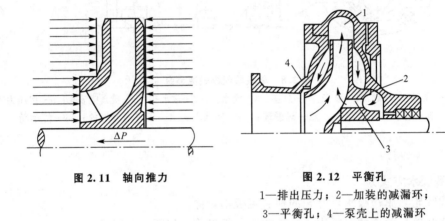

图 2.11　轴向推力　　　　　图 2.12　平衡孔
1—排出压力；2—加装的减漏环；
3—平衡孔；4—泵壳上的减漏环

2. 泵轴

泵轴一般用碳素钢，应有足够的抗扭强度和足够的刚度，其挠度不超过允许值；工作转速不能接近产生共振现象的临界转速。它的作用是用来旋转泵叶轮。

泵轴叶轮和轴的连接方式：用键来联结。键是转动体之间的连接件，但这种键只能用来传递扭矩而不能固定叶轮的轴向位置。一般可用轴套和叶轮螺母来定位，另外轴套也可起到保护泵轴的作用，它磨损后可以更换。

3. 泵壳

离心泵的泵壳通常铸成蜗壳形，其主要作用是汇集叶轮甩出的水流并借助其不断增大的过水断面以保持蜗壳中的水流速度基本不变。水由蜗壳排出后，经锥形扩散管而流入压水管。蜗壳上锥形扩散管的作用是降低水流的速度，使流速水头的一部分转化为压力水头，把水流动能转化为压能。

泵壳的材料选择铸铁，除了考虑介质对过流部分的腐蚀和磨损以外，还应使壳体具有作为耐压容器足够的机械强度。

4. 泵座

泵座上有与底板或基础固定用的法兰孔。泵壳顶上设有充水和放气的螺孔，以便在泵启动前用来充水及排出泵壳内的空气。在泵吸水和压水锥管的法兰上，开设有安装真空表和压力表的测压螺孔。在泵壳的底部设有放水螺孔，以便在泵停车检修时用来放空积水。另外，在泵座的横向槽底上开设有泄水螺孔，以便随时排出由填料盒内流出的渗漏水滴。所有这些螺孔，如果在泵运动中暂时无用，则可以用带螺纹的丝堵（又叫"闷头"）拴紧。

5. 轴封装置

泵轴穿出泵壳时，在轴与壳之间存在着间隙，如不采取措施，间隙处就会有泄漏。在轴与壳之间的间隙处设置密封装置，称之为轴封。

对于双吸式水泵，轴封的主要作用是阻气，因间隙处的液体压力为真空，若没有轴封，外部大气会从间隙处漏入泵内，降低水泵的吸水性能；对于单吸式水泵，轴封的主要作用是阻水，因间隙处的压力大于大气压力，若无轴封，泵壳内的高压水就会从此间隙向泵外泄漏。

应用较多的轴封装置有填料密封、机械密封。

1）填料密封

较常见的压盖填料型的填料盒如图2.13所示，它是由轴封套1、填料2（又称盘根）、水封管3（又称填料环）、水封环4（图2.14）及压盖5等五个部件所组成。

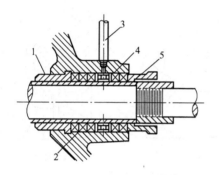
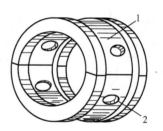

图 2.13　压盖填料型填料盒
1—轴封套；2—填料；3—水封管；
4—水封环；5—压盖

图 2.14　水封环
1—环圈空间；2—水孔

填料密封结构简单，运行可靠。但填料的寿命不长，对有毒、有腐蚀性及贵重的液体不能保证不泄漏。如发电厂的锅炉给水泵，需输送高温高压水，而泵轴的转速又高，若用填料密封则很难保证泵正常工作。

2）机械密封（端面密封）

机械密封的基本元件和工作原理如图2.15所示，它是由动环、静环、压紧弹簧和密封胶圈等组成。动环光洁的端面靠弹簧和水的压力紧密贴合在静环光洁端面上形成径向密封，同时由密封胶圈完成轴向密封，但其制造工艺要求较高。在浑水中，动静环贴合面易被磨蚀而使密封失效，适合于清水中应用。

6. 减漏环（承磨环、密封环）

减漏环能减少叶轮吸入口的外圆与泵壳内壁的接缝处的高低压交界面水的回流，如图2.16所示。

减小高压水回流的方法包括：①减小接缝间隙（不超过0.1～0.5mm）；②增加泄漏通道中的阻力等。在实际应用中，通常在泵壳上镶嵌一个金属的口环。

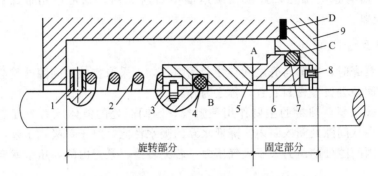

图2.15　机械密封的基本元件和工作原理
1—弹簧座；2—弹簧；3—传动销；4—动环密封圈；5—动环；
6—静环；7—静环密封圈；8—防转销；9—压盖；
A—两环端面；B—动环与轴之间的间隙；C—静环与压盖之间的间隙；D—密封填料

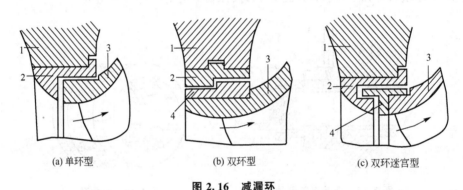

(a) 单环型　　　　　　(b) 双环型　　　　　　(c) 双环迷宫型

图2.16　减漏环
1—泵壳；2—镶在泵壳上的减漏环；3—叶轮；4—镶在叶轮上的减漏环

7. 轴承座

轴承的作用是用来支承转动部分的重量和承受泵在运转中产生的轴向和径向力并减小泵轴转动的摩阻力。轴承座是起到支承轴的作用。

轴承分为滚动轴承和滑动轴承。依荷载大小，滚动轴承可分为滚珠轴承和滚柱轴承两种，其构造基本相同，一般荷载大的采用滚柱轴承。依荷载特性，又可分为只承受径向荷载的径向式轴承和只承受轴向荷载的止推式轴承，以及同时支承径向和轴向荷载的径向止推轴承。

8. 联轴器

联轴器能传递原动机的出力给水泵，一般分为刚性联轴器和挠性联轴器。

刚性联轴器，实际上就是用两个圆法兰盘连接，它对于泵轴与电机的不同心度，在连接中无调节余地，因此，要求安装精度高。常用于小型泵机组和立式泵机组的连接。

挠性联轴器实际上是钢柱销带有弹性橡胶圈的联轴器，包括两个圆盘，通过平键分别将泵轴和电机轴相连接。一般在大、中型卧式泵机组安装中，为了减少传动时因机轴有少量偏心而引起的轴周期性的弯曲应力和振动，常采用这类挠性联轴器。

上述的零件中，叶轮和泵轴是离心泵中的转动部件，泵壳和泵座是离心泵中的固定部

件，此两者之间存在着3个交接部分，即泵轴与泵壳之间的轴封装置——填料盒；叶轮与泵壳内壁接缝处的减漏装置——减漏环；泵轴与泵座之间的转动连接装置——轴承座。

2.2.2 轴流泵的基本构造和主要零部件

轴流泵的外形很像一根水管，泵壳直径与吸水口直径差不多，既可以垂直安装(立式)和水平安装(卧式)，也可以倾斜安装(斜式)。图2.17(a)所示为立式半调(节)式轴流泵的外形图。图2.17(b)所示为该泵的结构图，其基本部件由吸入管1、叶轮(包括叶片2、轮毂3)、导叶4、泵轴8、出水弯管7、上导轴承5、下导轴承9、填料盒12及叶片角度调节机构等组成。

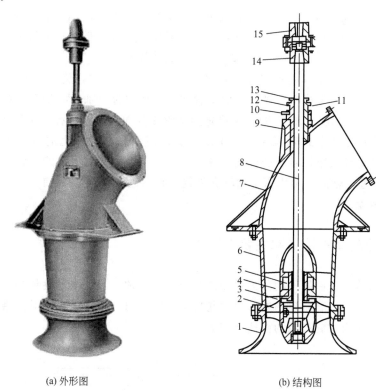

(a) 外形图　　　　　　　　　　(b) 结构图

图 2.17　立式半调型轴流泵

1—吸入管；2—叶片；3—轮毂体；4—导叶；5—下导轴承；6—导叶管；7—出水弯管；
8—泵轴；9—上导轴承；10—引水管；11—填料；12—填料盒；
13—压盖；14—泵联轴器；15—电动机联轴器

(1) 吸入管：为了改善入口处水力条件，常采用符合流线型的喇叭管或做成流道形式。

(2) 叶轮：是轴流泵的主要工作部件，其性能直接影响到泵的性能。叶轮按其调节的可能性，可以分为固定式、半调式和全调式三种。固定式轴流泵是叶片和轮毂体铸成一体的，叶片的安装角度是不能调节的。半调式轴流泵其叶片是用螺母栓紧在轮毂体上，在叶片的根部上刻有基准线，而在轮毂体上刻有几个相应的安装角度的位置线，如图2.18中的-4°、-2°、0°、+2°、+4°等。叶片不同的安装角度，其性能曲线将不同。根据使用的要求可把叶片安装在某一位置上，在使用过程中，如工况发生变化需要进行调节时，可以

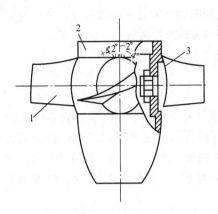

图 2.18 半调式叶片
1—叶片；2—轮毂体；3—调节螺母

把叶轮卸下来，将螺母松开转动叶片，使叶片的基准线对准轮毂体上的某一要求角度线，然后把螺母拧紧，装好叶轮即可。全调式轴流泵就是该泵可以根据不同的扬程与流量要求，在停机或不停机的情况下，通过一套油压调节机构来改变叶片的安装角度，从而来改变其性能，以满足使用要求。这种全调式轴流泵调节机构比较复杂，一般应用于大型轴流泵站。

（3）导叶：在轴流泵中，液体运动好像沿螺旋面的运动，液体除了轴向前进外，还有旋转运动。导叶是固定在泵壳上不动的，水流经过导叶时就消除了旋转运动，把旋转的动能变为压力能。因此，导叶的作用就是把叶轮中向上流出的水流旋转运动变为轴向运动。一般轴流泵中有 6～12 片导叶。

（4）轴和轴承：泵轴是用来传递扭矩的。在大型轴流泵中，为了在轮毂体内布置调节、操作机构，泵轴常做成空心轴，里面安置调节操作油管。轴承在轴流泵中按其功能有两种：①导轴承(图 2.17 中 5 和 9)，主要是用来承受径向力，起到径向定位作用；②推力轴承，其主要作用是在立式轴流泵中，用来承受水流作用在叶片上的方向向下的轴向推力，泵转动部件重量及维持转子的轴向位置，并将这些推力传到机组的基础上去。

（5）密封装置：轴流泵出水弯管的轴孔处需要设置密封装置。目前，一般仍常用压盖填料型的密封装置。

2.2.3 混流泵的基本构造和主要零部件

混流泵根据其压水室的不同分为蜗壳式和导叶式两种。混流泵的性能曲线介于离心泵和轴流泵之间，蜗壳式混流泵的外形与性能均与单吸式离心泵接近，导叶式混流泵则与立式轴流泵接近。蜗壳式混流泵的构造装配如图 2.19 所示。

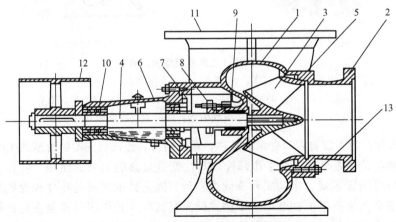

图 2.19 蜗壳式混流泵构造装配
1—泵壳；2—泵盖；3—叶轮；4—泵轴；5—减漏环；6—轴承盒；7—轴套；8—填料压盖；
9—填料；10—滚动轴承；11—出水口；12—皮带轮；13—双头螺钉

2.3 叶片式水泵的基本参数

叶片泵的基本性能，通常由 6 个性能参数来表示。

1. 流量(抽水量)

泵在单位时间内所输送的液体数量，用字母 Q 表示。常用的体积流量单位是 m^3/h 或 L/s；常用的重量流量单位是 t/h。

由于各种应用场合对流量的需求不同，叶片泵的设计流量的范围很窄，小的不足 $1L/s$，而大的则达几十、甚至上百立方米每秒。

泵在工作过程中存在着泄漏和回流问题，也就是说泵的出水量总要比通过叶轮的流量小，即 $Q = Q_T - \Delta q$，其中 Δq 就是漏渗流量，Q_T 为理论流量。

2. 扬程(总扬程)

泵对单位重量(1kg)液体所做之功，也即单位重量液体通过泵后其能量的增值，用字母 H 表示。其单位为 $kg \cdot m/kg$，也可用折算成抽送液体的液柱高度(m)表示；工程中用国际压力单位帕斯卡(Pa)表示。

扬程是表征液体经过泵后比能增值的一个参数，如果泵抽送的是水，水流进泵时所具有的比能为 E_1，流出泵时所具有的比能为 E_2，则泵的扬程 $H = E_1 - E_2$。那么，泵的扬程，也就是水比能的增值。

$$H = (Z_2 - Z_1) + (p_2 - p_1)/\rho g + (u_2^2 - u_1^2)/2g \qquad (2-1)$$

式中：Z_2，Z_1——水泵进出水口断面中心到泵基准面的位置高差(m)；

$\quad p_2$，p_1——水泵进出水口断面的平均绝对压力(N/m^2)；

$\quad u_2$，u_1——水泵进出水口断面的平均流速(m/s)；

$\quad \rho$——被抽液体的密度(kg/m^3)；

$\quad g$——重力加速度(m/s^2)。

3. 轴功率

泵轴得自原动机所传递来的功率，以 N 表示。原动机为电力拖动时，轴功率单位以 kW 表示。

4. 效率

泵的有效功率与轴功率的比值，以 η 表示。

单位时间内流过泵的液体从泵那里得到的能量叫做有效功率，以字母 N_u 表示，泵的有效功率为：

$$N_u = \rho g Q H (kg \cdot m/s) \qquad (2-2)$$

式中：ρ——液体的容重(kg/m^3)；

$\quad g$——重力加速度(m/s^2)；

$\quad Q$——流量(m^3/s)；

$\quad H$——扬程(mH_2O)。

由于水泵在功率传递过程中有各种能量损失，这个损失通常就以效率 η 来衡量。泵的效率为：

$$\eta = \frac{N_u}{N} \qquad (2-3)$$

由此求得泵的轴功率：

$$N = \frac{N_u}{\eta} = \frac{\rho g Q H}{\eta} (\text{W}) \qquad (2-4)$$

或

$$N = \frac{\rho g Q H}{1000\eta} (\text{kW}) \qquad (2-5)$$

或

$$N = \frac{\rho g Q H}{735.5\eta} (\text{HP}) \qquad (2-6)$$

水泵效率是衡量水泵工作性能好坏的重要指标之一，因此在设计和使用水泵时，均应尽量提高其效率值。近代水泵的效率值一般为 $70\% \sim 90\%$，有些大型泵效率可达 95%。

有了轴功率、有效功率及效率的概念后，可按下式计算泵的电耗（W）值。

$$W = \frac{\rho g Q H}{1000\eta_1 \eta_2} \cdot t (\text{kW} \cdot \text{h}) \qquad (2-7)$$

式中：t——泵运行的小时数；

η_1，η_2——分别为泵及电机的效率值。

考虑到水泵运行时可能出现超负荷情况，所以动力机的配套功率通常要选择得比水泵轴功率大。动力机的配套功率一般可按下式进行计算：

$$P_g = KP \qquad (2-8)$$

式中：K——动力机功率备用系数，见表 2-1；

P——水泵轴功率。

表 2-1 动力机功率备用系数 K

水泵轴功率(kW)	<5	5～10	10～50	50～100	>100
电动机	2.0～1.3	1.3～1.15	1.15～1.10	1.10～1.05	1.05
内燃机	—	1.5～1.3	1.3～1.2	1.2～1.15	1.15

5. 转速

泵叶轮的转动速度，通常以每分钟转动的次数来表示，以字母 n 表示。常用单位为 r/min。

各种泵都是按一定的转速来进行设计的，当使用时泵的实际转速不同于设计转速值时，则泵的其他性能参数(如 Q、H、N 等)也将按一定的规律变化。

在往复泵中转速通常以活塞往复的次数来表示(次/min)。

目前，我国常用的水泵转速为：中、小型离心泵一般在 $730 \sim 2950$r/min 的范围；中、小型轴流泵一般在 $250 \sim 1450$r/min 的范围；大型的轴流泵转速更低，一般在 $100 \sim 300$r/min 的范围。

6. 允许吸上真空高度(H_s)及气蚀余量(H_{sv})

(1) 允许吸上真空高度(H_s)，指泵在标准状况下(即水温为 $20\,^\circ\!\text{C}$、表面压力为一个标准大气压）运转时，泵所允许的最大的吸上真空高度，单位为 mH_2O。水泵厂一般常用 H_s 来反映离心泵的吸水性能。

（2）气蚀余量（H_{sv}），指泵进口处，单位重量液体所具有的超过饱和蒸汽压力的富裕能量。水泵厂一般常用汽蚀余量来反映轴流泵、锅炉给水泵等的吸水性，单位为 mH_2O。气蚀余量在泵样本中也有以 Δh 来表示的。

泵的样本中，除了对该型号泵的构造、尺寸做了说明外，还提供了全套表示各性能参数之间相互关系的特性曲线。另外，为方便用户使用，泵的铭牌上还有一些数字和附加的字母来表示该泵的规格和性能。

例如，水泵型号 IS 200 - 150 - 400 的型号意义是：

IS——符合 ISO 国际标准的单级单吸悬臂式清水离心泵；

200——水泵进口直径（mm）；

150——水泵出口直径（mm）；

400——水泵叶轮名义直径（mm）。

常用泵型号中汉语拼音字母及其意义见表 2 - 2。

表 2 - 2　常用泵型号中汉语拼音字母及其意义

字母	表示的结构形式	字母	表示的结构形式
B	单级单吸悬浮式离心泵	S	单级双吸悬浮式离心泵
D	节段式多级离心泵	DL	立式多级节段式离心泵
R	热水泵	WG	高扬程卧式污水泵
F	耐腐蚀泵	ZB	自吸式离心泵
Y	油泵	YG	管道式油泵
ZLB	立式半调节式轴流泵	ZWB	卧式半调节式轴流泵
ZLQ	立式全调节式轴流泵	ZWQ	卧式全调节式轴流泵
HD	导叶式混流泵	HQ	蜗壳式混流泵
HL	立式混流泵	QJ	井用潜水泵

2.4 叶片式水泵的基本方程

2.4.1 叶轮中液体流动情况

相对运动：水流在叶槽中沿叶片流动，称为相对运动，其相对速度为 W。

牵连运动：水流随叶轮一起做旋转运动，称为圆周运动，其相对速度为 u。

绝对运动：上述两个运动的合成，为液体质点对泵壳的绝对速度 C。

如图 2.20 所示，图中速度 C_1 与 u_1 和 C_2 与 u_2 的夹角，称为 α_1 和 α_2 角，W_1 与负 u_1 和 W_2 与负 u_2 间的夹角，称为 β_1 和 β_2 角。在泵的设计中，β_1 又被称为叶片的进水角，β_2 被称为叶片的出水角。

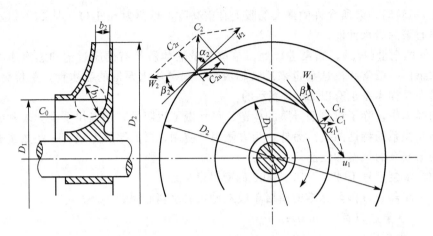

图 2.20　离心泵叶轮中水流速度

2.4.2　叶轮出口速度三角形

当叶片出口是径向时，即 $\beta_2 = 90°$。当 β_1 和 β_2 均小于 90°时，叶片与旋转方向呈后弯式叶片。当 β_2 大于 90°时，叶片与旋转方向呈前弯式叶片。因此，β_2 角的大小反映了叶片的弯度，是构成叶片形状(图 2.21)和叶轮性能的一个重要数据。实际工程中使用的离心泵叶轮，大部分是后弯式叶片。后弯式叶片的流道比较平缓，弯度小，叶槽内水力损失较小，有利于提高泵的效率。一般离心泵中常用的 β_2 值为 20°～30°。

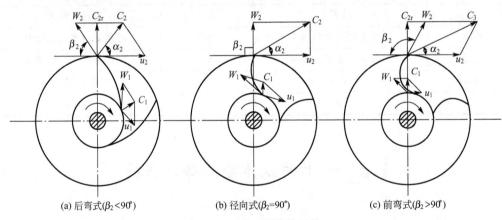

(a) 后弯式($\beta_2 < 90°$)　　　　(b) 径向式($\beta_2 = 90°$)　　　　(c) 前弯式($\beta_2 > 90°$)

图 2.21　离心泵叶片形状

图 2.22　叶轮出口速度三角形

速度 C_2 的切向分速用符号 C_{2u} 表示，径向分速用符号 C_{2r} 表示。

由图 2.22 可知：

$$C_{2u} = C_2 \cos\alpha_2 = u_2 - C_{2r}\cot\beta_2 \qquad (2-9)$$

$$C_{2r} = C_2 \sin\alpha_2 \qquad (2-10)$$

由理论力学可知，叶轮进、出口处圆周速度 u 的方向与圆周切线方向一致，并指向旋转方向，其大小可由下式得知：

$$u_1 = \frac{\pi D_1 n}{60} \qquad (2-11)$$

$$u_2 \frac{\pi D_2 n}{60} \qquad (2-12)$$

式中：D_1，D_2——叶轮进出口断面的直径（m）；

$\qquad n$——水泵叶轮的转速（r/min）。

2.4.3 基本方程式的推导

为简化分析推理，对叶轮的构造和液流性质做了三点假定。

（1）假定液流是恒定流。

（2）假定叶槽中液流均匀一致，则认为叶轮内同一半径圆周上的液体质点具有相同的速度三角形，叶轮同半径处液流的同名速度相等。

（3）假定液流为理想液体，即无粘滞性，则在讨论中可以不考虑液体在泵内流动时的各种阻力损失。

如图 2.23 所示为离心泵某一叶槽内水流上的作用力。在时间 $t=0$ 时，这段水流居于 $abcd$ 的位置，经过 dt 时段后，这段水流位置变为 $efgh$。在 dt 时段时，有很薄的一层水 $abef$ 流出叶槽，这层水的质量用 dm 表示。根据前述假定可知，在 dt 时段内，流入叶槽的水 $cdgh$ 也具有质量 dm，而且，叶槽内的那部分水流 $abgh$ 的动量矩可认为在 dt 时段内没有发生变化。因此，叶槽所容纳的整股水流的动量矩变化等于质量 dm 的动量矩变化。

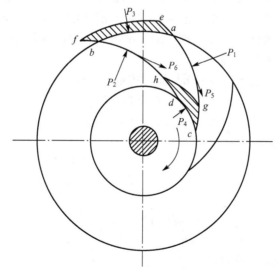

图 2.23 叶槽内水流上作用力

单位时间里控制面内恒定总流的动量矩变化（流出液体的动量矩与流入液体的动量矩之矢量差）等于作用于该控制面内所有液体质点的外力矩之和。

对轮心取矩：

$$\sum M = \rho Q_{\mathrm{T}}(C_2 R_2 \cos\alpha_2 - C_1 R_1 \cos\alpha_1) \qquad (2-13)$$

液体对流体所做之功：

$$N_T = \sum M\omega \tag{2-14}$$

理论扬程：

$$H_T = \frac{1}{g}(u_2 C_{2u} - u_1 C_{1u}) \tag{2-15}$$

2.4.4 基本方程式的讨论与修正

（1）为了提高泵的扬程和改善吸水性能，大多数离心泵在水流进入叶片时，使 $\alpha_1 = 90°$，也即 $C_{1u} = 0$，此时，基本方程式可写成：

$$H_T = \frac{u_2 C_{2u}}{g} \tag{2-16}$$

由式（2-16）可知，α_2 愈小，泵的理论扬程愈大。在实际应用中，水泵厂一般选用 $\alpha_2 = 6°\sim 15°$。

（2）水流通过泵时，比能的增值 H_T 与圆周速度 u_2 有关。而 $u_2 = n\pi D_2/60$，因此，水流在叶轮中所获得的比能与叶轮的转速(n)、叶轮的外径(D_2)有关。增加转速(n)和加大轮径(D_2)，可以提高泵的扬程。

（3）基本方程式在推导过程中，液体的密度 ρ 并没起作用而被消掉的，因此，该方程可适用于各种理想流体。这表明，离心泵的理论扬程与液体的密度无关，其解释理由是，液体在一定转速下所受的离心力与液体的质量，也就是它的密度有关，但液体受离心力作用而获得的扬程，相当于离心力所造成的压强，除以液体的 ρg。这样，容重对扬程的影响便消除了。然而，当输送不同密度的液体时，泵所消耗的功率是不同的。液体密度越大，泵消耗的功率也越大。因此，当输送液体的 ρ 不同，而理论扬程 H_T 相同时，原动机所需要给的功率消耗是完全不相同的。

（4）由叶轮的进出口速度三角形图可知，按余弦定律可得

$$W_1^2 = u_1^2 + C_1^2 - 2u_1 C_1 \cos\alpha_1 \tag{2-17}$$

$$W_2^2 = u_2^2 + C_2^2 - 2u_2 C_2 \cos\alpha_2 \tag{2-18}$$

将上两式除以 $2g$，并相减可得：

$$\frac{(u_2 C_2 \cos\alpha_2 - u_1 C_1 \cos\alpha_1)}{g} = \frac{u_2^2 - u_1^2}{2g} + \frac{C_2^2 - C_1^2}{2g} + \frac{W_1^2 - W_2^2}{2g} \tag{2-19}$$

因此：

$$H_T = \frac{u_2^2 - u_1^2}{2g} + \frac{C_2^2 - C_1^2}{2g} + \frac{W_1^2 - W_2^2}{2g} \tag{2-20}$$

泵叶轮进出口断面的势能方程为：

$$\frac{u_2^2 - u_1^2}{2g} + \frac{W_1^2 - W_2^2}{2g} = \left(Z_2 + \frac{P_2}{\rho g}\right) - \left(Z_1 + \frac{P_1}{\rho g}\right) \tag{2-21}$$

式中用 H_1 代表泵叶轮所产生的势扬程，可得：

$$H_1 = \left(Z_2 + \frac{P_2}{\rho g}\right) - \left(Z_1 + \frac{P_1}{\rho g}\right) \tag{2-22}$$

如果用 H_2 代表泵叶轮所产生的动扬程，可得：

$$H_2 = \frac{C_2^2 - C_1^2}{2g} \qquad (2-23)$$

则：

$$H_T = H_1 + H_2 \qquad (2-24)$$

可见，泵的扬程是由两部分能量所组成的：一部分为势扬程（H_1）；另一部分为动扬程（H_2），它在流出叶轮时，以比动能的形式出现。在实际应用中，由于动能转化为压能过程中，伴有能量损失，因此，动扬程 H_2 这一项在泵总扬程中所占的百分比愈小，泵壳内部的水力损失就愈小，泵的效率愈高。

在上述推导基本方程式时，曾作了三点假定，现分述并修正如下。

假定1 关于液体是恒定流的问题。当叶轮转速不变时，叶轮外的绝对运动可以认为是恒定的。在泵开动一定时间以后，外界使用条件不变时，这一条假定基本上可认为是能满足的。

假定2 关于叶槽中液流均匀一致，叶轮同半径处液流的同名速度相等的问题。这在实际应用中是有差异的。实际泵的叶轮叶片一般为 $2\sim 12$ 片左右，在叶槽中，水流具有某种程度的自由。当叶轮转动时，叶槽内水流的惯性，反抗水流本身被叶槽带着旋转，趋向于保持水流的原来位置，因而相对于叶槽产生了"反旋现象"。由于反旋，靠近叶片背水面的地方，流速提高压力降低。靠近叶片迎水面的地方，流速降低压力升高。反旋现象对流速分布的影响如图 2.24 所示。

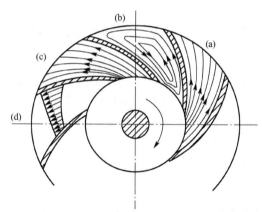

图 2.24　反旋现象对流速分布的影响

大量的试验和研究结果表明，反旋系数 K 与叶片数有如下关系。

1）普夫列德尔（Pfleiderer）法

该方法也是先分析有限叶片数叶轮与无限多叶片数叶轮中相对速度之间的差别，从而确定 H_T 与 $H_{T\infty}$ 之间的差值，最后用经验公式表示出滑移系数 K，即

$$K = \frac{1}{1+P} \qquad (2-25)$$

$$P = \frac{2\Phi}{Z} \cdot \frac{1}{1-(D_1/D_2)^2} \qquad (2-26)$$

式中：P——有限多叶片叶轮对无限多叶片数叶轮的理论扬程 $H_{T\infty}$ 的修正系数。

　　　　Φ——经验系数，$\Phi = (0.55\sim 0.68)+0.6\sin\beta_{b2}$，括号内的数值，对于大叶轮，加工比较光滑的叶轮，取小值；对于小叶轮，加工比较粗糙的叶轮，取大值。

　　　　Z——叶片数。

　　　　β_{b2}——叶片安装角。

D_1、D_2——分别为叶轮的进、出口直径。

2）斯基克钦（Stechkin）法

$$K=\frac{1}{1+P}=\cfrac{1}{1+\cfrac{2\pi}{3Z}\cdot\cfrac{1}{1-(D_1/D_2)^2}}\qquad(2-27)$$

式中各符号的意义与式（2-26）中相应符号的含义相同。修正后的理论扬程为 H_T'。

$$H_T'=\frac{H_T}{1+p}\qquad(2-28)$$

式中：p——修正系数，由经验公式确定。

假定3　关于理想液体的问题。由于泵站抽升的是实际液体（如江河中的水），在泵壳内有水力损耗（包括叶轮进、出口的冲击，叶槽中的紊动，弯道和摩阻损失等），因此，泵的实际扬程（H）值，将永远小于其理论扬程值。泵的实际扬程可用下式表示：

$$H=\eta_h H_T'=\eta_h\frac{H_T}{1+p}\qquad(2-29)$$

式中：η_h——水力效率（%）；

　　　p——修正系数。

通过修正之后，可以发现离心泵的实际扬程小于其理论扬程。

2.5 叶片式水泵的特性曲线

特性曲线：在一定转速下（$n=$const），离心泵的扬程（H）、功率（N）、效率（η）及允许吸上真空高度（H_s）等随流量（Q）的变化关系称为特性曲线。它反映泵的基本性能的变化规律，可作为选泵和用泵的依据。各种型号离心泵的特性曲线不同，但都有共同的变化趋势。

2.5.1　理论特性曲线的推求

由离心泵的理论扬程公式：$H_T=\dfrac{u_2 C_{2u}}{g}$ 中，将 $C_{2u}=u_2-C_{2r}\cot\beta_2$ 代入可得：

$$H_T=\frac{u_2}{g}(u_2-C_{2r}\cot\beta_2)\qquad(2-30)$$

叶轮中通过的水量可用下式表示

$$Q_T=F_2 C_{2r}\quad(\text{其中 } F_2=\Phi_2\pi D_2 b_2)\qquad(2-31)$$

也即

$$C_{2r}=\frac{Q_T}{F_2}\qquad(2-32)$$

式中：Q_T——泵理论流量（m³/s），也即不考虑泵体内容积损失（如漏泄量、回流量等）的泵流量；

　　　F_2——叶轮的出口面积（m²）；

　　　C_{2r}——叶轮出口处水流绝对速度的径向分速（m/s）。

$$H_T=\frac{u_2}{g}\left(u_2-\frac{Q_T}{F_2}\cot\beta_2\right)\qquad(2-33)$$

式中：β_2、F_2 均为常数。当泵转速一定时，u_2 也为常数。故上式可以写成

$$H_T = A - BQ_T \qquad (2-34)$$

2.5.2 理论特性曲线的修正

（1）当叶片的 $\beta_2 < 90°$ 时，也即叶片是后弯式时，有：

① H_T 将随 Q_T 的增加而减小，如图 2.25 所示。该直线在纵坐标 H 轴上的截距为 $H_T = \dfrac{u_2^2}{g}$。

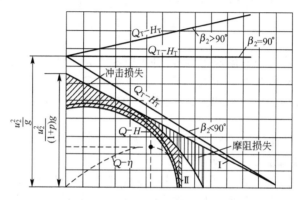

图 2.25 离心泵的理论特性曲线

② 直线 I，考虑在叶槽中液流不均匀的影响，$H_T' = \dfrac{H_T}{1+p}$，该直线与纵轴相交于 $H_T' = \dfrac{u_2^2}{(1+p)g}$。

③ 曲线 II，考虑泵内部的摩阻、冲击水头损失，从直线 I 上减去相应流量 Q_T 下的水泵内部水头损失，可得实际扬程 H 和理论流量 Q_T 之间的关系曲线，也即 Q_T-H 曲线。

④ 扣除容积损失。

泵工作过程中存在着泄漏和回流问题，也就是说泵的出水量总要比通过叶轮的流量小，即 $Q = Q_T - \Delta q$，此 Δq 就是漏渗量，它是能量损失的一种，称为容积损失。漏渗量 Δq 值大小与扬程 H 有关。从曲线 II 的横坐标值中减去相应 H 值时的 Δq 值，这样，就可最后求得扬程随流量而变化的离心泵 Q-H 特性曲线。

水力效率(η_h)：泵体内摩阻、冲击损失必然要消耗一部分功率，使水泵的总效率下降。水力效率的计算公式为：

$$\eta_h = \frac{H}{H_T} \qquad (2-35)$$

容积效率(η_v)：在水泵工作过程中存在着泄漏和回流问题，存在容积损失。容积效率的计算公式为：

$$\eta_v = \frac{Q}{Q_T} \qquad (2-36)$$

机械效率(η_m)：泵在运行中还存在轴承内的摩擦损失、填料轴封装置内的摩擦损失及叶轮盖板旋转时与水的摩擦损失(称为圆盘损失)等，这些机械性的摩擦损失同样消耗了一

部分功率，使泵的总效率下降。机械效率的计算公式为：

$$\eta_{\mathrm{m}}=\frac{N_{\mathrm{h}}}{N}\qquad(2-37)$$

总效率：

$$\eta=\eta_{\mathrm{h}}\cdot\eta_{\mathrm{v}}\cdot\eta_{\mathrm{m}}\qquad(2-38)$$

即水泵的总效率 η 是 3 个局部效率的乘积。要提高泵的效率，必须尽量减小机械损失和容积损失，并力求改善泵壳内过水部分的设计、制造和装配，以减少水力损失。

(2) 当叶片的 $\beta_2>90°$ 时，也即叶片是前弯式时，有 $H_{\mathrm{T}}=A+BQ_{\mathrm{T}}$。

这时水泵的扬程将随流量的增大而增大，并且，它的轴功率也将随之增大。对于这样的离心泵，如使用于城市给水管网中，将发现它对电动机的工作是不利的。

(3) 当叶片的 $\beta_2=90°$ 时，也即叶片是径向式时，有 $H_{\mathrm{T}}=A$，水泵扬程为对应于 Q 的平直线。

目前离心泵的叶轮几乎一律采用后弯式叶片（$\beta_2=20°\sim30°$）。这种形式叶片的特点是随扬程增大，水泵的流量减小，因此，其相应的流量 Q 与轴功率 N 关系曲线（Q-H 曲线），也将是一条比较平缓上升的曲线，这对电动机来讲，可以稳定在一个功率变化不大的范围内有效地工作。

离心泵的实测特性曲线：

(1) 扬程 H 是随流量 Q 的增大而下降。

(2) 离心泵的效率曲线 Q-η 是一条过原点且有极大值的曲线。水泵的高效段：在一定转速下，离心泵存在一最高效率点，称为设计点。该水泵经济工作点左右的一定范围内（一般不低于最高效率点的 10% 左右）都是属于效率较高的区段，在水泵样本中，用两条波形线标出。

(3) 在 Q-N 曲线上各点的纵坐标，表示水泵在各不同流量 Q 时的轴功率值。电机配套功率的选择应比水泵轴率稍大。

离心泵的功率 Q-N 的特点是，在出水量为零时轴功率并不为零，且所需的轴功率随着出水量的增加而增大。在压水管路上的阀门全闭（即 $Q=0$）时，水泵的轴功率为额定功率的 30%～40%，而扬程又最大，在此状态下启动水泵完全符合电动机轻载启动的要求，因此，离心泵通常采用"闭闸启动"。即水泵启动前，压水管上的闸阀是全闭的，待电动机运转正常后，再打开闸阀，使水泵正常运行。

(4) 允许吸上真空高度曲线 Q-H_{s}，表示水泵在不同流量下所允许的最大真空高度值。水泵的实际吸水真空值必须小于 Q-H_{s} 曲线上的相应值，否则，水泵将会产生气蚀现象。

(5) 水泵所输送液体的粘度越大，泵体内部的能量损失愈大，水泵的扬程（H）和流量（Q）都要减小，效率要下降，而轴功率却增大，也即水泵特性曲线将发生改变。

(6) 效率最高时对应参数为水泵在设计工况下的对应值，即为水泵铭牌上所列出的各数据（额定值）。

2.6 叶轮相似定律及相似准数

泵叶轮的相似定律是基于几何相似和运动相似的基础上的。凡是两台泵能满足几何相似和运动相似的条件，则称为工况相似泵。

2.6.1 工况相似

几何相似：两个叶轮主要过流部分一切相对应的尺寸成一定比例，所有的对应角相等。

$$\frac{b_2}{b_{2m}}=\frac{D_2}{D_{2m}}=\lambda \tag{2-39}$$

式中：b_2、b_{2m}——分别为实际泵与模型泵叶轮的出口宽度；

D_2、D_{2m}——分别为实际泵与模型泵叶轮的外径；

λ——任一线性尺寸的比例或称模型缩小的比例尺，例如比模型泵大一倍的实际泵，$\lambda=2$。

运动相似：两叶轮对应点上水流的同名速度方向一致，大小互成比例。也即在相应点上水流的速度三角形相似。

$$\frac{C_{2u}}{(C_{2u})_m}=\frac{C_{2r}}{(C_{2r})_m}=\frac{u_2}{(u_2)_m}=\frac{D_2 n}{(D_2 n)_m}=\lambda \frac{n}{n_m} \tag{2-40}$$

动力相似是指作用于两个流动中相应点上的各对同名力 F_i 的方向相同，其大小成比例，且比值相等。即

$$\frac{F_{iP}}{F_{iM}}=\lambda_F \tag{2-41}$$

式中：λ_F——作用力比尺。

液体在泵内流动时主要受惯性力 F、粘滞力 f、压力 P 和重力 G 四种力的作用。因此，根据动力相似的条件泵内流动的动力相似必须满足：

$$\frac{F_P}{F_M}=\frac{f_P}{f_M}=\frac{P_P}{P_M}=\frac{G_P}{G_M} \tag{2-42}$$

上述四种力中，惯性力是企图阻滞液体原有动力状态的力，其余各种力都是企图改变流动状态的力。液体运动的变化就是惯性力与其他各种力相互作用的结果。因此，各物理量之间的比例关系可分别以惯性力 F 对其他各种力的比例来表示，且根据分比和合比的关系可得到如下关系式：

$$\frac{f_P}{f_M}=\frac{F_P}{F_M} \tag{2-43}$$

$$\frac{P_P}{P_M}=\frac{F_P}{F_M} \tag{2-44}$$

$$\frac{G_P}{G_M}=\frac{F_P}{F_M} \tag{2-45}$$

或

$$\frac{f_P}{F_P}=\frac{f_P}{F_M} \tag{2-46}$$

$$\frac{P_P}{F_P}=\frac{P_M}{F_M} \tag{2-47}$$

$$\frac{G_P}{F_P}=\frac{G_M}{F_M} \tag{2-48}$$

上述力的大小计算起来非常困难，但可以利用因次分析方法，建立它们在量纲上的因次关系。

压力：$\qquad\qquad\qquad\qquad P \propto pL^2$ $\qquad\qquad\qquad\qquad$ (2-49)

粘滞力：$\qquad\qquad\qquad\qquad f \propto \mu L v$ $\qquad\qquad\qquad\qquad$ (2-50)

重力：$\qquad\qquad\qquad\qquad G \propto \rho g L^3$ $\qquad\qquad\qquad\qquad$ (2-51)

惯性力：$\qquad\qquad\qquad\qquad F \propto \rho L^2 v^2$ $\qquad\qquad\qquad\qquad$ (2-52)

式中：L——线性长度；

$\qquad v$——流速；

$\qquad p$——压力（压强）；

$\qquad \mu$——动力粘滞系数，$\mu = \rho v$；

$\qquad \nu$——运动粘滞系数或运动粘度；

$\qquad \rho$——密度。

把上述关系代入式：可得下列表征流动力相似的四个无量纲相似准数。

(1) 欧拉数 E_u——表征压力相似的相似准数。欧拉数为流体质点所受的压力与惯性力的比值，即：

$$E_u = \frac{P}{F} = \frac{pL^2}{\mu L^2 v^2} = \frac{P}{\rho v^2} \qquad\qquad (2-53)$$

(2) 雷诺数 Re——表征粘滞力相似的相似准数雷诺数为流体质点所受的惯性力与粘滞力的比值，即：

$$Re = \frac{F}{f} = \frac{\rho L^2 v^2}{\mu L v} = \frac{vL}{\nu} \qquad\qquad (2-54)$$

对于水泵，线性长度一般用叶轮外径 D_2 表示，速度用圆周速度 u_2 表示，故雷诺数 Re 的表达式可写成：

$$Re = \frac{D_2 u_2}{\nu} = \frac{\pi D_2^2 n}{60\nu} \qquad\qquad (2-55)$$

(3) 弗汝德数 F_r——表征重力相似的相似准数。弗汝德数为流体质点所受的惯性力与重力比值的开方，即：

$$F_r = \sqrt{\frac{F}{G}} = \frac{\rho L^2 v^2}{\rho g L^3} = \frac{v}{\sqrt{gL}} \qquad\qquad (2-56)$$

(4) 斯特罗哈数 S_t——表征流动非恒定性的相似准数。斯特罗哈数来源于当地加速度所表示的惯性作用，为某点的当地加速度与迁移加速度之比，即：

$$S_t = \frac{\partial v / \partial t}{v \, \partial v / \partial s} = \frac{L}{vT} \qquad\qquad (2-57)$$

由于在水泵正常运行的情况下泵内的流动属恒定流，而斯特罗哈数是表征流动非恒定性的准数，故对正常运行的水泵而言斯特罗哈数将不起作用。但是在非正常运行工况下，如水泵的启动或停机工程，泵内将产生非恒定流动，这时斯特罗哈数也是动力相似的条件准数之一。

从理论上来说，上述四个相似准数相等是两台水泵动力相似的必要条件。但是要同时满足四个相似准数相等的条件几乎是不可能的，也是没有必要的。对于稳定流动的水泵而言，斯特罗哈数将不起作用；而欧拉数是表示各点压强的，它并不是相似条件，而是相似的结果；又由于泵内的流动为无自由表面的压力流动，重力对流动的影响可以忽略。因此，在泵内的流动中起主要作用的力是惯性力和粘滞力，而这两种力相似的判断为雷诺数 Re。

要保证模型泵和原型泵的雷诺数 Re 相同，在实践中也是非常困难的。但有关试验表明，在雷诺数 $Re > 10^5$ 时，流体已处于阻力平方区（即自动模拟区），在该区内液体流速的变化对阻力系数的影响已甚微，即使模型与原型泵的雷诺数不同，仍可忽略粘滞力的影响。由于泵内液体流动的雷诺数 Re 一般都大于 10^5，因此，动力相似条件对于水泵来说可以自动得到满足。

综上所述，水泵的相似只需保证几何相似和运动相似即可。

运用叶片泵的相似理论可以解决以下三个方面的问题：

（1）借助模型泵试验设计新泵；

（2）进行相似泵之间的性能换算；

（3）确定一台泵在某些参数（转速 n、叶轮直径 D 以及液体密度 ρ 等）改变时，水泵性能的变化。

2.6.2　叶轮相似定律

1. 第一相似定律——流量相似律

第一相似定律用来确定两台在相似工况下运行泵的流量之间的关系。

由

$$Q = \eta_v F_2 C_{2r} \tag{2-58}$$

$$\frac{Q}{Q_m} = \frac{\eta_v}{(\eta_v)_m} \frac{C_{2r}}{(C_{2r})_m} \frac{F_2}{(F_2)_m} \tag{2-59}$$

$$F_2 = \pi D_2 b_2 \Phi_2 \tag{2-60}$$

式中：Φ_2——考虑叶片厚度而引起的出口截面减少的排挤系数。

对于两台满足相似条件的泵而言，可得：

$$\frac{Q}{Q_m} = \lambda^3 \frac{\eta_v}{(\eta_v)_m} \cdot \frac{n}{n_m} \tag{2-61}$$

式（2-61）表示两台相似泵的流量与转速及容积效率的乘积成正比，与线性比例尺的三次方成正比。

2. 第二相似定律——扬程相似律

第二相似定律用来确定两台在相似工况下运行泵的扬程之间的关系。

由泵扬程

$$H = \eta_h H_T$$

也即：

$$H = \frac{\eta_h}{1+p} \cdot \frac{u_2 C_{2u}}{g}$$

现假定表示反旋现象的修正系数 p 值相等。则：

$$\frac{H}{H_m} = \frac{\eta_h u_2 C_{2u}}{(\eta_h u_2 C_{2u})_m} \tag{2-62}$$

因为，在相似工况下运行，故得：

$$\frac{H}{H_m} = \lambda^2 \frac{\eta_h n^2}{(\eta_h n^2)_m} \tag{2-63}$$

式（2-63）表示两台相似泵的扬程与转速及线性比例尺的平方及与水力效率成正比。

3. 第三相似定律——功率相似律

第三相似定律用来确定两台在相似工况下运行泵的轴功率之间的关系。

由

$$N = \frac{\rho g Q H}{\eta} \qquad (2-64)$$

故

$$\frac{N}{N_m} = \frac{\gamma g Q H}{(\rho g Q H)_m} \cdot \frac{(\eta)_m}{\eta} \qquad (2-65)$$

$$\frac{N}{N_m} = \lambda^5 \cdot \frac{n^3}{n_m^3} \cdot \frac{(\eta_m)_m}{(\eta_m)} \qquad (2-66)$$

式(2-66)中(η_m)为实际泵的机械效率，$(\eta_m)_m$为模型泵的机械效率。抽升液体的密度相等时，上式表示了两台相似泵的轴功率与转速的三次方，线性比例尺的五次方成正比，与机械效率成反比。

在实际应用中，如实际泵与模型泵的尺寸相差不太大，且工况相似时，可近似地认为三种局部效率都不随尺寸变化，则相似定律可写为：

$$\frac{Q}{Q_m} = \lambda^3 \frac{n}{n_m} \qquad (2-67)$$

$$\frac{H}{H_m} = \lambda^2 \frac{n^2}{n_m^2} \qquad (2-68)$$

$$\frac{N}{N_m} = \lambda^5 \frac{n^3}{n_m^3} \qquad (2-69)$$

经验表明，当原型泵和模拟泵之间的模型比 λ 不大(通常认为模型比 $\lambda \leqslant 3$ 时)时，可以认为原型泵和模型泵在相似工况下运行时的各种效率近似相等，即 $\eta_m = \eta_{mM}$，$\eta_v = \eta_{vM}$，$\eta_h = \eta_{hM}$。此时，可以得到相似律的简化形式

$$\frac{Q}{Q_M} = \frac{D_2^3}{D_{2M}^3} \frac{n}{n_M} \qquad (2-70)$$

$$\frac{H}{H_M} = \frac{D_2^3}{D_{2M}^3} \frac{n}{n_M} \qquad (2-71)$$

$$\frac{P}{P_M} = \frac{\rho}{\rho_M} \frac{D_2^3}{D_{2M}^3} \frac{n}{n_M} \qquad (2-72)$$

通常在模型试验时需要注意：①模型泵的叶轮直径 D_M 不应小于 300mm；②原型泵和模型泵之间的模型比 λ 不宜大于 10；③考虑到水泵进口和进水流道的状况对水泵特性的影响，尤其是对水泵汽蚀性能的影响，所以原则上希望模型泵的扬程尽可能接近原型泵的扬程。若由于设备和条件等限制，原型泵和模型泵的扬程不能达到上述要求时，则水泵能量试验时的模型泵与原型泵的扬程比值应大于 0.5；在水泵汽蚀试验时，模型泵与原型泵的扬程比值应大于 0.8。

4. 相似泵效率之间的关系

相似律的简化式是在认为大小不同的两台相似泵的各种效率相等的基础上导出的，事实上，由于叶轮口环的相对间隙和泵内过流部件表面相对粗糙度随尺寸的增大而减小，泵的容积效率和水力效率将随水泵尺寸的增大而提高。同样，泵的机械效率也由于水泵尺寸增大时，填料函和轴承中的损失增加得较小，所以机械效率也随之提高。因此，大小不同的相似泵，特别是当尺寸相差较大时，应用上述相似律简化式将带来较大的误差。所以相

似泵之间的效率换算是必要的。

由于目前还没有找到模型泵与原型泵效率换算的有效公式，工程实践中常采用经过修正的穆迪公式来进行相似泵之间的效率换算。穆迪公式为：

$$\frac{1-\eta}{1-\eta_M} = \left(\frac{D_M}{D}\right)^{0.25} \left(\frac{H_M}{H}\right)^{0.1} \qquad (2-73)$$

如果在模型试验时的扬程与原型泵的扬程相同，则穆迪公式变为：

$$\frac{1-\eta}{1-\eta_M} = \left(\frac{D_M}{D}\right)^{0.25} \qquad (2-74)$$

穆迪公式是水轮机效率的换算公式，当用于水泵时需对它进行修正，修正后的穆迪公式为：

$$\frac{1-\eta}{1-\eta_M} \cdot \frac{\eta_M}{\eta} = \left(\frac{D_M}{D}\right)^{0.35} \left(\frac{H_M}{H}\right)^{0.1} \qquad (2-75)$$

试验表明修正后的穆迪公式仍不能很好地适用于水泵，因为它是在假定泵的总效率与水力效率相等，即 $\eta = \eta_h$ 的基础上导出的。对于中小型水泵而言，由于泵内的机械损失和容积损失在泵内总损失中所占的比重较大，所以应该采用先分别计算确定各局部损失或效率，再换算出泵的总效率的方法。

目前，模型试验中效率换算通常采用的方法是：①先用穆迪公式由模型泵的效率值 η_M 换算出原型泵的效率 η；②再确定模型泵最高效率点的效率值 η_{Mmax} 与原型泵最高效率点的效率值 η_{max} 间的差值 $\Delta\eta = \eta_{max} - \eta_{Mmax}$；③以 $\Delta\eta$ 为效率修正值对其余非最高效率点的效率值进行效率修正。

需要强调的是，上述的效率换算方法都是近似的经验修正方法，均有一定的局限性。因此，具体实施时应针对原型泵和模型泵的实际情况参照同类泵型的相关资料进行效率换算。对于重要的工程应通过试验来确定。

把相似定律应用于以不同转速运行的同一台叶片泵，则可得到比例律：

$$\frac{Q_1}{Q_2} = \frac{n_1}{n_2}, \quad \frac{H_1}{H_2} = \left(\frac{n_1}{n_2}\right)^2, \quad \frac{N_1}{N_2} = \left(\frac{n_1}{n_2}\right)^3 \qquad (2-76)$$

比例律公式表明：当叶片泵的转速变化时，它的流量与转速的一次方、扬程与转速的二次方、功率与转速的三次方成正比。

有关试验表明：水泵转速的变化对容积效率和水力效率的影响不太大，而对机械效率的影响较大。因为机械损失中的轮盘摩擦损失、轴承摩擦损失与填料函损失分别与转速的三次方、二次方和一次方成正比，所以转速增加得越多，机械损失增加也越大。这样由比例律换算引起的误差也就越大，所以在应用比例律时，要注意转速的变化不能太大，通常转速的变化范围以增速不大于 20%、降速不大于 50% 为宜。

比例律在泵站设计与运行中的应用，最常遇到的情形有两种。

(1) 已知水泵转速为 n_1 时的 $(Q-H)_1$ 曲线，但所需的工况点，并不在该特性曲线上，而在坐标点 $A_2(Q_2, H_2)$ 处。如果需要水泵在 A_2 点工作，其转速 n_2 应是多少？

(2) 已知水泵 n_1 时的 $(Q-H)_1$ 曲线，试用比例律翻画转速为 n_2 时的 $(Q-H)_2$ 曲线。

① 利用图解法求离心泵调速运行工况。

对于第一类问题，求"相似工况抛物线"。

采用图解法求转速 n_2 值时，必须在转速 n_1 的 $(Q-H)_1$ 曲线上，找出与 $A_2(Q_2, H_2)$ 点工况相似的 A_1 点，其坐标为 (Q_1, H_1)。下面采用"相似工况抛物线"方法来求 A_1 点，如图 2.26 所示。

根据比例律，消去其转速后可得：

$$\frac{H_1}{H_2} = \left(\frac{Q_1}{Q_2}\right)^2 \qquad (2-77)$$

即：

$$\frac{H_1}{Q_1^2} = \frac{H_2}{Q_2^2} = k \qquad (2-78)$$

由此得：

$$H = kQ^2 \qquad (2-79)$$

由式(2-79)可看出，凡是符合比例律关系的工况点，均分布在一条以坐标原点为顶点的二次抛物线上。此抛物线称为相似工况抛物线(也称等效率曲线)。

利用 A_2 点的坐标值 $(Q_2，H_2)$ 求出 k 值，再按式 (2-79)，写出与 A_2 点工况相似的普通式 $H = kQ^2$。则此方程式即代表一条与 A_2 点工况相似的抛物线(k 为常数)。它和转速为 n_1 的 $(Q-H)_1$ 曲线相交于 A_1 点，此 A_1 点就是所要求的与 A_2 点工况相似的点。把 A_1 点和 A_2 点的坐标值 $(Q_1，H_1)$ 和 $(Q_2，H_2)$ 代入比例律，可得：

$$n_2 = \frac{n_1}{Q_1} n_2 \qquad (2-80)$$

对于第二类问题，在 $(Q-H)_1$ 线上任取 $a，b，c，d，e，f，\cdots$ 点；利用比例律求 $(Q-H)_2$ 上的 $a'，b'，c'，d'，e'，f'，\cdots$ 作 $(Q-H)_2$ 曲线，如图 2.27 所示。

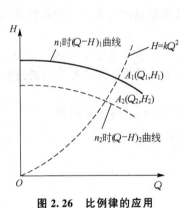

图 2.26 比例律的应用

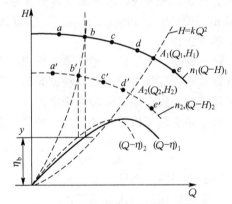

图 2.27 转速改变时特性曲线变化

同理可求 $(Q-N)_2$ 曲线。

求 $(Q-\eta)_2$ 曲线。在利用比例律时，认为相似工况下对应点的效率是相等的，将已知图中 $a，b，c，d，e，f$ 等点的效率点平移即可。

② 数解法求离心泵调速运行工况。

对于第一类问题：

依据

$$H = H_X - S_X Q^2 = kQ^2$$

$$Q = \sqrt{\frac{H_X}{S_X + k}} = Q_1 \qquad (2-81)$$

$$H = k \times \frac{H_X}{S_X + k} = H_1 \qquad (2-82)$$

上式中 k 值已如前述 $k = \dfrac{H_2}{Q_2^2}$。因此，由比例律可求出 n_2 值：

$$n_2 = n_1 \frac{Q_2}{Q_1} = \frac{n_1 Q_2 \sqrt{S_X + k}}{\sqrt{H_X}} \qquad (2-83)$$

对于第二类问题：

$$H_2 = \left(\frac{n_1}{n_2}\right)^2 H_X - S_X Q_2^2 \tag{2-84}$$

③ 相似准数——比转数（n_s）。

按照水泵的相似原理，叶片泵可被分为若干相似泵群，在每一个泵群中，都可以用一台模型泵作代表，来反映该群相似泵的共同特性和叶轮构造。模型泵的特点是：在最高效率下，当有效功率 $N_u = 735.5$W 时，扬程 $H_m = 1$m，流量 $Q_m = 0.075$m³/s。这时，该模型泵的转速，就叫做与它相似的各实际泵的比转数：

$$n_s = \frac{3.65 n \sqrt{Q}}{H^{\frac{3}{4}}} \tag{2-85}$$

式中：n——水泵的额定转速（r/min）；

Q——水泵效率最高时的单吸流量（m³/s）；

H——水泵效率最高时的单级扬程（m）。

【例 2-1】 试求某台 12SH 型离心泵的比转数 n_s。

【解】 由泵铭牌上已知，该台 12SH 型离心泵的各给定的参数如下。

在最高效率时：$Q = 684$m³/h，$H = 10$m，$n = 1450$r/min。由于 SH 型是双吸式离心泵，故采用 $Q/2$ 代入式(2-85)中，得：

$$n_s = 3.65 \frac{1450 \sqrt{\frac{684}{2} \times \frac{1}{3600}}}{10^{\frac{3}{4}}}$$

则：$$n_s = 288$$

在泵样本中一般表示为 12SH-28。

在应用上式时应注意以下几点：

（1）Q 和 H 是指泵最高效率时的流量和扬程，也即泵的设计工况点；

（2）比转数 n_s 是根据所抽升液体的密度 $r = 1000$kg/m³ 时得出的，也即根据抽升 20℃左右的清水时得出的；

（3）Q 和 H 是指单吸单级泵的流量和扬程。如果是双吸式泵，则公式中的 Q 值，应该采用泵设计流量的一半（也即采用 $Q/2$）。若是多级泵，H 应采用每级叶轮的扬程（如为三级泵，则扬程用该泵总扬程的 $H/3$ 代入）。

对于任一台泵而言，比转数不是无因次数，它的单位是 [r/min]。可是，由于它并不是一个实际的转速，它只是用来比较各种泵性能的一个共同标准。因此，它本身的单位含义无多大用处，一般在书本中均略去不写。在具体计算某泵的比转数数值时，因使用的单位不同，同一台泵的 n_s 值也不相同。国际上有些国家采用式(2-86)来表示 n_s 值，它的 Q、H 和 n 单位有采用英制单位 [ft³/min]、[ft³] 和 [r/min] 的，也有采用公制单位 [m³/min]、[m] 和 [r/min] 的，其换算见表 2-3。

$$n_s = \frac{n \sqrt{Q}}{H^{\frac{3}{4}}} \tag{2-86}$$

例如，按日本 JIS 标准，我国的比转数数值为日本的比转数数值的 0.47 倍，美国常用的单位是 Q(U.S.gal/min)、H(ft)、n(r/min)，按此单位由表 2-3 查得：我国的比转数数值为美国的比转数数值的 0.0706 倍。

表 2－3　比转数 n_s 换算表

$n_s = \dfrac{3.65n\sqrt{Q}}{H^{\frac{3}{4}}}$	$n_s = \dfrac{n\sqrt{Q}}{H^{\frac{3}{4}}}$						
Q, H, n (m³/s), (m), (r/min)	Q, H, n (m³/s), (m), (r/min)	Q, H, n (m³/min), (m), (r/min)	Q, H, n (L/s), (m), (r/min)	Q, H, n (ft³/s), (ft), (r/min)	Q, H, n (ft³/min), (ft), (r/min)	Q, H, n (U. S. gal/min), (ft), (r/min)	Q, H, n (U. K. gal/min) (ft), (r/min)
1	0.274	2.12	8.66	0.667	5.168	14.16	12.89
3.65	1	7.746	31.623	2.435	18.863	51.70	47.036
0.4709	0.129	1	4.083	0.315	2.438	6.68	6.079
0.1152	0.0316	0.245	1	0.077	0.597	1.634	1.4871
1.499	0.411	3.178	12.99	1	7.752	21.28	19.23
0.1935	0.053	0.410	1.675	0.129	1	2.74	2.49
0.0706	0.0193	0.150	0.611	0.047	0.365	1	0.912
0.0776	0.0213	0.165	0.672	0.052	0.401	1.096	1

比转数的讨论与应用：

（1）比转数 n_s 中包含了实际原型泵的几个主要性能参数 Q、H、n 值。因此，它可以反映实际泵的主要性能。当转速 n 一定时，n_s 越大，表示这种泵的流量越大，扬程越低。一般低扬程的泵都是高比转数的。反之，比转数越小，表示这种泵的流量小，扬程高。一般高压锅炉给水泵，多数是低比转数的。

（2）叶片泵叶轮的形状、尺寸、性能和效率都随比转数而变。因此，使用比转数 n_s，可对叶片泵进行分类（图 2.28）。

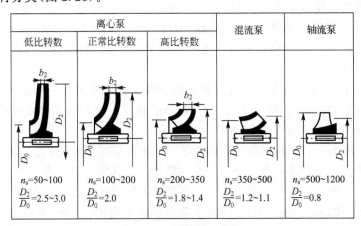

图 2.28　叶片泵分类表

低比转数：扬程高、流量小。在构造上可用增大叶轮的外径（D_2）和减小内径（D_0）与叶槽宽度（b_2）的方法来得到高扬程、小流量。其 D_2/D_0 可以大到 2.5，b_2/D_2 可以小到 0.03。结果使叶轮变为外径很大，外形扁平，叶轮流槽狭长（呈瘦长型），出水方向呈径向。

高比转数：扬程低、流量大。要产生大流量，叶轮进口直径 D_0 及出口宽度 b_2 就要加大，但又因扬程要低，则叶轮的外径 D_2 就要缩小，于是，D_2/D_0 比值就小，b_2/D_2 就大。这样的结果，叶轮外形就变成外径小而宽度大，叶槽由狭长而变为粗短（呈矮胖型），水流方向由径向渐变为轴向。当 $D_2/D_0 = 0.8$ 时，离心泵就演变成了轴流泵，其出水方向是沿泵轴方向。介于离心泵和轴流泵之间的是混流泵，其比转数 $n_s = 300 \sim 500$ 左右。混流泵的特点是流量大于同尺寸的离心泵而小于轴流泵，扬程大于轴流泵而小于离心泵。

（3）比转数 n_s 不同，反映了泵特性曲线的形状也不同。我们将各种不同 n_s 的特性曲线用相对值为坐标绘出如图 2.29、图 2.30 及图 2.31 所示。图中以设计工况的工作参数：Q_0、H_0、N_0、η_0 作为 100%，按下式算出不同 n_s 的叶片泵，在非设计工况下的性能参数 Q、H、N 及 η 的相对值 $\overline{Q}$、$\overline{H}$、$\overline{N}$ 及 $\overline{\eta}$ 值为：

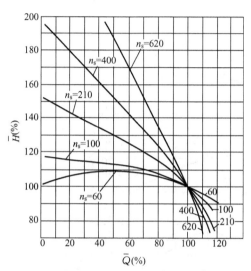

图 2.29 不同 n_s 叶片泵的相对 $\overline{Q}$-$\overline{H}$ 曲线　　图 2.30 不同 n_s 叶片泵的相对 $\overline{Q}$-$\overline{N}$ 曲线

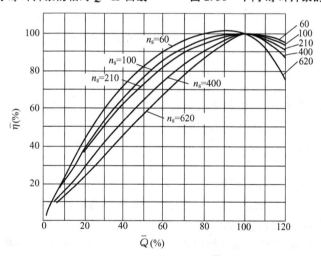

图 2.31 不同 n_s 叶片泵的相对 $\overline{Q}$-$\overline{\eta}$ 曲线

$$\overline{Q} = \frac{Q}{Q_0}, \quad \overline{H} = \frac{H}{H_0} \qquad (2-87)$$

$$\overline{N} = \frac{N}{N_0}, \quad \overline{\eta} = \frac{\eta}{\eta_0} \qquad (2-88)$$

n_s 越小，Q-H 曲线就越平坦，$Q=0$ 时的 N 值就越小。因而，n_s 低的泵，采用闭闸启动时，电动机属于轻载启动，启动电流减小，另外，n_s越小，效率曲线在最高效率点两侧下降得也越缓和。反之，n_s越大，$Q-H$曲线越陡降，$Q=0$时的N值越大，效率曲线高效点的左右部分下降得越急剧。对于这种泵，最好用于稳定的工况下工作，不宜在水位变幅很大的场合下工作。

相对性能曲线还具有实用意义，如果在实际工作中遇到一台没有特性曲线资料的泵，而且也无法进行性能试验时，那就可按照泵铭牌上的Q、H、N、n值，算出该泵的n_s值，再从图上找出相对性能曲线。然后，按式(2-89)即可点绘出该泵的$Q-H$、$Q-N$及$Q-\eta$曲线。

$$Q = \overline{Q} \cdot Q_0, \quad H = \overline{H} \cdot H_0, \quad N = \overline{N} \cdot N_0, \quad \eta = \overline{\eta} \cdot \eta_0 \qquad (2-89)$$

2.6.3 轴流泵的特性曲线及特点

轴流泵的特性曲线如图2.32所示，其性能特点如下。

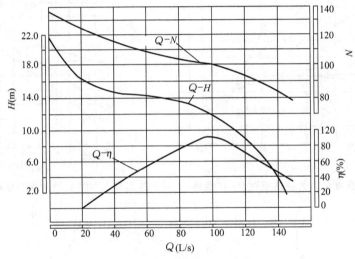

图2.32 轴流泵特性曲线

(1) 扬程随流量的减小而剧烈增大，$Q-H$曲线陡降，并有转折点。其主要原因是，流量较小时，在叶轮叶片的进口和出口处产生回流，水流多次重复得到能量，类似于多级加压状态，所以扬程急剧增大。又因为回流会使水流阻力损失增加，从而造成轴功率增大的现象，一般空转扬程H_0约为设计工况点扬程的1.5~2倍。

(2) $Q-N$曲线也是陡降曲线，当$Q=0$(出水闸阀关闭时)，其轴功率$N_0=(1.2 \sim 1.4)N_d$，N_d为设计工况时的轴功率。因此，轴流泵启动时，应当在闸阀全开的情况下来启动电动机，一般称为"开闸启动"。

(3) $Q-\eta$曲线呈驼峰形，也即高效率工作的范围很小，流量在偏离设计工况点不远处效率就下降很快。根据轴流泵的这一特点，采用闸阀调节流量是不利的。一般只采取改变叶片装置角β的方法来改变其性能曲线，故称为变角调节。大型全调式轴流泵，为了减小泵的启动功率，通常在启动前先关小叶片的β角，待启动后再逐渐增大β角，这样，就充分发挥了全调式轴流泵的特点。

(4) 在泵样本中，轴流泵的吸水性能，一般是用汽蚀余量Δh_{sv}来表示的。气蚀余量值由水泵厂汽蚀试验中求得，一般轴流泵的气蚀余量都要求较大，因此，其最大允许的吸上真空高度都较小，有时叶轮常常需要浸没在水中一定深度处，安装高度为负值。为了保证在运行中轴流泵内不产生气蚀，须认真考虑轴流泵的进水条件(包括吸水口淹没深度、吸水流道的形状等)，运行中实际工况点与该泵设计工况点的偏离程度，叶轮叶片形状的制造质量和泵安装质量等。

2.7 离心泵的吸水性能

离心泵的正常工作，是建立在对泵吸水条件正确选择的基础上。在不少场合下，泵装置的故障，常是由于吸水条件选择不当引起的。所谓正确的吸水条件，就是指在抽水过程中，泵内不产生气蚀情况下的最大吸水高度。为了掌握泵的吸水条件，我们作如下讨论。

2.7.1 吸水管中压力的变化及计算

图 2.33 为离心泵管路安装示意图。泵在运行中，由于叶轮的高速旋转，在其入口处造成了真空，水自吸水管端流入叶轮的进口。吸水池水面大气压与叶轮进口处的绝对压力之差，转化成位置头、流速头，并克服各项水头损失。在图 2.33 中，绘出了水从吸水管经泵壳流入叶轮的绝对压力线。以吸水管轴线作为相对压力的零线，则管轴线与压力线之间的高差表示了真空值的大小。绝对压力沿水流减少，到进入叶轮后，在叶片背面(即背水面)靠近吸水口的 K 点处压力达到最低值，$P_K = P_{\min}$。接着，水流在叶轮中受到由叶片传来的机械能，压力才迅速上升。下面介绍确定此最低压力值(P_K)。

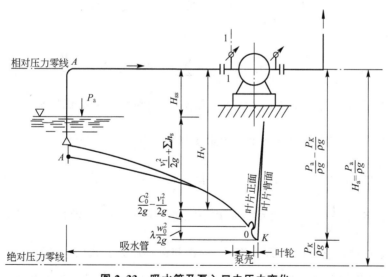

图 2.33 吸水管及泵入口中压力变化

首先，写出吸水池水面和泵的进口安装真空表处 1—1 断面的能量方程式，以吸水池水面为基准面，并略去其行近流速水头，可得：

$$\frac{P_a}{\rho g} = \frac{P_1}{\rho g} + H_{ss} + \frac{v_1^2}{2g} + \sum h_s \qquad (2-90)$$

式中　$\dfrac{P_a}{\rho g}$、$\dfrac{P_1}{\rho g}$——分别为吸水池水面大气压与 1—1 断面处的绝对压力（以 mH_2O 表示）；

H_{ss}——吸水地形高度（也即安装高度）(m)；

$\sum h_s$——自吸水管进口至 1—1 断面间的全部水头损失之和(m)。

对吸水池水面及叶片入口稍前处 0—0 断面（图 2.33 中压力线上 0 点的位置）列能量方程式，得：

$$\frac{P_a}{\rho g}-\frac{P_0}{\rho g}=H_{ss}+\sum h_s+\frac{C_0^2}{2g} \qquad (2-91)$$

式中　C_0、P_0——分别为 0—0 断面上的流速及绝对压力。

再对 0—0 断面中心点 O 与叶片背（水）面靠近吸水口的断面 K 点（图 2.33 中压力线上 K 点的位置）写出相对运动的能量方程式，经化简可得：

$$\frac{P_0}{\rho g}+\frac{W_0^2}{2g}=\frac{P_K}{\rho g}+\frac{W_K}{2g} \qquad (2-92)$$

上式有可写成：

$$\frac{P_0}{\rho g}=\frac{P_K}{\rho g}+\frac{W_0^2}{2g}\left(\frac{W_K^2}{W_0^2}-1\right)$$

如果令 $\lambda=\dfrac{W_K^2}{W_0^2}-1$（$\lambda$ 为气穴系数）则上式变为：

$$\frac{P_0}{\rho g}=\frac{P_K}{\rho g}+\lambda\frac{W_0^2}{2g} \qquad (2-93)$$

将式(2-92)代入式(2-90)，可得：

$$\frac{P_a}{\rho g}-\frac{P_K}{\rho g}=H_{ss}+\sum h_s+\frac{C_0^2}{2g}+\lambda\frac{W_0^2}{2g}$$

上式可改写为：

$$\frac{P_a}{\rho g}-\frac{P_K}{\rho g}=\left(H_{ss}+\frac{v_1^2}{2g}+\sum h_s\right)+\frac{C_0^2-v_1^2}{2g}+\lambda\frac{W_0^2}{2g} \qquad (2-94)$$

式(2-94)的含义是：吸水池水面上的压头 $\left(\dfrac{P_a}{\rho g}\right)$ 和泵壳内最低压头 $\left(\dfrac{P_K}{\rho g}\right)$ 之差用来支付：把液体提升 H_{ss} 高度；克服吸水管中水头损失 $\left(\sum h_s\right)$；产生流速水头 $\left(\dfrac{v_1^2}{2g}\right)$、流速水头差 $\left(\dfrac{C_0^2-v_1^2}{2g}\right)$ 和供应叶片背面 K 点压力下降值 $\left(\lambda\dfrac{W_0^2}{2g}\right)$。从图 2.33 中也可明显看出：式(2-93)的左边各列 $\left(\dfrac{P_a}{\rho g}-\dfrac{P_K}{\rho g}\right)$ 表示吸水井中能量余裕值，$\dfrac{P_a}{\rho g}$ 一般情况下就是当地的大气压，$\dfrac{P_K}{\rho g}$ 是个条件值，它不能低于该水温下的饱和蒸气压力。式(2-93)的右边各项，实际上可以分为泵壳外与泵壳内两项压力水头的降落，以真空表为界，真空表所指示的是泵壳进口外部的压力下降值 $\left(H_{ss}+\dfrac{v_1^2}{2g}+\sum h_s\right)$，它反映了真空表安装点的实际压头下降值 H_v，而 $\left(\dfrac{C_0^2-v_1^2}{2g}+\lambda\dfrac{W_0^2}{2g}\right)$ 反映了泵壳进口内部的压力下降值，此值中 $\lambda\dfrac{W_0^2}{2g}$ 是叶轮进口和进口附近叶片背面（背水面）的压头差，它的变化很大，而且，通常不小于 3m。因此，泵壳

内部的压头下降值是相当可观的，而且，是由泵的构造和工况而定的。

2.7.2　气穴和气蚀

泵中最低压力 P_K 如果降低到被抽液体工作温度下的饱和蒸汽压力（即汽化压力）P_{va} 时，泵壳内即发生气穴和气蚀现象。

水的饱和蒸汽压力，就是在一定水温下，防止水汽化的最小压力。其值与水温有关，如表 2-4 所示，水的这种汽化现象，将随泵壳内的压力的继续下降以及水温的提高而加剧。当叶轮进口低压区的压力 $P_K \leqslant P_{va}$ 时，水就大量汽化，同时，原先溶解在水里的气体也自动逸出，出现"冷沸"现象，形成的气泡中充满蒸汽和逸出的气体。气泡随水流带入叶轮中压力升高的区域时，气泡突然被四周水压压破，水流因惯性以高速冲向汽泡中心，在气泡闭合区内产生强烈的局部水锤现象，其瞬间的局部压力，可以达到几十兆帕，此时，可以听到气泡冲破时炸裂的噪声，这种现象称为气穴现象。

表 2-4　水温与饱和蒸汽压力 $\left(h_{va} = \dfrac{P_{va}}{\gamma}\right)$

水温（℃）	0	5	10	20	30	40	50	60	70	80	90	100
饱和蒸汽压力 h_{va}（mH$_2$O）	0.06	0.09	0.12	0.24	0.43	0.75	1.25	2.02	3.17	4.82	7.14	10.33

离心泵中，一般气穴区域发生在叶片进口的壁面，金属表面承受着局部水锤作用，其频率可达 20000～30000 次/s 之多，就像水力楔子那样集中作用在以平方微米计的小面积上，经过一段时期后，金属就产生疲劳，金属表面开始呈蜂窝状，随之，应力更加集中，叶片出现裂缝和剥落。于此同时，由于水和蜂窝表面间歇接触之下，蜂窝的侧壁与底之间产生电位差，引起电化腐蚀，使裂缝加宽，最后，几条裂缝互相贯穿，达到完全蚀坏的程度。泵叶轮进口端产生的这种效应称为"气蚀"。

气蚀是气穴现象侵蚀材料的结果，在许多书上统称为气蚀现象。在气蚀开始时，称为气蚀第一阶段，表现在泵外部的是轻微噪声、振动（频率可达 600～25000 次/s）和泵扬程、功率开始有些下降。如果外界条件促使气蚀更加严重时，泵内气蚀就进入第二阶段，气穴区就会突然扩大，这时，泵的 H、N、η 就将到达临界值而急剧下降，最后终于停止出水。

气蚀影响对不同类型的泵是不同的。对 n_s 较低的泵（如 $n_s < 100$），因泵叶片流槽狭长，很容易被气泡所阻塞，在出现气蚀后，Q-H、Q-η 曲线迅速降落，对 n_s 较高的泵（$n_s < 150$），固流槽宽，不易被气泡阻塞，所以 Q-H、Q-η 曲线先是逐渐地下降，过了一段才开始脱落，然后正常缩水破坏。对于气蚀现象的物理性质，由于它是一种高速现象，它的发生、发展和破坏过程是如此短促，以致借助于速率最快的电影摄像机，有时仍不能观察到细节的现象。因此，关于气蚀性质的大量推测主要是建立于研究气蚀现象某些效应的基础上的，而不是直接观察现象本身。

2.7.3　泵最大安装高度

泵房内的地坪标高取决于泵的安装高度，正确地计算泵的最大允许安装高度，使泵站既能安全供水，又能节省土建造价，具有很重要的意义。由式(2-90)可知：

$$\frac{P_a - P_1}{\rho g} = H_{ss} + \frac{v_1^2}{2g} + \sum h_s$$

$$\frac{P_a - P_1}{\rho g} = H_v \qquad\qquad (2-95)$$

式中　H_v——泵壳吸入口的测压孔处的真空值(mH₂O)，如图2.34所示。

故

$$H_{ss} = H_v - \frac{v_1^2}{2g} - \sum h_s \qquad\qquad (2-96)$$

泵铭牌或样本中，对于各种泵都给定了一个允许吸上真空高度 H_s，此 H_s 即为式(2-96)中 H_v 的最大极限值。在实用中，泵的 H_v 超过样本规定的 H_s 值时，则意味着泵将会遭受气蚀。

在样本中，水泵厂一般用 $Q-H_s$ 曲线来表示该泵的吸水性能。如图2.35所示为14SA型离心泵的 $Q-H_s$ 曲线，此曲线是在大气压为10.33mH₂O，水温为20℃时，由专门的气蚀试验求得的。它是该泵吸水性能的一条限度曲线。在使用时，要注意 H_s 值是个条件值，它与当地大气压(P_a)及抽升水的温度(t)有关，由式(2-95)可看出。因此，在工程上应用泵样本中的 H_s 值时，必须考虑到：当地大气压越低，泵的 H_s 值就将越小(当地海拔与大气压的关系，见表2-5)。其次，如抽升的水温(t)越高，泵吸入口处所要求的绝对压力 P_1 也就应越大(水温与防止气穴现象的饱和蒸汽压力值关系，见表2-4)。水温越高，泵的 H_s 值也将越小。

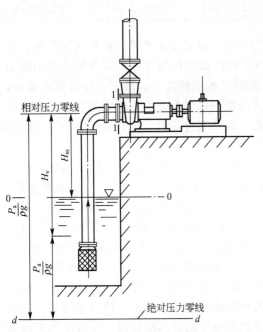

图2.34　离心泵吸水装置

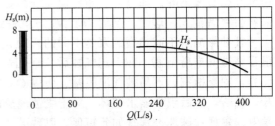

图2.35　14SA型离心泵 $Q-H_s$ 曲线

表2-5　海拔高度与大气压的关系

海拔(m)	-600	0	100	200	300	400	500	600	700	800	900	1000	1500	2000	3000	4000	5000
大气压 P_a/γ(mH₂O)	11.3	10.33	10.2	10.1	10.0	9.8	9.7	9.6	9.5	9.4	9.3	9.2	8.6	8.4	7.3	6.3	5.5

如果，泵安装实际地点的气压是 h_a 而不是10.33mH₂O 时(例如在高原区修建泵站)，或水温是 t 而不是20℃时(例如用来抽升热水时、其饱和蒸汽压力是 h_{va} 而不是20℃的0.24

时），则对水泵厂所给定的 H_s 值，应做如下的修正：

$$H_s' = H_s - (10.33 - h_a) - (h_{va} - 0.24) \tag{2-97}$$

式中 H_s'——修正后采用的允许吸上真空高度(m)；

H_s——水泵厂给定的允许吸上真空高度(m)；

h_a——安装地点的大气压$\left(\text{即}\dfrac{P_a}{\gamma}\right)$(mH$_2$O)；

h_{va}——实际水温下的饱和蒸汽压力(表2-4)。

2.7.4 气蚀余量(NPSH)

离心泵的吸水性能通常是用允许吸上真空高度 H_s 来衡量的。H_s 值越大，说明泵的吸水性能越好，或者说，抗气蚀性能越好。但是，对有些轴流泵、热水锅炉给水泵等，其安装高度通常是负值，叶轮常须安在最低水面下，对于这类泵常采用"气蚀余量"这名称来衡量它们的吸水性能。

由式(2-94)及式(2-90)可得：$\dfrac{P_1}{\rho g} - \dfrac{P_K}{\rho g} + \dfrac{v_1^2}{2g} = \dfrac{C_0^2}{2g} + \lambda\dfrac{W_0^2}{2g}$

当气蚀时，可写成：

$$\frac{P_1}{\rho g} - \frac{P_{va}}{\rho g} + \frac{v_1^2}{2g} = \frac{C_0^2}{2g} + \lambda\frac{W_0^2}{2g} = H_{sv} \tag{2-98}$$

$$H_{sv} = h_a - h_{va} - \sum h_s \pm |H_{ss}| \tag{2-99}$$

式中 H_{sv}——总气蚀余量$\left(H_{sv} = \dfrac{C_0^2}{2g} + \lambda\dfrac{W_0^2}{2g}\right)$。也即泵进口处单位质量的水，所具有超过汽化压力的余裕能量再加上 $\dfrac{v_1^2}{2g}$。其大小通常换算到泵轴的基准面上(按泵的结构形式来确定基准面，如图2.36所示)。

h_a——吸水井表面的大气压力$\left(h_a = \dfrac{P_a}{\rho g}\right)$(mH$_2$O)。

h_{va}——该水温下的汽化压力$\left(h_{va} = \dfrac{P_{va}}{\rho g}\right)$(mH$_2$O)。

$\sum h_s$——吸水管道的水头损失之和(mH$_2$O)。

H_{ss}——泵吸水地形高度，即安装高度(m)。

泵的安装高度 H_{ss} 是吸水井水面的测压管高度与泵轴的高差。当水面的测压管高度低于泵轴时，泵为抽吸式工作情况，$|H_{ss}|$ 值前取"－"号，当水面的测压管高度高于泵轴时，泵为自灌式工作情况，$|H_{ss}|$ 值前取"＋"号。

式(2-98)的图示形式，可见图2.37。泵厂样本图中提供的气蚀余量(NPSH)由 Δh 和避免气蚀的余裕量(0.3mH$_2$O 左右)两部分所组成。Δh 值与叶轮进口的流速水头值、叶片入口摩擦损失、叶轮进口冲击损失及进口附近叶片背(水)面的压头差等有关，也就是说，与叶片进口形状、进水道的构造等有关，通常是用试验来测定的。试验是按临界状态下，该水温的汽化压力余裕能量再加上 0.3mH$_2$O 来考虑的(所谓临界状态是指泵由于气蚀而不能正常工作的分界点)，所以，样本中所提供的气蚀余量是"必要的气蚀余量"。按式(2-99)

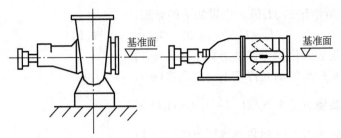

(a) 卧式:以通过水泵轴心中心线的水平面为基准面

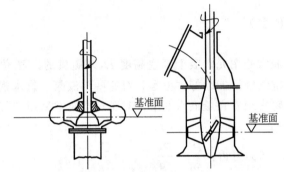

(b) 立式:以通过叶轮叶片的进水边中心的水准面为基准面

图 2.36　泵基准面的确定

或式(2-98)左侧算出的,是该泵装置的实际的气蚀余量,该值是由泵安装处的外部条件所决定的,是表示水达到汽化压力值尚有余裕的能量。为安全计,在工程中,泵实际使用时的气蚀余量(实际 NPSH)应该比泵厂要求的气蚀余量(必要 NPSH)再要大 $0.4\sim0.6\text{mH}_2\text{O}$。

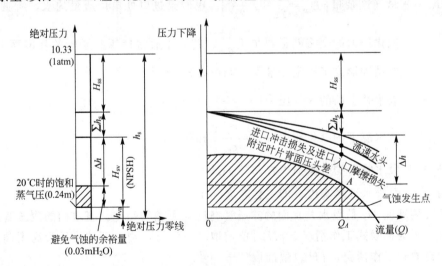

图 2.37　吸入式工作的泵气蚀余量图示

图 2.37 中 Q_A 如为该泵的正常工况下的出水量,则在运转过程中,流量大于 Q_A 时,该泵避免产生气蚀的余裕能量越来越小了。在泵站设计中,应充分估计到类似这样的情况,以保证在实际运行中可能出现的大流量情况下,不产生气蚀现象。由上所述可知:泵厂样本中要求的气蚀余量越小,表示该泵的吸水性能越好。

对于式(2-99)还可以用另一形式来表示(以吸水井水位低于泵轴时为例)：

$$H_{sv} = h_a - h_{va} - \left(|H_{ss}| + \sum h_s + \frac{v_1^2}{2g} \right) + \frac{v_1^2}{2g}$$

故
$$H_{sv} + H_s = (h_a - h_{va}) + \frac{v_1^2}{2g} \tag{2-100}$$

式(2-100)反映了气蚀余量与吸上真空高度之间的关系。工程中防止气蚀的根本方法是在使用中，使实际 NPSH>必要的 NPSH。这里，减小泵必要的 NPSH 是泵设计和制作方面的问题，对使用者来讲，应在泵装置的合理布置方面多加些考虑。

综上所述，叶片式泵的吸水过程，是建立在泵吸入口能够形成必要真空值的基础上，此真空值是个需要严格控制的条件值。在实际使用中，泵真空值太小，抽不上水；真空值太大，则产生气蚀现象。因此，泵装置正确的吸水条件，是以运行中不产生气蚀现象为前提的。使用中应以泵样本中给定的允许吸上真空高度 H_s，或者以泵样本中给定的必要的气蚀余量 Δh_{sv} 作为限度值来考虑问题。

本 章 小 结

本章主要讲述叶片式泵的工作原理，包括离心泵、轴流泵和混流泵的基础理论；叶片式水泵基本构造；叶片式水泵的基本性能参数；叶片式水泵的基本方程；叶片式水泵的特性曲线；叶轮相似定律和相似准数；叶片泵的吸水性能。

本章的重点是叶片式泵的工作原理、叶片式泵的基本构造、基本性能参数和基本方程。

习 题

1. 试述离心式水泵减漏环的作用及常见类型。

2. 单级单吸式离心泵可采用开平衡孔的方法消除轴向推力，试述其作用原理及优缺点。

3. 为什么离心泵的叶轮大都采用后弯式($\beta_2 < 90°$)叶片？

4. 简述离心泵的工作原理。在离心泵的主要零件中，叶轮和泵壳、泵轴和泵壳、泵轴和泵座之间的衔接装置分别是什么？

5. 已知某离心泵流量 $Q=120L/s$，允许吸上真空高度 $H_s=5m$，吸水管的管径 $d=350mm$，管长 $l=40m$，粗糙系数 $\lambda=0.02$，另有底阀一个($\xi_1=6$)，弯头 3 个(每个 $\xi_2=0.36$)，变径管 1 个($\xi_3=0.1$)。当水温 $t=36℃$，海拔高 2000m 时，求水泵最大安装高度。(注：$t=36℃$时，$h_{va}=0.433m$，海拔 2000m 时，$h_a=8.1m$)

6. 12SH-19A 型离心水泵，流量 $Q=220L/s$ 时，在水泵样本中查得允许吸上真空高度 $[H_s]=4.5m$，装置吸水管的直径 $D=300mm$，吸水管总水头损失 $\sum h_s=1.0m$，当地海拔高度为 1000m，水温为 40℃，试计算最大安装高度 H_g(海拔 1000m 时的大气压 $h_a=9.2mH_2O$，水温 40℃时的汽化压强 $h_{va}=0.75mH_2O$)。

7. 如图 2.38 所示在水泵进、出口处按装水银差压计。进、出口断面高差 $\Delta Z=0.5m$，差压计的读数 $h_p=1m$，求水泵的扬程 H(设吸水管口径 D_1 等于压水口径 D_2)。

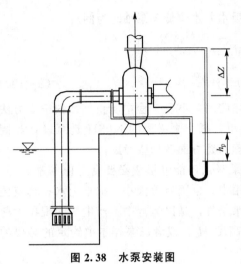

图 2.38　水泵安装图

8. 已知水泵供水系统静扬程 $H_{ST}=13m$，流量 $Q=360L/s$，配用电机功率 $N_{电}=79kW$，电机效率 $\eta=92\%$，水泵与电机直接连接，传动效率为 100%，吸水管路阻抗 $S_1=6.173s^2/m^5$，压水管路阻抗 $S_2=17.98s^2/m^5$，求解水泵的 H、N 和 η。

9. 如图 2.39 所示取水泵站，水泵由河中直接抽水输入表压为 196kPa 的高地密闭水箱中。已知水泵流量 $Q=160L/s$；吸水管的直径 $D_1=400mm$，管长 $L_1=30m$，摩阻系数 $\lambda_1=0.028$；压水管的直径 $D_2=350mm$，管长 $L_2=200m$，摩阻系数 $\lambda_2=0.029$。假设吸、压水管路局部水头损失各为 1m，水泵的效率 $\eta=70\%$，其他标高见图 2.36。试计算水泵扬程 H 及轴功率 N。

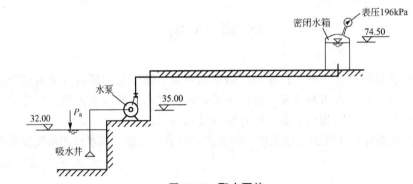

图 2.39　取水泵站

10. 已知某离心泵铭牌参数 $Q=220L/s$，$[H_s]=4.5m$。若将其安装在海拔 1000m 的地方，抽送 40℃ 的温水，试计算其在相应流量下的允许吸上真空高度 $[H_s]'$（海拔 1000m 时，$h_a=9.2m$，水温 40℃ 时，$h_{va}=0.75m$）。

11. 已知某离心泵铭牌参数 $Q=220L/s$，$[H_s]=4.5m$，若将其安装在海拔 1500m 的地方，抽送 20℃ 的温水，若装置吸水管的直径 $D=300mm$，吸水管总水头损失 $\sum h_s=1.0m$，试计算其在相应流量下的允许安装高度 H_g（海拔 1500m 时，$h_a=8.6m$；水温 20℃ 时，$h_{va}=0.24m$）。

12. 如图 2.40 所示，某冷凝水泵从冷凝水箱中抽送 40℃ 的清水，已知水泵额定流量 $Q=68m^3/h$，水泵的必要汽蚀余量 $[NPSH]=2.3m$，冷凝水箱中液面绝对压强为 $p_0=8.829kPa$，设吸水管阻力 $h_s=0.5m$，试计算其在相应流量下的最小倒罐高度 $[H_g]$（水温 40℃ 时，水的密度为 $992kg/m^3$，水的汽化压强 $h_v=0.75m$）。

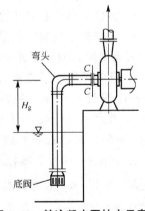

图 2.40　某冷凝水泵抽水示意图

13. 已知某 12SH 型离心泵的额定参数 $Q=730m^3/h$，$H=10m$，$n=1450r/min$，试计算其比转数。

第3章
离心泵装置的运行与调节

本章主要介绍了离心泵装置的运行与调节，包括离心泵装置的总扬程，工况点的确定；离心泵装置工况点的调节；离心泵并联及串联运行工况；并联工作的图解原理；并联工作的数解原理；水泵串联工作的图解、数解。了解水泵装置的节能与控制，离心泵组的使用与维护及更新改造。通过本章的学习，应达到以下目标：

(1) 掌握离心泵装置总扬程的求解；

(2) 掌握离心泵装置工况点的确定；

(3) 掌握离心泵装置工况调节；

(4) 掌握离心泵并联及串联运行工况；

(5) 了解水泵装置的节能与控制；

(6) 熟悉离心泵组的使用与维护。

知识要点	能力要求	相关知识
离心泵装置的总扬程	(1) 掌握离心泵装置的工作扬程 (2) 掌握离心泵装置的需要扬程 (3) 掌握离心泵装置管路系统特性	(1) 静扬程 (2) 水头损失 (3) 管路水头损失特性方程
离心泵装置工况点	(1) 掌握图解法求解水泵装置的工况点 (2) 掌握数解法求离心泵装置的工况点	(1) 抛物线拟合法 (2) 基于最小二乘原理的多项式拟合
离心泵装置工况调节	(1) 掌握节流调节 (2) 掌握变速调节 (3) 掌握变径调节	(1) 比例律 (2) 变速调节工况分析 (3) 切削律
离心泵并联及串联运行工况	(1) 掌握并联运行工况点图解 (2) 掌握并联运行工况点数解 (3) 掌握串联运行工况点数解	(1) 水泵并联性能曲线的绘制 (2) 泵与高地水池联合运行工况
水泵装置的节能与控制	(1) 了解水泵装置的节能 (2) 了解水泵装置的控制	(1) 水泵的双位控制 (2) 水泵的调节控制 (3) 水泵恒压供水系统的控制
离心泵组的使用与维护	(1) 熟悉离心泵的使用 (2) 熟悉离心泵的维护	(1) 水力故障 (2) 机械故障

📖 **基本概念**

静扬程；水头损失；管路水头损失特性方程；抛物线拟合法；基于最小二乘原理的多项式拟合；比例律；切削律；投资回收期；水泵型谱图；双位控制；调节控制；恒压供水系统的控制；水力故障；机械故障。

3.1 离心泵装置的总扬程

离心泵基本方程式及特性曲线反映了水泵各个性能参数之间的定量关系，揭示了决定泵本身扬程的一些内在因素。然而，在实际使用中，水泵的工作必然要与管路系统及诸多外界条件（如江河水位、水塔高度、管网压力等）联系在一起。将水泵及与之联合工作的管路系统（包括一切管路附件）统称为"水泵装置"。水泵的运行不仅与泵本身的性能有关，而且与整个装置的特性有关。水泵进出水管路断面尺寸、管路长度以及管路附件的种类和数量都将影响管路系统的水力损失，这些水力损失的大小又将影响水泵的工作扬程；进、出水水位高低更是直接影响水泵扬程的重要因素。要分析、确定水泵的运行工况，必须了解整个水泵装置的性能。

3.1.1 离心泵装置的工作扬程

在确定的水泵装置中运行的水泵为了把水从吸水池送到出水池，必须提供整个装置所需要的能量。如图 3.1 所示的离心泵装置，设吸水池吸水面 0—0 为基准面，水泵进口（真空表安装处）为 1—1 断面，水泵出口（压力表安装处）为 2—2 断面，出水池水面为 3—3 断面。则进水断面 1—1 和出水断面 2—2 的能量方程分别为：

$$E_1 = Z_1 + \frac{P_1}{\rho g} + \frac{v_1^2}{2g}$$

$$E_2 = Z_2 + \frac{P_2}{\rho g} + \frac{v_2^2}{2g}$$

离心泵的扬程 $H = E_2 - E_1$，即：

$$H = E_2 - E_1 = Z_2 + \frac{P_2}{\rho g} + \frac{v_2^2}{2g} - \left(Z_1 + \frac{P_1}{\rho g} + \frac{v_1^2}{2g}\right)$$

故
$$H = (Z_2 - Z_1) + \left(\frac{P_2}{\rho g} - \frac{P_1}{\rho g}\right) + \frac{v_2^2 - v_1^2}{2g} \tag{3-1}$$

式中：Z_1、$\frac{P_1}{\rho g}$、v_1——断面 1—1 处的位置水头、绝对压力和流速；

Z_2、$\frac{P_2}{\rho g}$、v_2——断面 2—2 处的位置水头、绝对压力和流速。

而
$$P_1 = P_a - P_v \tag{3-2}$$
$$P_2 = P_a + P_d \tag{3-3}$$

式中：P_a——大气压力（MPa）；

P_v——真空表读数（MPa），读数越大，表示该点的真空值越高；

P_d——压力表读数(MPa),读数越大,表示该点的相对压力越高。

将式(3-2)、式(3-3)式代入式(3-1),得:

$$H=\Delta Z+\frac{P_d+P_v}{\rho g}+\frac{v_2^2-v_1^2}{2g} \qquad (3-4)$$

以 $H_d=\frac{P_d}{\rho g}$ 为水柱高度表示的压力表读数、$H_v=\frac{P_v}{\rho g}$ 为水柱高度表示的真空表读数,代入式(3-4)得:

$$H=H_d+H_v+\frac{v_2^2-v_1^2}{2g}+\Delta Z \qquad (3-5)$$

一般的水泵装置在运行时,流速水头差 $\frac{v_2^2-v_1^2}{2g}$ 可忽略,ΔZ 值较小,也可忽略,则式(3-5)在实际工作中可表示为:

$$H=H_d+H_v \qquad (3-6)$$

由式(3-6)可知,水泵运行时的工作扬程等于其真空表和压力表的读数之和。

3.1.2 离心泵装置的需要扬程

在进行水泵装置的设计时,水泵扬程必须满足管路系统的水头损失及扬升液体高度的能量需要,该扬程称为装置的需要扬程或设计扬程。

分别列出基准面 0—0 和断面 1—1 的能量方程式,以及断面 2—2 和断面 3—3 的能量方程式,可得:

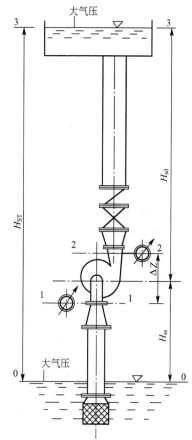

图 3.1 离心泵装置

$$H_v=H_{ss}+\sum h_s+\frac{v_1^2}{2g}-\frac{\Delta Z}{2} \qquad (3-7)$$

$$H_d=H_{sd}+\sum h_d-\frac{v_2^2}{2g}-\frac{\Delta Z}{2} \qquad (3-8)$$

式中:H_{ss}——吸水地形高度(以 mH_2O 计),即水泵泵轴与吸水井(池)测压管水面的高差;

　　　H_{sd}——压水地形高度(以 mH_2O 计),即水塔的最高水位或密闭水箱测压管水面与水泵泵轴的高差;

　　　$\sum h_s$——水泵装置吸水管路中的水头损失之和(以 mH_2O 计);

　　　$\sum h_d$——水泵装置压水管路中的水头损失之和(以 mH_2O 计)。

将式(3-7)、式(3-8)代入式(3-5)可得:

$$H=H_d+H_v=H_{ss}+H_{sd}+\sum h_s+\sum h_d \qquad (3-9)$$

以 H_{ST} 表示水泵的静扬程,即吸水井的设计水面与水塔(或密闭水箱)最高水位之间的测压管高差(以 mH_2O 计);$\sum h$ 表示水泵装置吸水、压水管路中的水头损失之总和(以 mH_2O 计),即:

$$H_{ST} = H_{ss} + H_{sd}$$

$$\sum h = \sum h_s + \sum h_d$$

则式（3-9）可改写为：

$$H = H_{ST} + \sum h + \frac{v_2^2}{g} \tag{3-10}$$

由于在一般的水泵装置中，$\frac{v_2^2}{g}$在数值上相对于静扬程和管路水头损失两项均较小，实际使用时常常忽略不计，有：

$$H = H_{ST} + \sum h \tag{3-11}$$

通过式（3-11）可以计算离心泵为满足水泵装置的稳定正常工作时应具备的扬程，即离心泵装置的需要扬程或设计扬程。从式（3-11）可以看出，水泵的扬程在实际工程中主要用于两方面：一是将水由吸水井提升至高位（即静扬程 H_{ST}）；二是消耗在克服管路系统中的水头损失 $\left(\sum h \right)$。

需要注意的是，在利用式（3-11）进行分析计算时，均认为水塔或高位水池水面的流速 $v_2 = 0$，如果水泵装置的出口是消防喷嘴射流时，则必须考虑 $\frac{v_2^2}{g}$ 的影响，离心泵装置需要扬程的计算应使用式（3-10）。

3.1.3　离心泵装置管路系统特性

水流经过管道时会产生管路的水力损失，由水力学知识可知总的水头损失为：

$$\sum h = \sum h_f + \sum h_1 \tag{3-12}$$

式中：$\sum h_f$——管路系统的沿程水头损失之和；

$\quad\quad \sum h_1$——管路系统的局部水头损失之和。

在实际工程中，管路系统的布局是确定的，即系统中管道的长度(l)、管径(D)、比阻(A)、管材、管道附件及局部阻力系数(ζ)等都已知，管路系统的水头损失随管道流量的变化而变化，其具体计算可查阅给水排水设计手册中的"管渠水力计算表"。

当水力计算采用水力坡降(i)公式时，对于钢管有：

$$\sum h_f = \sum i k_1 l$$

式中：k_1——钢管壁厚不等于 10mm 时引入的修正系数。

对于铸铁管有：

$$\sum h_f = \sum i l$$

当水力计算采用比阻(A)公式时，对于钢管有：

$$\sum h_f = \sum A k_1 k_3 l Q_i^2$$

式中：k_3——管中平均流速小于 1.2m/s 时引入的修正系数。

对于铸铁管有：

$$\sum h_f = \sum A k_3 l Q_i^2$$

当采用比阻公式表示时，式(3-12)可写为：

$$\sum h = \left[\sum Akl + \sum \zeta \frac{1}{2g\left(\frac{\pi D^2}{4}\right)^2} \right] Q^2 \qquad (3-13)$$

式中：k 为修正系数，对于钢管 $k = k_1 k_3$，对于铸铁管 $k = k_3$。当管路系统一经确定，则式(3-13)方括号内的各项参数都是常数。令 $S = \left[\sum Akl + \sum \zeta \frac{1}{2g\left(\frac{\pi D^2}{4}\right)^2} \right]$，则 S 也是一个常量，称为管路系统的阻力系数或阻抗。因此，管路系统的总水头损失与管道流量之间的关系可表示为：

$$\sum h = SQ^2 \qquad (3-14)$$

式(3-14)称为水泵装置的管路水头损失特性方程。对于确定的水泵装置，其管路系统的材质、长短、断面尺寸及管道附件都是确定的，故管路系统的阻力系数 S 容易计算得出。求得水泵装置管路系统的 S 值后，按式(3-14)即可画出管路系统总水头损失 $\sum h$ 随流量 Q 而变化的关系曲线 $Q-\sum h$，称该曲线为管路水头损失特性曲线，如图3.2所示。

式(3-14)是一个二次抛物线方程，在 $Q-H$ 坐标系中，其对应的 $Q-\sum h$ 曲线为一条二次抛物线，该曲线的曲率取决于水泵装置管路系统的直径、长度、管壁粗糙度及局部阻力附件的布置情况。曲线上任意一点 A 所代表的含义是流量为 Q_A 时，管路系统消耗的总水头损失为 h_A。

将式(3-14)代入式(3-11)，可得：

$$H = H_{ST} + SQ^2 \qquad (3-15)$$

式(3-15)称为水泵装置的管路系统特性方程，在 $Q-H$ 坐标系中，其对应的曲线是一条截距为 H_{ST}、开口向上的抛物线，称为管路系统特性曲线，如图3.3所示。在管路系统特性曲线上，任意点 K 的一段纵坐标(h_K)表示泵输送流量为 Q_K 并提升高度为 H_{ST} 时，管道中每单位重量液体所需消耗的能量值。换句话说，管道系统中，通过的流量不同时，每单位重量液体在整个管道中所消耗的能量也不同，其值大小可由图3.3中 $Q-\sum h$ 曲线上各点相应的纵坐标值求得。在实际工程中，泵装置的静扬程 H_{ST} 可以是吸水井至高地水池水面间的垂直几何高差，也可能是吸水井与压力密闭水箱之间的表压差。因此，管路水头损失特性曲线只表示在水泵装置的管路系统中，其静扬程 $H_{ST} = 0$ 时管道中水头损失与流量之间的关系曲线，这一情况可视为管路系统特性曲线的一个特例。

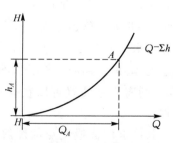

图3.2 管路水头损失特性曲线

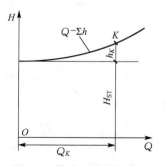

图3.3 管路系统特性曲线

3.2 离心泵装置工况点的确定

离心泵的工况指的是水泵装置中泵的实际工作状态，可用该泵的基本参数如流量、扬程、效率、轴功率、允许吸上真空高度等表示。通过第 2 章对叶片泵基本方程和特性曲线的分析可知，离心泵在特定的转速下，都有其固有特性曲线，这些曲线反映了离心泵本身潜在的工作能力。在水泵装置实际的运行工作中，离心泵的潜在工作能力表现为瞬时的实际出水量(Q)、扬程(H)、轴功率(N)以及效率(η)值等，把这些瞬时值在 Q-H 曲线、Q-N 曲线及 Q-η 曲线上的具体位置，称为该离心泵装置的瞬时工况点，它表示了离心泵瞬时的实际工作能力。

决定离心泵装置工况点的因素有两个方面：其一是离心泵固有的工作能力，包括泵的型号、泵的运行转速等；其二是离心泵的工作环境，包括水泵装置管路系统的布置及水池、水塔(高位水池)的水位等边界条件。两个方面共同作用，才能使离心泵在合理的条件下稳定工作，试想一台出水口径为 500mm 的离心泵，只给它配上口径为 50mm 的出水管道，该泵是不可能在设计状态下正常工作的。

离心泵装置工况点的求解有数解法和图解法两种。图解法简明、直观，在工程中应用较广；在计算机的辅助下，数解法具有计算速度快、计算精度较高等优点，目前也得到了越来越广泛的应用。

3.2.1 图解法求离心泵装置的工况点

离心泵的特性曲线反映了泵本身的工作性能，在一定转速下，其 Q-H 特性曲线为一下降曲线，形状不变；同时，离心泵所在水泵装置的管路系统特性曲线为一上升曲线，在静扬程 H_{ST} 不变的情况下，通过的流量越大，输送水所需要的能量也越大，也即水泵装置的需要扬程越大，它和水泵无关。在水泵装置中，需要扬程由水泵提供。因此，将离心泵的 Q-H 特性曲线与水泵装置的管路系统特性曲线以同一比例绘制在同一坐标系下，两曲线的交点即为水泵在整个装置中稳定的工况点。

如图 3.4 所示，点 M 为离心泵Q-H特性曲线与水泵装置管路系统特性曲线的交点，其对应的流量为 Q_M。一方面，流量为 Q_M 时，管路系统的需要扬程(静扬程与水头损失之和)为 H_M；另一方面，流量为 Q_M 时，离心泵能提供的扬程也为 H_M，则离心泵装置可以在点 M 处稳定工作。

具体求两曲线交点的图解方法包括直接作图法和折引特性曲线法。

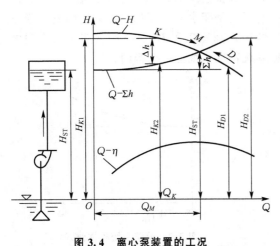

图 3.4 离心泵装置的工况

1. 直接作图法

以图 3.4 所示的离心泵装置为例,首先画出离心泵样本中提供的该泵的 $Q\text{-}H$ 特性曲线,再按管路系统特性方程 $H = H_{ST} + SQ^2$,在沿静扬程 H_{ST} 的高度上,画出离心泵装置的管路水头损失特性曲线 $Q\text{-}\sum h$,上述两条曲线相交于 M 点。交点 M 表示将水输送至高度为 H_{ST} 时,水泵供给水的总比能与管路系统所要求的总比能相等的那个点,即为该水泵装置的平衡工况点(也称工作点)。只要外界条件不发生变化,泵装置就将稳定地在该点工作,其出水量为 Q_M,扬程为 H_M。

假设图 3.4 所示的离心泵装置工况点不在 M 点,而在 K 点,此时流量为 Q_K,泵提供的扬程为 H_{K1},大于流量为 Q_K 时管路系统的需要扬程 H_{K2},富余的扬程为 Δh,Δh 所代表的这一部分富余能量将以动能的形式使管道中水流加速,流量加大,促使泵的工况点向流量增大的一侧移动,直到移动至 M 点为止。反之,假设泵装置的工况点不在 M 点,而在 D 点,那么,泵能提供的总扬程为 H_{D1},小于此时管路系统的需要扬程 H_{D2},水泵无法将流量 Q_D 的水输送至高位水池,管道中水流流速减缓,泵装置的工况点将向流量减小的一侧移动,直到退至 M 点才达到平衡。综上所述,M 点是该水泵装置的平衡工况点。如果该水泵装置在 M 点工作时,管路系统上的所有闸阀是全开着的,则称 M 点为该装置的极限工况点。也就是说,在这个装置中,要保证泵的静扬程为 H_{ST} 时,管道中通过的最大流量为 Q_M,在实际工程中,我们总是希望泵装置的工况点能够经常落在该泵的设计参数值上,这样,泵的工作效率最高,泵站工作最经济。

2. 折引特性曲线法

折引特性曲线法是将管路系统折引成为水泵的一部分,此时,水泵成为折引泵,管路系统中的水头损失被视为折引泵内部的水头损失。

以图 3.5 所示的离心泵装置为例,先在 Q 坐标轴下画出该管路水头损失特性曲线 $Q\text{-}\sum h$,然后在水泵的 $Q\text{-}H$ 特性曲线上减去对应流量下的水头损失,得到曲线 $(Q\text{-}H)'$,该 $(Q\text{-}H)'$ 曲线称为折引特性曲线。折引特性曲线上各点的纵坐标值,表示泵在扣除了管路系统对应流量的水头损失以后剩余的扬程,这一剩余扬程刚好可以把水提升到水泵装置静扬程 H_{ST} 的高度上去。因此,沿水塔水位作一水平线与 $(Q\text{-}H)'$ 曲线

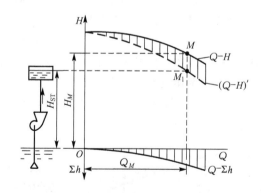

图 3.5 折引特性曲线法求工况点

相交于 M_1 点,M_1 点的纵坐标值即代表了水泵装置的静扬程。由 M_1 点向上作垂线与 $Q\text{-}H$ 曲线相交于 M 点,M 点的纵坐标值 H_M 即为水泵的工作扬程 $H_M = H_{ST} + \sum h$,M 点就是管路系统需要扬程与离心泵所能提供的扬程刚好相等的一点,即该离心泵装置的平衡工况点。

3.2.2　数解法求离心泵装置的工况点

由前述图解法的原理可知，水泵 Q-H 特性曲线与管路系统特性曲线的交点即为水泵装置的平衡工况点。水泵的 Q-H 特性曲线由其实际扬程方程式 $H=f(Q)$ 决定；管路系统特性曲线则由管路系统特性方程 $H=H_{ST}+\sum SQ^2$ 决定。联立水泵的实际扬程方程式和管路特性方程式，求解两个方程当中的 Q 值和 H 值即为水泵装置平衡工况点的坐标值。因此，离心泵装置的工况点可由求解上述两个方程式当中的 Q、H 值得到，即：

$$H=f(Q) \tag{3-16}$$

$$H=H_{ST}+\sum SQ^2 \tag{3-17}$$

两个方程式求两个未知数是可行的。当水泵装置一定时，管路系统特性方程中的静扬程和管道阻力系数都是已知的，但水泵的实际扬程方程式 $H=f(Q)$ 则并没有统一的形式和明确的参数，必须先确定水泵扬程方程式的函数关系后才能进行数值求解。因此数解法求离心泵装置工况点的关键工作是确定水泵的扬程方程式 $H=f(Q)$。

首先须确定扬程方程式 $H=f(Q)$ 的函数表达形式，常用的方法是采用抛物线方程对水泵 Q-H 特性曲线的高效段进行拟合，或基于最小二乘原理对水泵 Q-H 特性曲线进行多项式拟合。

1. 抛物线拟合法

一般情况下，水泵 Q-H 特性曲线的高效段部分可表示为如下形式：

$$H=H_X-h_X \tag{3-18}$$

式中：H——泵的实际扬程(m)；

H_X——泵在 $Q=0$ 时所产生的虚总扬程(m)；

h_X——相应于流量为 Q 时，泵体内的虚水头损失(m)。

虚水头损失 h_X 可由下式计算：

$$h_X=S_X Q^m \tag{3-19}$$

式中：m——指数，对给水管道一般 $m=2$ 或 $m=1.84$；

S_X——泵体内虚阻耗系数。

采用 $m=2$，将式(3-19)代入式(3-18)可得：

$$H=H_X-S_X Q^2 \tag{3-20}$$

式(3-20)即为近似表示离心泵实际 Q-H 特性曲线高效段部分的抛物线方程，图 3.6 中的虚线部分即为该方程在坐标轴上的图形显示。

式(3-20)给出了近似表示离心泵实际 Q-H 曲线高效段部分的函数表达形式，即抛物线方程，但该方程中仍有两个参数：虚扬程 H_X 和虚阻耗系数 S_X 需要确定。

首先确定虚阻耗系数 S_X 的取值。

在高效段内任意选取抛物线 $H=H_X-S_X Q^2$ 上的

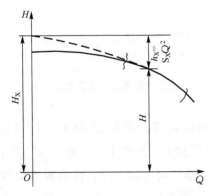

图 3.6　离心泵 Q-H 曲线的抛物线近似

两点$(Q_1，H_1)$和$(Q_2，H_2)$，将两点的坐标值代入式(3-20)，必然能满足此抛物线方程式，即：

$$H_1 + S_X Q_1^2 = H_2 + S_X Q_2^2$$

上式中H_1、Q_1和H_2、Q_2都为已知，因此可解得：

$$S_X = \frac{H_1 - H_2}{Q_2^2 - Q_1^2} \qquad (3-21)$$

求出虚阻耗系数S_X后可进一步求出虚扬程H_X的取值。

将已知的S_X代入式(3-20)可得：

$$H_X = H_1 + S_X Q_1^2 \qquad (3-22)$$

或

$$H_X = H_2 + S_X Q_2^2$$

由上述两式都可以求出H_X的取值。

表3-1中给出了根据某水泵厂部分型号离心泵的资料所求得的H_X及S_X值。当离心泵工作时，由式(3-17)及式(3-20)可得：

$$H_X - S_X Q^2 = H_{ST} + \sum S Q^2$$

表3-1 离心泵虚总扬程与虚阻耗系数计算表

水泵型号	转速(r/min)	叶轮直径(mm)	$m = 2.0$	
			H_X(mH$_2$O)	S_X[(s/L)^2·mH$_2$O]
6SA-8	2950	270	112.76	0.00715
6SA-12	2950	205	61.67	0.00407
8SA-10	2950	272	107.40	0.00233
8SA-14	2950	235	79.41	0.00288
10SA-6	1450	530	100.43	0.000286
14SA-10	1450	466	76.25	0.0001
16SA-9	1450	535	105.19	0.000075
20SA-22	960	466	29.54	0.000028
24SA-10	960	765	92.13	0.0000234
28SA-10	960	840	115.67	0.0000151
32SA-10	585	990	59.29	0.00000529
湘江56-23	375	1200	30.29	0.00000042
12НДс	1450	460	76.50	0.0001
12НДс	1450	529	102.90	0.000088
12НДс	960	765	92.20	0.000024

也即：

$$Q = \sqrt{\frac{H_X - H_{ST}}{S_X + \sum S}} \qquad (3-23)$$

式中 H_X、S_X 及 $\sum S$ 均为已知值，在给定的水泵装置中，静扬程 H_{ST} 为已知值，因此利用上式即可求出离心泵相应工况点的流量，将流量值代入式(3-20)可进一步求得对应的扬程。

2. 基于最小二乘原理的多项式拟合

上述的抛物线拟合法是以抛物线方程 $H=H_X-S_X Q^2$ 作为水泵 Q-H 特性曲线高效段的近似。在实际的工程中，抛物线方程并不能与每台离心泵的高效段都能很好地拟合，一些情形下会存在较大的误差，导致离心泵装置工况点的计算结果不能满足工程精度的需要。

观察抛物线方程 $H=H_X-S_X Q^2$，实际上是一个以流量 Q 作为自变量的一元二次多项式，其一次项系数为零。为了提高对水泵 Q-H 特性曲线的近似精度，可以用更高次的多项式对其进行拟合。

一元 m 次多项式用下式表示：

$$H(Q)=H_0+A_1 Q+A_2 Q^2+\cdots+A_m Q^m \qquad (3-24)$$

式中需确定 H_0，A_1，A_2，$\cdots$，A_m 共 $(m+1)$ 个未知参数，可以利用最小二乘原理确定这些未知参数。

首先，从水泵实际的 Q-H 特性曲线上选取 n 个线性无关的点 $(Q_1，H_1)$，$(Q_2，H_2)$，$\cdots$，$(Q_n，H_n)$，因为多项式(3-24)只是对实际特性曲线的近似，则将每个数据点 $(Q_i，H_i)(i=1，2，\cdots，n)$ 代入多项式(3-24)都将可能存在残差 γ_i，且有：

$$\gamma_i = H(Q_i)-H_i = \sum_{j=0}^{m} A_j Q_i^j - H_i$$

由于希望要确定的多项式与实际曲线越近似越好，也就是说希望残差的总量越小越好，这一残差总量的度量可以用残差平方和表示，而最小二乘原理就是使得残差平方和取最小值，用最优化方法描述，即：

$$\min\delta = \sum_{i=1}^{n} [H(Q_i)-H_i]^2$$

根据最优化原理，下列关于参数 H_0，A_1，A_2，$\cdots$，A_m 的 n 阶线性方程组的解正是最优化问题取得极小值的条件，这一方程组称为最小二乘法的正则方程组。

$$\begin{cases} nH_0+A_1\sum_{i=1}^{n}Q_i+A_2\sum_{i=1}^{n}Q_i^2+\cdots+A_m\sum_{i=1}^{n}Q_i^m=\sum_{i=1}^{n}H_i \\ H_0\sum_{i=1}^{n}Q_i+A_1\sum_{i=1}^{n}Q_i^2+A_2\sum_{i=1}^{n}Q_i^3+\cdots+A_m\sum_{i=1}^{n}Q_i^{m+1}=\sum_{i=1}^{n}H_iQ_i \\ \vdots \\ H_0\sum_{i=1}^{n}Q_i^m+A_1\sum_{i=1}^{n}Q_i^{m+1}+A_2\sum_{i=1}^{n}Q_i^{m+2}+\cdots+A_m\sum_{i=1}^{n}Q_i^{2m}=\sum_{i=1}^{n}H_iQ_i^m \end{cases}$$

当 $n\geqslant(m+1)$，正则方程组可得到唯一解 H_0，A_1，A_2，$\cdots$，A_m，从而得到与水泵实际 Q-H 特性曲线拟合最好的一元 m 次多项式(实际工程应用中，常取 $m=2$ 或 $m=3$)，也即确定了水泵扬程方程的近似表达式。再联立求解水泵扬程方程式与管路系统特性方程式，所得的流量和扬程即为水泵 Q-H 特性曲线与管路系统特性曲线的交点，也即离心泵装置的平衡工况点。

3.3 离心泵装置工况调节

水泵装置在实际的运行过程中，由于外部条件的变化，例如进、出水池水位或用户用水要求的改变，水泵的实际工况点往往偏离设计工况点。当工况点的偏离较大时，会引起水泵运行效率降低、功率偏高或发生汽蚀等不良后果。为了满足用水要求或经济运行的目的，常需要人为地对离心泵装置的工况点进行必要的改变和控制，这种改变和控制称为离心泵装置的工况调节。

水泵装置在一定范围内具有自动调节工况点的能力。以城市水泵与水塔联合供水的情况为例，设置有水塔的城市供水管网中，管网用水量在夜间会减少，水输送入水塔，水塔的水位不断升高，对水泵装置而言，则使其静扬程不断增高，如图 3.7 所示，泵的工况点将沿 Q-H 特性曲线向流量减小侧移动(向左移动，由 B 点移至 C 点)，离心泵的扬程增大，流量减小。相反，在白天，管网用水量增大，管网内静压下降，水塔向管网供水，水塔水位随之下降，水泵装置的工况点就将自动向流量增大侧移动(向右移动，由 B 点移至

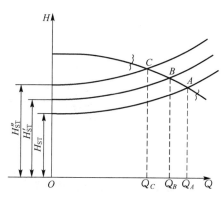

图 3.7 离心泵工况随水位变化

A 点)，离心泵的扬程减小，流量增大。因此，供水泵站在的运行中，只要城市管网中用水量是变化的，管网压力就会有变化，致使离心泵装置的工况点也作相应的变动，并按上述能量供求的关系，自动地去建立新的平衡。因此，离心泵装置的工况点，实际上是在特性曲线上一定幅度的区间内游动着的动态平衡点。离心泵具有这种自动调节工况点的性能，也大大地增加了它在给水排水工程中的使用价值。

然而，当管网所需的流量或压力的变化幅度过大时，泵的工况点将可能偏移出其特性曲线的高效段外，在过低的效率工况点上工作。针对这种运行不经济的情况，则应考虑人为地对水泵装置工况点进行必要的调节。

离心泵装置的工况是由离心泵的固有工作能力及水泵装置管路系统的具体条件两方面共同决定的，工况点体现在坐标图上即为水泵特性曲线与管路系统特性曲线的交点，这一交点反映了泵和管路系统能量供求关系的平衡。因此，只要泵的特性和管路系统特性之一发生改变，离心泵装置的工况点就会发生转移。

常用的离心泵装置工况点调节方法包括节流调节、变速调节和变径调节。节流调节是通过改变水泵装置出水管路的过流能力也即水泵装置的管路系统特性曲线来调节工况点；变速调节和变径调节则都是通过改变离心泵的叶轮转速或半径也即水泵的特性曲线来实现工况点的调节。

3.3.1 节流调节

所谓节流调节，就是通过改变水泵装置出水管路上闸阀的开度来调节水泵装置的运行

工况点。离心泵的出水管路上一般都装有阀门，改变阀门的开度，将会引起管路系统局部水头损失的变化，从而使水泵装置的管路系统特性曲线发生改变。

图 3.8 所示即为采用闸阀节流时，水泵装置工况点的变化情况。图中工况点 A 表示闸阀全开时，水泵装置的极限工况点。关小闸阀，出水管路的局部阻力增加，阻耗系数 S 值加大，管路系统特性曲线变陡，水泵装置的工况点就向左移至 B 点或 C 点，水泵的流量减少；闸阀全关时，局部阻力系数相当于无穷大，水流被切断，此时，管路系统特性曲线与纵坐标重合。可见，通过控制闸阀的开启度可使水泵装置的工况点在零到极限工况点之间变化。

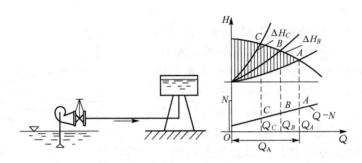

图 3.8　闸阀节流调节

从经济上看，节流调节是用消耗泵的多余能量 ΔH 的方法（如图 3.8 中阴影部分所示）来维持一定的水泵流量。其消耗的功率 $\Delta N = \dfrac{\rho g Q \Delta H}{1000 \eta}(\mathrm{kW})$。

在泵站的设计和运行中，一般情况下不宜用闸阀来调节流量。但是，由于离心泵的 $Q\text{-}N$ 特性曲线是上升型的，使用闸阀节流时，随着流量的减小，泵的轴功率也随之减小，对原动机无过载危害，而且使用闸阀节流方便易行，因此，在泵站的实际运行中闸阀调节仍是常见的一种方法。

3.3.2　变速调节

利用改变离心泵转速的方法达到改变离心泵工况点的目的称为离心泵装置工况点的变速调节。离心泵是根据一定转速设计的，一般不轻易改变。有时从用水要求和运行经济性等方面考虑，可在一定范围内予以调整。离心泵的特性曲线与泵的转速有关，改变泵的转速必然使离心泵特性曲线发生改变，从而实现离心泵装置工况点的调节。

如果说对定速运行工况，考虑的是离心泵在单一转速条件下，如何充分利用其 $Q\text{-}H$ 特性曲线上的高效工作"段"，那么，对变速运行工况，将着眼于在用水需求发生变化的情况下，如何充分利用通过变速而形成的离心泵 $Q\text{-}H$ 特性曲线的高效工作"区"。因此，调速运行大大地扩展了离心泵的有效工作范围，是泵站运行中十分合理的调节方式。

1. 比例律

离心泵的转速改变以后，泵的其他性能参数都将随之做相应变化，其变化规律符合叶片泵相似定律的特例——比例律。

离心泵转速改变前后，泵的叶轮满足相似条件，所以，将相似定律应用于以不同转速运行的同一台叶片泵，可以得到如下公式：

$$\frac{Q_1}{Q_2} = \frac{n_1}{n_2} \qquad (3-25)$$

$$\frac{H_1}{H_2} = \left(\frac{n_1}{n_2}\right)^2 \qquad (3-26)$$

$$\frac{N_1}{N_2} = \left(\frac{n_1}{n_2}\right)^3 \qquad (3-27)$$

上述三个公式表示：对于同一台叶片泵，当转速改变时，其他性能参数将按上述比例关系发生变化。上面三个式子是相似定律的一个特殊形式，称为比例律。比例律反映出转速改变前后，叶片泵主要性能参数发生变化的规律，转速的改变大大地扩展了离心泵的使用范围。

2. 变速调节工况分析

在离心泵装置的变速调节工况分析中，主要是解决如下的两类问题。

一类问题是在已知离心泵额定转速 n_1 及其相应的 $(Q-H)_1$ 特性曲线条件下（图3.9），所需的工况点却并不在该特性曲线上，而在坐标点 $A_2(Q_2，H_2)$ 处，需确定离心泵在 A_2 点工作时的变速运行转速 n_2。

另一类问题是在已知离心泵额定转速 n_1 及其相应的 $(Q-H)_1$ 特性曲线条件下，翻画出调速运行转速为 n_2 时的 $(Q-H)_2$ 特性曲线。

上述两类问题都可以通过图解法和数解法进行求解。

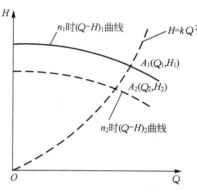

图3.9 变速调节工况分析

1) 图解法

采用图解法求调速后的转速 n_2 值时，必须在转速 n_1 相应的 $(Q-H)_1$ 特性曲线上找出与 $A_2(Q_2，H_2)$ 点工况相似的 A_1 点，其坐标为 $(Q_1，H_1)$。A_1 点的图解则基于离心泵的相似工况抛物线。

联立比例律公式 $\dfrac{Q_1}{Q_2} = \dfrac{n_1}{n_2}$ 和 $\dfrac{H_1}{H_2} = \left(\dfrac{n_1}{n_2}\right)^2$ 并从中消去 $\dfrac{n_1}{n_2}$ 项后可得：

$$\frac{H_1}{H_2} = \left(\frac{Q_1}{Q_2}\right)^2$$

即：

$$\frac{H_1}{Q_1^2} = \frac{H_2}{Q_2^2} = k \qquad (3-28)$$

由此得：

$$H = kQ^2 \qquad (3-29)$$

由式(3-29)可看出，凡是符合比例律关系的离心泵工况点，均分布在一条以坐标原点为顶点的二次抛物线上。此抛物线称为离心泵的相似工况抛物线（也称等效率曲线）。

将 A_2 点的坐标值 $(Q_2，H_2)$ 代入式(3-29)，可求出 k 值，再按式(3-29)，写出与 A_2 点工况相似的方程式 $H = kQ^2$，则此方程式即代表一条与 A_2 点工况相似的抛物线（k 为常数）。它与转速为 n_1 的 $(Q-H)_1$ 特性曲线相交于 A_1 点，此 A_1 点就是所要求的与 A_2 点工况相似的点。把 A_1 点和 A_2 点的坐标值 $(Q_1，H_1)$ 和 $(Q_2，H_2)$ 代入式(3-25)，可求得调速后的转速：

$$n_2 = \frac{n_1}{Q_1} \times Q_2$$

求出转速 n_2 后，再利用比例律，可翻画出与转速 n_2 对应的 $(Q-H)_2$ 特性曲线。此时，式(3-25)、式(3-26)中的 n_1 和 n_2 均为已知值。在 n_1 的 $(Q-H)_1$ 特性曲线上任取 6～7 个离散点 (Q_a, H_a)，(Q_b, H_b)，(Q_c, H_c)…代入式(3-25)、式(3-26)中，得出相应的离散点 $(Q_a, H_a)'$，$(Q_b, H_b)'$，$(Q_c, H_c)'$…用光滑曲线连接上述离散点则可求得 $(Q-H)_2$ 特性曲线，如图 3.10 虚线所示。此曲线即为图解法求得的转速为 n_2 时的 $(Q-H)_2$ 特性曲线。

同理，也可按比例律公式 $\frac{N_1}{N_2} = \left(\frac{n_1}{n_2}\right)^3$ 来求得各相应于额定功率 N_1 的调速后功率 N_2 值，并翻画出调速为 n_2 后所对应的 $(Q-N)_2$ 特性曲线。

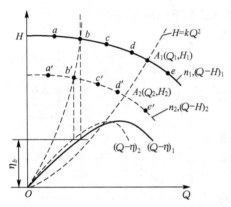

图 3.10 转速改变时特性曲线的变化

此外，上述图解过程中，始终认为相似工况下对应工况点的效率是相等的，因此只要已知图 3.10 中 a，b，c，d 等工况点的效率，即可按等效率原理求出调速后转速为 n_2 时相应的 a'，b'，c'，d' 等工况点的效率，并翻画成 $(Q-\eta)_2$ 特性曲线。

由上述图解法的过程可知，凡是效率相等各点的 $\frac{H}{Q^2}$ 比值均为常数 k。按此 k 值可画出一条效率相等、工况相似的抛物线。也就是说，相似工况抛物线上，各点的效率都是相等的。然而，实际条件下的离心泵试验指出，当泵的调速范围超过一定范围时，其相应工况点的效率会发生一定变化。实测的等效率曲线与理论上的等效率曲线存在差异，两者只在高效段范围内才能吻合。尽管如此，在工程实践中采用调速的方法，仍十分有效地扩展了叶片泵的高效率工作范围。

2）数解法

由图 3.10 可知，相似工况抛物线方程 $H=kQ^2$ 与转速为 n_1 时离心泵 $(Q-H)_1$ 特性曲线的交点 $A_1(Q_1, H_1)$ 是与所需的工况点 $A_2(Q_2, H_2)$ 相似的工况点。求出工况点 A_1 所对应的离心泵流量 Q_1 和扬程 H_1 的值，即可方便地应用比例律求出调速后的转速 n_2 值。

由式(3-20)及式(3-29)得出上述交点方程为：

$$H = H_x - S_x Q^2 = kQ^2$$

即：

$$Q = \sqrt{\frac{H_x}{S_x + k}} = Q_1 \qquad (3-30)$$

$$H = k \cdot \frac{H_x}{S_x + k} = H_1 \qquad (3-31)$$

上式中 $k = \frac{H_2}{Q_2^2}$，因此，由比例律可求出：

$$n_2 = n_1 \frac{Q_2}{Q_1} = \frac{n_1 Q_2 \sqrt{S_X + k}}{\sqrt{H_X}} \tag{3-32}$$

在数解法求出离心泵调速后的转速 n_2 后，可进一步翻画出转速为 n_2 时离心泵的 $(Q-H)_2$ 特性曲线方程。设转速为 n_2 时，泵的 $(Q-H)_2$ 特性曲线方程为 $H_2 = H_X' - S_X' Q_2^2$。为了要确定 H_X' 及 S_X' 值，可以先假设在 $(Q-H)_2$ 特性曲线上任取两点 (Q_A', H_A') 及 (Q_B', H_B')，与之相似的位于转速为 n_1 时的离心泵 $(Q-H)_1$ 特性曲线上的两点为 (Q_A, H_A) 及 (Q_B, H_B)，根据叶片泵的比例律，可知下面的关系式成立：

$$\begin{cases} \dfrac{Q_A'}{Q_A} = \dfrac{n_2}{n_1}, & \dfrac{H_A'}{H_A} = \left(\dfrac{n_2}{n_1}\right)^2 \\[2mm] \dfrac{Q_B'}{Q_B} = \dfrac{n_2}{n_1}, & \dfrac{H_B'}{H_B} = \left(\dfrac{n_2}{n_1}\right)^2 \end{cases} \tag{3-33}$$

由式(3-21)知，转速为 n_1 时的离心泵特性方程为 $H_1 = H_X - S_X Q_1^2$，式中的 H_X、S_X 值可由下式计算：

$$\begin{cases} S_X = \dfrac{H_A - H_B}{Q_A^2 - Q_B^2} \\[2mm] H_X = H_A + S_X Q_A^2 \end{cases} \tag{3-34}$$

同样，对于转速为 n_2 时的离心泵特性方程为 $H_2 = H_X' - S_X' Q_2^2$，方程中的 H_X' 及 S_X' 值也可由下式计算：

$$\begin{cases} S_X' = \dfrac{H_A' - H_B'}{Q_A'^2 - Q_B'^2} \\[2mm] H_X' = H_A' + S_X' Q_A'^2 \end{cases} \tag{3-35}$$

将式(3-33)代入式(3-35)得

$$\begin{cases} S_X' = \dfrac{H_A - H_B}{Q_A^2 - Q_B^2} \\[2mm] H_X' = H_A' + S_X' Q_A'^2 = \left(\dfrac{n_2}{n_1}\right)^2 (H_A + S_X Q_A^2) \end{cases} \tag{3-36}$$

由式(3-34)及式(3-36)即可求得 S_X'、H_X' 值如下：

$$S_X' = S_X, \qquad H_X' = \left(\frac{n_2}{n_1}\right)^2 H_X \tag{3-37}$$

求出了 S_X' 及 H_X' 值后，也即确定了转速为 n_2 时离心泵的特性方程：

$$H_2 = \left(\frac{n_2}{n_1}\right)^2 H_X - S_X Q_2^2 \tag{3-38}$$

根据上述方程可以方便地在坐标图上翻画出转速为 n_2 时离心泵的 $(Q-H)_2$ 特性曲线。

需要指出的是，式(3-38)对离心泵高效段的 $Q-H$ 特性曲线具有较好的拟合精度，当工况点偏离高效段时则精度较差，它是离心泵变速运行工况计算的一个基本方程。

3. 变速途径

实现变速调节的途径一般有两种：一种是采用本身的转速可以调整的动力机；另一种是动力机的转速不变，通过可变速的中间传动设备实现离心泵的变速运行。

1）采用可以变速的动力机

（1）直流电动机：直流电动机变速简单，但除其本身的价格较贵外还需配备相应的变流系统，大大增加了设备投资。因此，只用在试验装置中，一般情况下很少采用。

（2）双速异步电动机：双速异步电动机定子绕组的磁极对数可以根据需要来改变，从而得到两种不同的转速。采用双速异步电动机调速具有调速效率较高、调速控制设备简单、初期投资低、维护方便、可靠性较高且能在相当恶劣的环境下使用等优点。其缺点是它为有级调速，不能实现连续调速。此外双速电机在变速时必须瞬时中断电力，不能进行热态交换，因此变速时有电流冲击现象产生。

（3）绕线式异步电动机转子串电阻调速：改变绕线式异步电动机转子串接的附加电阻，就可改变电机的转差率，从而实现转速的变化。其优点是价格低廉，维护容易，功率因素高，但不能回收转差损耗。

（4）绕线式异步电动机转子串电势的串级调速：与绕线式异步电动机转子串电阻调速一样，改变绕线式异步电动机转子串接的附加电势，也改变了电机的转差率，从而实现转速的变化。其特点是能回收转差损耗，调速效率有所提高，调速的可靠性较高，但维护的技术要求较高，运行的功率因素较低，同时有高次谐波产生。

（5）变频调速：通过变频器按照需要改变电动机电源频率，从而实现转速的变化。变频调速具有调速效率高，调速范围宽，转速波动率低及变频器能兼作启动设备等优点，但也存在变频器初期投资太高及生产的高次谐波对电动机及电源会产生种种不良影响的缺点。

（6）内燃机：内燃机是最适于调速的动力机，只要根据需要改变油门来控制供油量的大小就可获得所需的转速。

2）采用可以变速的传动设备

定速动力机驱动的水泵通过可以变速的传动装置实现变速调节，所采用的传动装置有两类。

（1）有级变速装置，如齿轮变速箱、皮带轮等。

（2）无级变速装置，如液力联轴器、油膜转差离合器、电磁转差离合器等，它们可以使水泵在工作中实现转速的连续调节。

前一类装置由于不能进行转速的连续调节，除在一些特殊场合外，一般使用较少，在第二类传动装置中，液力联轴器的应用最为普遍。

4. 变速范围

离心泵变速运行的最终目的是为了节能，但是，实现变速的过程必须以安全工作为前提。在确定泵的变速范围时，应注意如下几点。

（1）水泵机组的转子与其他轴系一样，在配置一定质量的基础后，都有自己的固有振动频率。当机组的转子调至某一转速值时，转子旋转而出现的振动频率，如果正好接近其固有振动频率时，泵机组就会猛烈地振动起来。通常，把泵产生共振时的转速称为临界转速（n_c）。调速泵安全运行的前提是调速后的转速不能与其临界转速重合、接近或成倍数，否则，将可能产生共振现象而使泵机组损坏。通常，单级离心泵的设计转速都是低于其临界转速，一般设计转速约为其临界转速的 75%～80%。对于多级泵而言，临界转速还要考虑第一临界转速 n_{c1} 与第二临界转速 n_{c2}。水泵的设计转速（n）值一般是大于第一临界转速的 1.3 倍，小于第二临界转速的 70%（即 $1.3n_{c1} < n < 0.7n_{c2}$）。因此，大幅度地调速必须慎重。

（2）水泵机组的转速相比额定转速调高时，泵叶轮与电机转子的离心力将会增加，如果水泵材质的抗裂性能较差或铸造时均匀性较差时，就有可能出现机械性的损裂，严重时可能出现叶轮飞裂现象。因此，泵的调速一般不轻易调高转速。

（3）调速装置价格昂贵，泵站中一般采用调速泵与定速泵并联工作的运行方式。当管网对水泵装置的输水要求发生变化，采用启停定速泵台数来进行大调，采用调速泵来进行细调。调速泵与定速泵配置台数的比例，应以充分发挥每台调速泵的变速范围，以及经过调速运行后，能体现出较高的节能效果为原则。例如，在设有 4 台同型号泵机组的泵站中，如果按一调三定的方案进行配置，其节能效果就不如采用二调二定的配置方案。但是，也并不是说调速泵配置越多越好，关于离心泵的并联工作，还将在后面的章节中进一步介绍。

（4）水泵装置调速运行工况点所对应的扬程如果等于调速泵的启动扬程，则调速泵不起作用（即调速泵流量为零）。因此，水泵调速的合理范围应根据调速泵与定速泵均能运行于各自的高效段这一条件所确定。

5. 投资回收期

离心泵装置采用变速方式运行的前提条件是其工况点偏离了高效区，偏离的程度不同，调速后的节能效果也不同。使用者在进行决策时，除了考虑是否需要调速外，尚需考虑因调速而投资增加部分的回收。通常情况下，回收期为 2 年可认为是合理的。若调速装置费用为 T，因调速而每年节约的电费为 A，则应有：

$$T/A \leqslant 2 \qquad (3-39)$$

一般情况下，调速前后的输水扬程相差不多，A 可以通过下式计算得到：

$$A = KQ \sum_{i=1}^{n} \left(\frac{277.79}{\eta_i} - \frac{277.79}{\eta_{av}} \right) H_i C_i \qquad (3-40)$$

式中：A——泵运行效率提高后每年所节约的电费（元）；

K——当地每千瓦时的电费（元）。

上式中 277.79 是当泵的效率为 100%，泵送压强为 1MPa，流量为 1000m³ 时所消耗的电度数。当泵的效率小于 100% 时，在同样的压强和流量情况下，泵所消耗的电能将大于此值，两者的比值即为泵的效率 η。

式（3-40）中，括号中的第一项是水泵机组的总效率为 η_i 时，每千立方米每兆帕所消耗的电能（kW·h），第二项是泵调速到高效段后，每千立方米每兆帕所消耗的电能（kW·h），其中 η_{av} 是水泵高效段内泵效率的平均值与电机效率的乘积。括号内的差值即为调速后所节约的每千立方米每兆帕的电度数值（kW·h）。式中 H_i 是泵在全年中，不同季节和不同时刻所出现的压强值（扬程）。根据实际的负荷情况不同，可以有一组不同的 H_i 值，因而从泵的特性中可得到一组对应的 η_i 值。C_i 是 H_i 在全年出现的概率，Q 是泵在全年的累计流量（1000m³）。把每一 H_i 压强下所节约的电能累加便得到了进行调速运行后的节电费用。

3.3.3 变径调节

改变离心泵叶轮的外径将导致离心泵基本性能的改变。因此，通过调整离心泵叶轮外径大小改变离心泵的特性曲线并实现离心泵装置工况点的相应改变也是离心泵工况调节的一种有效方式，称为变径调节。通过变径调节扩大了离心泵运行工况点的高效工作区，扩展了离心泵在工程中的使用范围。

调整离心泵外径的常用方法是更换或切削叶轮。我国制造的老型号 B 型（单级悬臂式离心泵）与 SH 型和新型号 S 型泵（单级双吸中开式离心泵），除了标准直径的叶轮外，大多还有叶轮车小的一种或两种变型供"换轮运行"。必要时，也可以对叶轮进行切削进行"切削调节"。

1. 切削律

离心泵经换轮或切削后，其特性曲线按一定的规律发生变化。实践证明，在一定条件下，叶轮经过换轮或切削后，其性能参数的变化与换轮或切削前后的轮径间存在如下关系：

$$\frac{Q'}{Q} = \frac{D_2'}{D_2} \tag{3-41}$$

$$\frac{H'}{H} = \left(\frac{D_2'}{D_2}\right)^2 \tag{3-42}$$

$$\frac{N'}{N} = \left(\frac{D_2'}{D_2}\right)^3 \tag{3-43}$$

式(3-41)、式(3-42)及式(3-43)统称为离心泵叶轮的切削律，它们可用于叶轮切削前后离心泵相关性能参数的换算。切削律公式中 Q'、H'、N' 分别为叶轮外径切削为 D_2' 时所对应的流量，扬程和轴功率。切削律建立于大量试验的基础上，它认为如果将叶轮的切削量控制在一定的限度内，则切削前后离心泵相应的效率可视为不变。

叶轮的切削限量与泵的比转数有关，表 3-2 列出了常用的叶轮切削限量。

表 3-2　叶轮切削限量

比转数 n_s	60	120	200	300	350	350 以上
最大允许切削量（%）	20	15	11	9	7	0
效率下降值	每切削 10%，效率下降 1%		每切削 4%，效率下降 1%		—	

2. 变径调节工况分析

离心泵变径调节的工况分析主要是解决两类问题。

第一类问题：已知叶轮的切削量，分析切削前后离心泵特性曲线的变化。也即已知叶轮外径为 D_2 时的离心泵特性曲线，要求画出将叶轮外径切削为 D_2' 后的离心泵 $(Q'-H')$ 特性曲线、$(Q'-N')$ 特性曲线及 $(Q'-\eta')$ 特性曲线。

分析解决这一类问题的方法可归纳为"选点、计算、立点、连线"四个步骤。

选点：以图 3.11 为例，要绘制切削后的 $(Q'-H')'$ 特性曲线，先要在已知的 $(Q-H)$ 特性曲线上进行"选点"，任选 $(Q-H)$ 特性曲线上的 5~6 个点，如图 3.11 中的 1、2、3、4、5 点，这些点所对应的流量分别为 Q_1，Q_2，…，Q_5，扬程分别为 H_1，H_2，…，H_5。

计算：根据切削律进行相关"计算"。由式(3-41)和式(3-42)分别算出 $Q_1' = \frac{D_2'}{D_2}Q_1$、

$$Q'_2 = \frac{D'_2}{D_2} Q_2, \cdots, Q'_5 = \frac{D'_2}{D_2} Q_5; \quad H'_1 = \left(\frac{D'_2}{D_2}\right)^2 H_1, \quad H'_2 = \left(\frac{D'_2}{D_2}\right)^2 H_2, \cdots, H'_5 = \left(\frac{D'_2}{D_2}\right)^2 H_5。$$

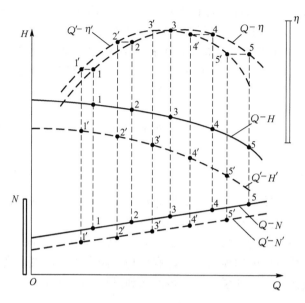

图 3.11　用切削律翻画特性曲线

立点：将计算得到的 (Q'_1, H'_1)，(Q'_2, H'_2)，$\cdots$，(Q'_5, H'_5) 等计算点画在坐标系上，这叫"立点"。

连线：用光滑曲线将以上求得的各点连接起来，得到如图 3.11 中所示的切削后的离心泵 $(Q'-H')$ 特性曲线。

同样道理，也可按上述"选点、计算、立点、连线"的方法画出叶轮切削后离心泵的 $(Q'-N')$ 和 $(Q'-\eta')$ 特性曲线。

第二类问题：根据用户需求，需要离心泵在图 3.12 上所示的 B 点工作，该点位于离心泵 $(Q-H)$ 特性曲线的下方，其对应的流量和扬程分别为 Q_B、H_B。现决定对该泵采用叶轮切削的方法来调整工况，使该泵新的特性曲线通过 B 点，试问：切削后的叶轮直径 D'_2 应为多少？需要切削百分之几？是否超过切削限量？

对于这类问题，已知的条件包括离心泵的原有叶轮直径 D_2 及对应的 $(Q-H)$ 特性曲线和新工况点 B 的坐标 (Q_B, H_B)。

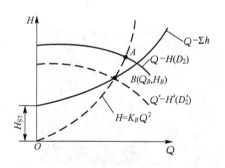

图 3.12　用切削抛物线求叶轮切削量

根据切削率有：

$$\frac{H'}{(Q')^2} = \frac{H}{Q^2} = K \tag{3-44}$$

式中：K——切削系数。

改写上式，可得：

$$H = KQ^2 \tag{3-45}$$

式(3-45)为二次抛物线方程，凡是满足切削律的工况点都分布在该方程对应的抛物线上，此线称为"切削抛物线"。实践资料证明，在切削限度以内，叶轮切削前后的泵效率变化是不大的，因此，上述的切削抛物线又称等效率曲线。也就是说，凡在切削抛物线上的各点，其对应的效率可视为相等。

将 B 点对应的流量 Q_B 和扬程 H_B 代入式（3-44）可求出 K_B 值，按式（3-45），点绘出切削抛物线并与原 $(Q-H)$ 曲线相交于 A 点，如图 3.12 所示，此 A 点即为满足切削律要求的 B 点的对应点。将 A 点的流量 Q_A（或扬程 H_A）和 B 点的流量 Q_B（或扬程 H_B）代入切削律公式，即可求出切削后的叶轮直径 D_2' 值，且切削量的百分数为：

$$切削量（\%）=\frac{D_2-D_2'}{D_2}\times100\%\tag{3-46}$$

如切削量不超限值，在求得切削后叶轮的直径 D_2' 后，可进一步画出叶轮切削后的离心泵特性曲线。

3. 变径调节范围

变径调节只适用于比转数不超过 350 的叶片泵。对于轴流泵来说，减小叶轮外径就需要更换泵壳或者在泵壳内壁加衬里，这是不经济的。

叶片泵的叶轮切削量不能超出某一范围，不然原来的构造被破坏，水力效率会降低。叶轮切削后，轴承与填料函内的损失不变，有效功率则由于叶轮直径变小而减小，因此机械效率会降低。不同比转数叶片泵的允许最大切削量可参考表 3-2。

4. 变径调节方式

通过换轮运行进行变径调节的水泵，其更换叶轮必须是水泵厂家提供的配套产品或同型号标准产品。

通过叶轮切削进行变径调节的，对于不同构造的叶轮，应采取不同的切削方式。

低比转数离心泵叶轮，切削量对叶轮及叶轮前后的两盖板都取相同值。

高比转数离心泵叶轮，则上述部位的切削量不同。后盖板的切削量应大于前盖板，如图 3.13 所示。

(a) 叶轮切削效果图

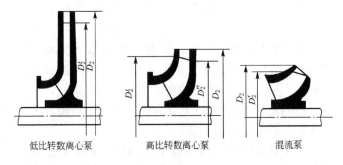

低比转数离心泵　　高比转数离心泵　　混流泵

(b) 叶轮的切削方式

图 3.13　叶轮切削

混流式叶轮则只切削前盖板的外缘直径，在轮毂处的叶片完全不切削，以保持水流的流线等长。如果叶轮出口处有导流器或减漏环，则前后盖板切削时可只切削叶片，而不切削盖板。

通过叶轮切削进行变径调节时，还应对叶轮切削后的出水舌面进行一定处理。

水泵的叶轮切削后，其叶片的出水舌端就显得比较厚。如能沿叶片弧面在一定的长度内锉掉一层，则可改善叶轮的工作性能。

如图 3.14 所示，A 表示叶片出水舌端没锉的情况，B 表示锉出水舌上表面的情况，C 表示锉出水舌下表面的情况。由图可知，锉上表面时，锉前两叶片间距 d 与锉后两叶片间距 d_F 基本不变，出水断面可视为没改变，根据实践经验，其 β_2 角改变的影响，在运行中也可忽略不计，因此，叶片上表面的锉尖意义不大。

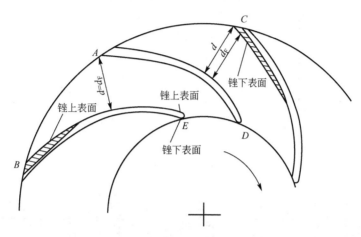

图 3.14 叶轮切削后叶片的锉尖

如图 3.14 中 C 所示，锉叶片出水舌端下表面将使两叶片间距从 d 增至 d_F。因此，在给定流量 Q 下，叶轮出水面积上的平均径向流速 C_{2r} 将降低，β_2 角通常略有增加，根据方程 $H=\dfrac{u_2 C_{2u}}{g}$ 可看出，在相同流量 $Q=Q_F$ 时，泵扬程将有所提高（Q_F 为叶片锉尖后的流量），其轴功率也将有所增加。实践资料表明，其最高效率通常有所改善，最高效率点一般向流量增大侧移动。但应注意，在锉叶片时，不应将出水舌的端部锉成圆角凹槽。另外，图 3.14 中 D 所示的叶片进口叶舌是呈圆弧形的，如能将它锉成图中 E 所示的锐角，则对其汽蚀性能将有所改善。

5. 水泵型谱图

叶轮切削是解决水泵类型、规格的有限性与用水要求多样性之间矛盾的一种方法，它使泵的使用范围扩大。图 3.15 所示为泵厂样本中所提供的 12SH-19 型泵的 $(Q-H)$ 特性曲线，图中的实线表示该泵采用叶轮直径 $D_2=290$mm 时，泵的特性曲线。虚线表示该泵采用切削后的叶轮直径 $D_2'=265$mm 时，泵的 $(Q'-H')$ 特性曲线。图上波形短线表示泵高效率工作范围，将图上所示的高效段用直线连接起来，得到 $ABCD$ 面积，这块面积中所有各点的 (Q,H) 值，其相应的效率均较高，也就是说，当该泵叶轮直径 $D_2=290$mm 逐渐切小时，其高效率区的 (Q,H) 值，即在此面积 $ABCD$ 中变化，直到切削至 $D_2=265$mm 时，高效区即成为图上的一根虚线。面积 $ABCD$ 称为该泵的高效率方框图。

为了使用户选泵方便，水泵生产企业通常在其水泵样本中将所生产的特定型号泵的高效率方框图成系列地绘制在同一张坐标纸上，称为该型号泵的性能曲线型谱图，如图 3.16 所示。型谱图中每一小方框表示一种泵的高效工作区域。框内注明该泵的型号、转速及叶轮直径。用户通过型谱图进行选泵时，只需看所需要的工况点落在哪一块方框内，即选用哪一台泵，十分方便简明。

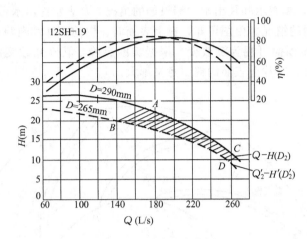

图 3.15　泵高效率方框

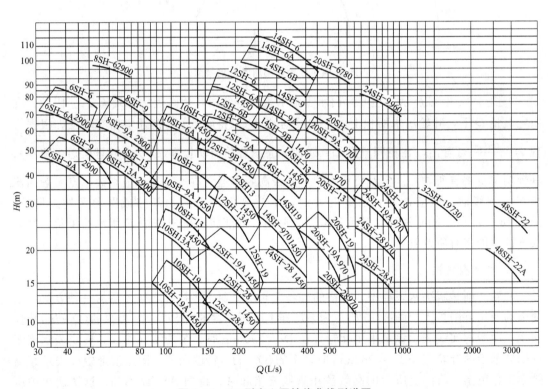

图 3.16　SH 型离心泵性能曲线型谱图

3.4 离心泵并联及串联运行工况

　　在实际的工程应用中，用户在不同时段对水泵扬程和流量的需求常常是变化的，有时这种变化的幅度较大，导致仅靠一台水泵工作难以满足用水要求或者使水泵长期在低效段运行而造成能耗损失。为了避免上述情况的发生，工程上常常使用两台或两台以上水泵联合工作以扩大水泵装置的高效运行范围，满足生产实际的需要。水泵的联合工作可以采用并联和串联两种运行方式。

多台水泵通过联络管汇入一条共用出水管路输水的运行方式称为水泵的并联。水泵并联工作的特点有：

（1）可以增加供水量，输水干管中的流量等于各并联泵出水量之和；

（2）可以通过调度开停泵的台数来调节泵站的流量和扬程，以达到节能和安全供水的目的；

（3）可以提高输水可靠性和调度灵活性，当并联运行的水泵中有一台损坏时，其他几台泵仍可继续工作。

多台水泵顺次连接，前一台泵的出水管接在后一台水泵的进水管，由最后一台水泵将水压送至出水管路的运行方式称为水泵的串联。水流在串联水泵组中被连续加压，可以提供单台水泵无法实现的高扬程。水泵串联工作的特点有：

（1）可以提高总扬程，被输送的水流所获得的总扬程是各串联泵实际工作扬程之和；

（2）各台水泵的工作流量相同，一台水泵出现问题，其他水泵都无法正常工作；

（3）可用多级水泵代替水泵串联工作。

3.4.1　并联运行工况点的图解法

1. 水泵并联性能曲线的绘制

水泵并联运行相当于有一台假想泵，该假想泵的工况等于并联水泵组的工况，假想泵的性能特性曲线也等于并联水泵组的特性曲线，这一假想的特性曲线就被称为并联特性曲线，而假想泵也可称作水泵并联运行的等效水泵。

水泵并联运行时，其静扬程是相等的，如果不考虑管路系统的水头损失，则各并联水泵的扬程也是相同的，且等于静扬程。因此，假想水泵的工作扬程（并联水泵组的工作扬程）就等于各台水泵的扬程（不计水头损失），假想水泵的流量就等于各台并联水泵的流量之和。假想水泵的特性曲线可以采用等扬程条件下流量叠加的方法绘制，其具体步骤如下。

首先，将并联的各台水泵的$(Q-H)$特性曲线绘制在同一坐标图上，然后把对应于同一扬程值的各个流量加起来。如图 3.17 所示，把 I 号泵$(Q-H)$曲线上的 1、1′、1″各点分别与 II 号泵$(Q-H)$曲线上的 2、2′、2″各点的流量相加，得到 I、II 号泵并联后的流量 3、3′、3″，然后连接 3、3′、3″各点即得泵并联后的流量-扬程特性曲线$(Q-H)_{1+2}$，该曲线也称为水泵并联运行的流量-扬程总和曲线，也就是等效水泵的$(Q-H)$特性曲线。

绘制了等效水泵的$(Q-H)$特性曲线后，由于整个水泵装置的布局是确定的，根据这一布局可以确定装置的静扬程。因为不考虑水头损失，装置静扬程也就是假想水泵的工作扬程。各并联水泵的扬程等于上述假想水泵的工作扬程，流量等于各自$(Q-H)$特性曲线中与扬程所对应的流量，等效水泵的流量等于各水泵流量之和。

通过上面的图解便确定了水泵并联系统及各并联水泵的运行工况。

这种等扬程下流量叠加的方法，实际上是将管道水头损失视为零的情况下来求并联后

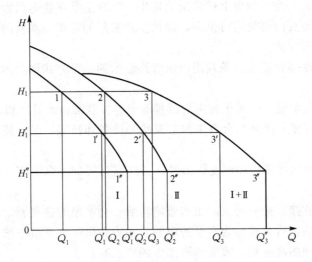

图 3.17　水泵并联 Q-H 曲线

的工况点。实际工程中，水泵装置管路系统的水头损失是不能忽略的。其并联运行工况点的图解方法须进行相应改进。

2. 相同性能、相同水位、管路对称布置的两台泵并联工况

如图 3.18 所示，两台性能相同（型号相同）、吸水水位相同的水泵并联工作，并联点前的管路也呈对称布置，则并联工况点的图解过程如下。

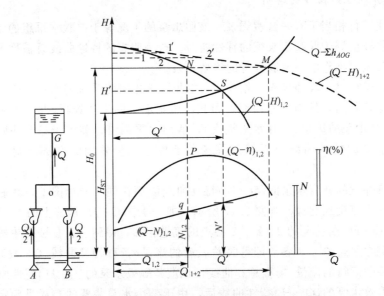

图 3.18　同型号、同水位，对称布置的两台水泵并联

1）绘制两台泵并联后的总和 $(Q$-$H)_{1+2}$ 曲线

由于两台泵的吸水水位相同，从吸水口 A、B 两点至压水管交汇点 O（并联点）的管路对称布置，也即管径相同，长度也相等，故 $\sum h_{AO} = \sum h_{BO}$，$AO$ 与 BO 管路中通过的流

量均为 $\dfrac{Q}{2}$，由 OG 管中流进水塔的总流量为两台泵流量之和。因此，两泵联合工作的结果是在同一扬程下的流量叠加。

为了绘制并联后的总和特性曲线，可以先不考虑管道水头损失。如图 3.18 所示，在 $(Q-H)_{1,2}$ 曲线上任取 m 个点，然后在相同纵坐标值上把相应的流量加倍，即可得 $1'$、$2'$、$3'$、$\cdots$、m' 点，用光滑曲线连起 $1'$、$2'$、$3'$、$\cdots$、m' 点，绘出并联运行时的总和特性曲线 $(Q-H)_{1+2}$。图中所注下角"1,2"，表示单泵 1 及单泵 2 的 $(Q-H)$ 曲线。下角"1+2"表示两台泵并联工作的总和 Q-H 曲线。

2）绘制管道系统特性曲线，求出并联工况点

为了将水由吸水井输送至水塔，整个水泵装置的需要扬程为：

$$H = H_{ST} + \sum h_{AO} + \sum h_{OG} = H_{ST} + S_{AO}Q_1^2 + S_{OG}Q_{1+2}^2 \qquad (3-47)$$

式中：S_{AO}，S_{OG}——分别为管道 AO（或 BO）及管道 OG 的阻力系数。

因为两台泵的性能相同，则管道中水流是水力对称的，所以 $Q_1 = Q_2 = \dfrac{1}{2}Q_{1+2}$，代入式（3-47）有：

$$H = H_{ST} + \left(\dfrac{1}{4}S_{AO} + S_{OG}\right)Q_{1+2}^2 \qquad (3-48)$$

由式（3-48）可点绘出 AOG（或 BOG）的管路系统特性曲线 $Q-\sum h_{AOG}$，此曲线与 $(Q-H)_{1+2}$ 曲线相交于 M 点。M 点的横坐标为两台泵并联工作的总流量 Q_{1+2}，纵坐标等于两台泵的扬程 H_0，M 点称为并联工况点。

3）求每台泵的工况点

通过 M 点作横轴平行线，该平行线与单泵的特性曲线相交于 N 点，N 点即为并联工作时各单泵的工况点。其流量为 $Q_{1,2}$，扬程 $H_1 = H_2 = H_0$。

自 N 点引垂线交单泵的 $Q-\eta$ 特性曲线于 P 点，交 $Q-N$ 特性曲线于 q 点，P 及 q 点分别为并联时各单泵的效率点和轴功率点。

如果将两台泵一开一停，则图 3.18 中的 S 点，可以近似地视作单泵的工况点。这时的泵流量为 Q'，扬程为 H'，轴功率为 N'。

由图 3.18 可看出，$N' > N_{1,2}$，即单泵工作时的功率大于并联工作时各单泵的功率。因此，在选配电动机时，要根据单泵单独工作的功率来配套。此外，图中 $Q' > Q_{1,2}$，$2Q' > Q_{1+2}$，这说明一台泵单独工作时的流量，大于并联工作时单泵的流量，这种现象在多台泵并联时尤其明显（当管道系统特性曲线较陡时更显突出）。

3. 相同性能、相同水位、相同管路布置的多台泵并联工况

相同性能水泵并联运行的特性曲线也可以采用等扬程下流量叠加的方法绘制，如图 3.19 所示为 5 台相同性能、相同水位、相同管路布置离心泵并联工作时 Q-H 特性曲线。

从图 3.19 中可看出：单台泵工作时的流量 Q_1 为 100；两台泵并联工作的总流量 Q_2 为 190，比单泵工作时增加了 90；3 台泵并联工作的总流量 Q_3 为 251，比 2 台泵时增加了 61；4 台泵并联工作的总流量 Q_4 为 284，比 3 台泵时增加了 33；5 台泵并联工作的总流量 Q_5 为 300，比 4 台泵时只增加了 16。由此可见，再增加并联泵的台数对增加流量的作用就不

大了。

因此，相同性能的多台泵并联运行时，每台泵的工况点随着并联台数的增多，向扬程高的一侧移动。台数过多，可能使工况点移出高效段的范围。

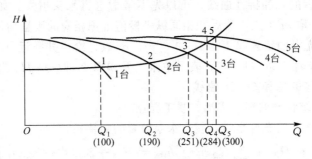

图 3.19　5 台同型号泵并联

在实际的工程应用中，如对旧的泵房进行挖潜、扩建，不能机械地理解为增加一倍并联泵的台数，总流量就会增加一倍。必须要同时考虑整个水泵装置管路系统的过水能力，经过并联工况的计算和分析后，才能作结论。未经工况分析，就随意增加泵的台数是不可靠的。造成这种错觉的原因，常常是将并联后的工况点，与绘制水泵并联总和（$Q-H$）特性曲线时所采用的等扬程下流量叠加的概念混为一谈，忽略了管路系统特性曲线对并联工况的影响。

多台泵并联运行时各泵的工况点与各泵单独运行时的工况点相差较大，泵的选择应兼顾两种工作情况：如果所选的泵是以经常单独运行为主的，那么，并联工作时，要考虑到各单泵的流量会有所减少，扬程会有所提高；如果选泵时是着眼于各泵经常并联运行，则应注意到，各泵单独运行时，相应的流量将会增大，轴功率也会增大。

4. 不同性能、相同水位的两台泵并联工况

由于并联的两台泵性能不同，因此它们的特性曲线也就不同，从而导致并联点前的两路水泵装置的水头损失不相同；或者两台泵并联点之前的管路系统是非对称布置，也会导致管路系统的水头损失不相同。两种情形都使得自吸水管端 A 和 C 点至并联汇集点 B 的水头损失不相等（即 $\sum h_{AB} \neq \sum h_{BC}$），从而并联运行时，两台泵的工作扬程将不相等（即 $H_1 \neq H_2$）。因此，绘制两台泵并联运行时的总和（$Q-H$）曲线时不能使用等扬程下流量叠加的方法。

当泵 I 与泵 II 并联工作时，在管路并联汇集点 B 处必然具有相同的测压管水头，如图 3.20 所示，测压管水面与吸水井水面的高差 H_B 为：

$$H_B = H_I - \sum h_{AB} = H_I - \sum S_{AB}Q_I^2 \tag{3-49}$$

式中：H_I——表示泵 I 在流量为 Q_I 时的总扬程（m）；

　　　　S_{AB}——AB 管路系统的阻力系数。

式（3-49）表明：泵 I 的总扬程 H_I，扣除了 AB 管路在流量 Q_I 下的总水头损失 $\sum h_{AB}$ 后，等于并联汇集点 B 处的测压管水面与吸水井水面高差 H_B，H_B 值相当于将泵 I 折引至 B 点工作时的扬程，也即扣除了 AB 管路系统总水头损失的因素，泵 I 可视为移到了 B 点工作。

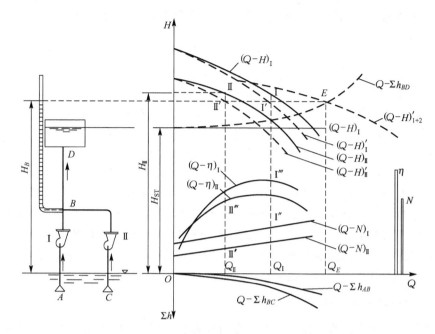

图 3.20 不同型号、相同水位下两台泵并联

同理：
$$H_B = H_{\text{II}} - \sum h_{BC} = H_{\text{II}} - \sum S_{BC} Q_2^2 \qquad (3-50)$$

式中：H_{II}——表示泵 II 在流量为 Q_{II} 时的总扬程(m)；

S_{BC}——BC 管路系统的阻力系数。

式(3-50)中的 H_B 也相当于将泵 II 折引到 B 点工作时尚存的扬程。因此，可先分别绘出管路系统特性曲线 $Q-\sum h_{AB}$ 和 $Q-\sum h_{BC}$，然后，采用折引特性曲线法，从泵 I 和泵 II 的 $(Q-H)_{\text{I}}$ 和 $(Q-H)_{\text{II}}$ 特性曲线上，相应扣除水头损失 $\sum h_{AB}$ 和 $\sum h_{BC}$ 的影响，得到如图 3.20 中虚线所示的 $(Q-H)_{\text{I}}'$ 和 $(Q-H)_{\text{II}}'$ 折引特性曲线。此两条折引特性曲线排除了泵 I 与泵 II 在扬程上造成差异的那部分因素，表示了将两台泵都折引到 B 点工作时的性能。

在求得两并联泵折引特性曲线的基础上，就可以采用等扬程下流量叠加的原理，绘出两泵并联的总和 $(Q-H)_{1+2}'$ 折引特性曲线。此总和 $(Q-H)_{1+2}'$ 折引特性曲线相当于假想等效泵的性能曲线。因此，接下来的工作仅需考虑等效泵与管路系统 BD 联合工作向水塔输水的运行工况。

画出管路系统 BD 的特性曲线 $Q-\sum h_{BD}$，求出它与总和折引特性曲线 $(Q-H)_{1+2}'$ 的交点 E，E 点对应的流量为 Q_E，即为两台泵并联运行时的总流量。通过 E 点，引水平线与 $(Q-H)_{\text{I}}'$ 及 $(Q-H)_{\text{II}}'$ 特性曲线相交于 I′及 II′两点，则 Q_{I}、Q_{II} 即分别为泵 I、泵 II 的流量，且 $Q_E = Q_{\text{I}} + Q_{\text{II}}$。

由 I′、II′两点各引垂线向上，与 $(Q-H)_{\text{I}}$ 及 $(Q-H)_{\text{II}}$ 特性曲线分别相交于点 I 及点 II，点 I 及点 II 即为并联工作时泵 I 及泵 II 各自的工况点，对应的扬程分别为 H_{I} 及 H_{II}。由 I、II 点各引垂线向下，与功率特性曲线 $(Q-N)_{\text{I}}$ 及 $(Q-N)_{\text{II}}$ 分别相交于 I′点、II′点，与效率特性曲线 $(Q-\eta)_{\text{I}}$ 及 $(Q-\eta)_{\text{II}}$ 分别相交于 I‴点、II‴点。点 I′和点 II′所对应的功率值 N_1 和 N_2 就是并联工况点 I、II 对应的两单泵各自的功率值；同样，点 I‴和点 II‴

所对应的效率值 η_1 和 η_2 为两单泵各自的效率值。两泵并联工作时的总轴功率 N_{1+2} 及总效率 η_{1+2} 分别为：

$$N_{1+2}=N_1+N_2 \tag{3-51}$$

$$\eta_{1+2}=\frac{\rho g Q_{\mathrm{I}} H_{\mathrm{I}}+\rho g Q_{\mathrm{II}} H_{\mathrm{II}}}{N_1+N_2} \tag{3-52}$$

对于不同性能、相同水位的多台泵并联运行，其图解过程和方法与上面的介绍相同；对于吸水面水位不同的情形，则工况分析时，需在计算静扬程 H_{ST} 时，从一共同基准面算起，然后做相应的修正即可，其他算法都相似。如我国北方地区，常见以井群采集地下水。一井一泵，井群以联络管相连以后，以一根或多根干管输送至水厂，再集中消毒后由泵站加压输入管网。这种情况即相当于多台泵在管道布置不对称的情况下并联工作且各井间的吸水面水位不同。此外，衡量管道布置对称与否，应从工程角度判断，一般仅在管道布置差异较大的情况下，才认为是不对称布置。例如，离干管并联汇集点距离相差较大的井泵进行并联工作时，或在泵站离管网输水干管的汇集点距离不一且并联工作等场合下，就可以认为管路系统是非对称布置的。

5. 相同性能的调速泵与定速泵并联工况

两台性能相同的泵并联工作，其中一台为调速泵（如图 3.21 中的泵 I$_{调}$），另一台为定速泵（如图 3.21 中的泵 II$_{定}$），对这样的水泵装置进行工况分析时，通常会遇到两类问题：一类问题是调速泵的转速 n_1 与定速泵的转速 n_2 均为已知的情况下分析两台泵并联运行时的工况。这类问题实际上与相同性能两台定速泵并联运行时的情形相同，可以按图 3.20 所示的方法确定并联工况。另一类问题是只知道并联运行时两台泵的总供水量为 Q_P（对应总扬程 H_P 为未知值），要求分析确定调速泵的转速 n_{I} 值（即求调速值）。

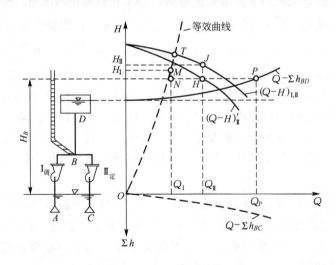

图 3.21　一调一定泵并联工作

第二类问题的解决相对较为复杂，存在调速泵的工况点（Q_{I}，H_{I}）、定速泵的工况点（Q_{II}，H_{II}）及调速泵的转速 n_1 等 5 个未知数。此类问题也可采用折引作图法进行求解，以图 3.21 所示的并联装置为例，图解法的具体步骤如下。

（1）画出两台泵的 $(Q\text{-}H)_{\mathrm{I}}$ 和 $(Q\text{-}H)_{\mathrm{II}}$ 特性曲线；按 $h_{BD}=S_{BD}Q^2$ 画出管路 BD 的管

路系统特性曲线 $Q-\sum h_{BD}$，在 $Q-\sum h_{BD}$ 曲线上根据已知的总流量 Q_P 求得 P 点。

（2）根据已知的并联输水总流量 Q_P，在 $Q-\sum h_{BD}$ 曲线上得出 P 点，P 点的纵坐标即为并联汇集点 B 处的测管水头高度 H_B。

（3）按 $h_{BC}=S_{BC}Q^2$ 画出 BC 段的管路特性曲线 $Q-\sum h_{BC}$，采用折引作图法从定速泵的 $(Q-H)_{\mathrm{II}}$ 曲线上扣除 $Q-\sum h_{BC}$ 曲线的对应纵坐标值可得 $(Q-H)'_{\mathrm{II}}$ 特性曲线，它与静扬程 H_B 对应的高度线相交于 H 点。

（4）由 H 点向上引垂直线与两泵的特性曲线 $(Q-H)_{\mathrm{I,II}}$ 相交于 J 点，J 点即为并联运行时定速泵的工况点 $(Q_{\mathrm{II}}，H_{\mathrm{II}})$。

（5）调速泵的流量 $Q_{\mathrm{I}}=Q_P-Q_{\mathrm{II}}$，扬程 $H_{\mathrm{I}}=H_P+S_{AB}Q_{\mathrm{I}}^2$，对应图上的 M 点。

（6）由于离心泵扬程与其流量的平方成正比，可求出两者的比例系数即 $k=\dfrac{H_{\mathrm{I}}}{Q_{\mathrm{I}}^2}$。画出通过点 $(Q_{\mathrm{I}}，H_{\mathrm{I}})$ 的等效率曲线与定速泵的 $(Q-H)_{\mathrm{I}}$ 特性曲线交于 T 点。

（7）根据式 $n_{\mathrm{I}}=n_{\mathrm{I}0}\left(\dfrac{Q_{\mathrm{I}}}{Q_T}\right)$ 求得调速泵的转速 n_{I} 值（$n_{\mathrm{I}0}$ 为调速泵的额定转速）。

6. 泵与高地水池联合运行工况

如图 3.22 所示，单泵与两个高地水池联合工作，管路汇集点在 B 点，假设在 B 点处安装有测压管，则可能出现如下三种不同的情况。

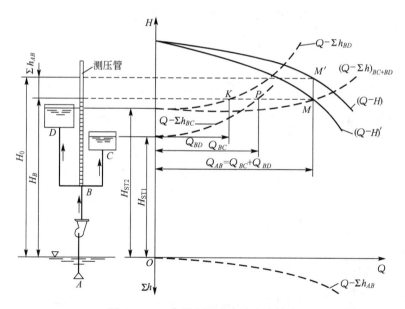

图 3.22 一台泵向两个高地水池输水

（1）测压管内水面高于水池 D 内水面（即 $H_B>Z_D$），这种情况下，由泵向两个高地水池输水。

（2）测压管内水面低于水池 D 内水面，而高于水池 C 内水面（即 $Z_C<H_B<Z_D$），此时，相当于泵与高地水池 D 并联工作，共同向高地水池 C 输水。

（3）测压管内水面等于水池 D 内水面（即 $H_B=Z_D$），此时，水池 D 的水不进也不出，水面维持平衡，由泵单独向水池 C 输水，这一状态通常是一种瞬时的临界状态，在工程实际中意义不大。

对于第(1)种情况，水泵的扬程为 H_0，水在汇集点 B 所具有的比能 $E_B = H_0 - \sum h_{AB}$（动能相对很小，忽略不计），B 点的测压管水头为：

$$H_B = E_B = H_0 - \sum h_{AB} \tag{3-53}$$

根据管路系统的具体布置，绘制 AB 管段的管路系统特性曲线 $Q - \sum h_{AB}$，利用折引特性曲线法从泵的 $(Q\text{-}H)$ 特性曲线纵坐标上，减去管路 AB 在相应流量下的水头损失，得到将泵折引到 B 点处的 $(Q\text{-}H)'$ 折引特性曲线。

按 $H_B = Z_C + \sum h_{BC} = Z_D + \sum h_{BD}$ 分别画出 BC 及 BD 管段的管路系统特性曲线 $Q - \sum h_{BC}$ 和 $Q - \sum h_{BD}$。由于 $Q_{AB} = Q_{BC} + Q_{BD}$，所以，在图中将上述两条管路系统特性曲线相叠加得到曲线 $\left(Q - \sum h\right)_{BC+BD}$，曲线 $\left(Q - \sum h\right)_{BC+BD}$ 与泵在 B 点的折引特性曲线 $(Q\text{-}H)'$ 相交于 M 点，此 M 点的横坐标即为 B 点所对应的总流量。由 M 点向上引垂线与 $(Q\text{-}H)$ 曲线交于 M' 点，则此 M' 点即为泵的运行工况点，其纵坐标为泵的扬程。由 M 点向左引水平线与管路特性曲线 $Q - \sum h_{BC}$ 及 $Q - \sum h_{BD}$ 分别相交于 P、K 两点，则 P 点的横坐标对应 BC 管段的流量 Q_{BC}，K 点的横坐标对应 BD 管段的流量 Q_{BD}。

对于第(2)种情况，如图 3.23 所示，水在 B 点所具有的比能 E_B 为：

$$E_B = H_0 - \sum h_{AB} = Z_D - \sum h_{BD} \tag{3-54}$$

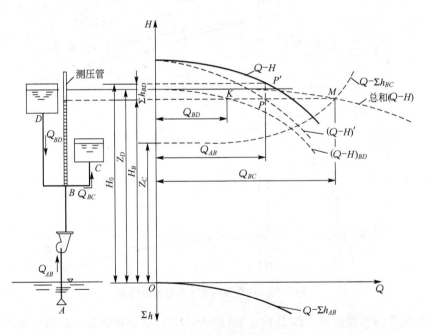

图 3.23　泵与高地水池联合工作

同样，当忽略动能值时，有 $H_B = E_B$。根据管路系统的具体布置，画出 AB 及 DB 段管路的系统特性曲线 $Q - \sum h_{AB}$ 及 $Q - \sum h_{DB}$。仍采用折引特性曲线法，在泵的 $(Q\text{-}H)$ 特性曲线纵坐标上减去 AB 管段在相应流量下的水头损失，得折引$(Q\text{-}H)$特性曲线。在 D 水池的水面水平线上扣去 BD 管段对应流量下的水头损失，得$(Q\text{-}H)_{BD}$特性曲线。由此，相当于将泵和水池 D 均折引到了 B 点并联工作，管段 BC 的流量 $Q_{BC}=Q_{AB}+Q_{BD}$。这时，就可根据等扬程下流量叠加的原理，将$(Q\text{-}H)'$曲线与$(Q\text{-}H)_{BD}$曲线相加，绘出总和 $(Q\text{-}H)$特性曲线，它与 BC 管段的管路系统特性曲线 $Q-\sum h_{BC}$ 相交于 M 点，M 点横坐标对应的流量即为 $Q_{AB}+Q_{BD}=Q_{BC}$。同样，过 M 点引水平线与$(Q\text{-}H)'$曲线及$(Q\text{-}H)_{BD}$曲线相交于 P 点及 K 点，点 P 及点 K 的横坐标分别对应泵的流量 Q_{AB} 和水池 D 的出水量 Q_{BD}。由 P 点向上引垂线与$(Q\text{-}H)$曲线相交于 P' 点，P' 点即为泵的工况点。

综上所述，并联工况计算的复杂性，通常是由于各泵型号的不同、静扬程的不同及管道中水流的水力不对称等因素使参加并联工作的各泵的实际工作扬程不相等而引起的。采用特性曲线折引的方法，在原$(Q\text{-}H)$曲线上，通过折引，扣除水头损失不同的那一段管道，逐一绘出折引$(Q\text{-}H)'$曲线，这样就使问题得到了简化，可以使用等扬程下流量叠加的原理，绘出总和折引$(Q\text{-}H)'_{1+2}$曲线。然后找出此折引曲线与管路系统特性曲线的交点，求得并联后的总流量。再反推回去，即可求出各单泵的工况点。

3.4.2　并联运行工况点的数解法

1. 定速泵并联工况的数解法

1) 并联运行总$(Q\text{-}H)$特性曲线的数解式

考虑 n 台性能相同的泵并联运行，并联工作时总$(Q\text{-}H)$特性曲线上各点的流量 $Q=n\times Q'$（Q'为单泵的流量），并联工作的总虚扬程(H_X)等于每台泵的虚扬程(H'_X)。
即
$$H_X=H'_X$$
因此，n 台性能形同的泵并联工作时，单泵的扬程(H)为：
$$H=H_X-(nQ')^m\times S_X \tag{3-55}$$
$$S_X=\frac{H'_a-H'_b}{(nQ'_b)^m-(nQ'_a)^m}=\frac{H'_a-H'_b}{n^m[(Q'_b)^m-(Q'_a)^m]} \tag{3-56}$$
式中：S_X——并联工作时，泵的总虚阻耗；

H'_a、H'_b——并联工作时总$(Q\text{-}H)$特性曲线高效段上任取两点 a、b 所对应的扬程；

Q'_a、Q'_b——扬程 H'_a、H'_b 所对应的单泵流量。

由式(3-21)可知，式(3-56)为：
$$S_X=\frac{S'_X}{n^m} \tag{3-57}$$
式中：S'_X——单泵的虚阻耗。

考虑两台不同性能泵并联运行时，总虚阻耗可表示为：
$$S_X=\frac{H_a-H_b}{(Q'_b+Q''_b)^m-(Q'_a+Q''_a)^m} \tag{3-58}$$
式中：Q'_a，Q''_a——在扬程为 H_a 时，第一台与第二台泵的流量；

Q'_b，Q''_b——在扬程为 H_b 时，第一台与第二台泵的流量。
因此，两台不同型号的泵并联工作时，总虚扬程为：

$$H_X = H_a + (Q'_a + Q''_a)^m \times S_X = H_b + (Q'_b + Q''_b)^m \times S_X \qquad (3-59)$$

可用类似方式确定 n 台不同型号泵并联时的总虚扬程 H_X 及总虚阻耗 S_X 值。求得 H_X 及 S_X 后即可进一步用有关公式推求并联工况点。

2）单泵多塔并联工况的数解式

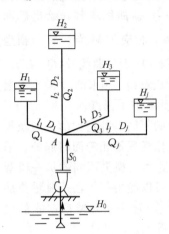

如图 3.24 所示，单台水泵向多个水塔输水，管路并联点在 A 点。吸水池水位标高为 H_0，共有 J 个水塔，各水塔内的水位标高分别为 H_1，H_2，…，H_J。并联点 A 到各高位水池的管路长度分别为 l_1，l_2，…，l_J，对应的管径分别为 D_1，D_2，…，D_J。对该水泵装置进行工况分析时需确定泵的工况点 $(Q，H)$ 和各分支管路的流量 Q_1，Q_2，…，Q_J。

上述工况的数解主要是计算 $J+2$ 个未知数，因此需首先建立 $J+2$ 个方程。

图 3.24　单泵多塔供水系统

（1）$Q = \sqrt{\dfrac{H_X + H_0 - H_A}{S_X + S_0}}$。

（2）由海曾-威廉斯（Hazen - Willians）公式可以列出 J 个方程，即：

$$\sum_{j=1}^{J} Q_j = \sum_{j=1}^{J} 0.27853 \cdot C \cdot D_j^{2.63} \cdot l_j^{-0.54} (H_A - H_j)^{0.54}$$

（3）列出节点 A 的连续性方程：

$$Q - \sum_{j=1}^{J} Q_j = 0$$

在上述的 $J+2$ 个方程中，节点 A 的测管水面高度 H_A 可采用牛顿迭代法来求得。迭代公式如下：

$$H_A^{(n+1)} = H_A^{(n)} + \Delta H_A^{(n)} \qquad (3-60)$$

$$\Delta H_A = -\frac{F_n}{\dfrac{\partial F_n}{\partial H_A}} \qquad (3-61)$$

$$F_n = Q - \sum Q_j$$

$$\frac{\partial F_n}{\partial H_A} = -\frac{1}{2} \sqrt{\frac{1}{(S_X + S_0)(H_X + H_0 - H_A)}} - \sum_{j=1}^{J} 0.54 \times 0.27853 C D_j^{2.63} l_j^{-0.54} (H_A - H_j)^{-0.46}$$

式中：$\Delta H_A^{(n)}$——每次迭代过程的校正水位。

上述迭代过程采用计算机进行运算十分简便，其计算流程如图 3.25 所示。

3）多泵多塔并联工况的数解式

如图 3.26 所示，N 台不同性能的水泵与 M 个不同水位的水塔联合工作，并且具有多个并联节点。

由于整个装置中存在多个并联节点和多台水泵，因此在工况分析中除了考虑水泵与并联节点间的水力平衡外，还要考虑各个并联节点间的水力平衡。

计算时，水泵装置中有 i 个并联节点时，就有 $i \cdot H_i$ 个待定的节点水位值 H_i，可以列出 i 个水力平衡的非线性方程组。可以有多种途径来求解此类非线性规划问题，在此仅介绍逐次逼近法。考虑到编号的方便，采用双下标变量对流量进行编号。如 Q_{ij} 表示与第 i 个

并联节点相连的第 j 管段的流量。计算中采用的基本公式包括：

在公共节点 i 处：

$$F_i = \sum Q_{ij} = 0 \qquad (3-62)$$

在管段中：

$$Q_{ij} = r_{ij} |H_i - H_j|^{0.5} \cdot SGN(H_i - H_j) \qquad (3-63)$$

其中，$r_{ij} = \dfrac{1}{\sqrt{S_{ij}}}$。

水头校正值：

$$\Delta H_i = -\frac{F_i^{(n)}(H_i^{(n)}, H_j^{(n)})}{\sum \dfrac{\partial Q_{ij}^{(n)}}{\partial H_i^{(n)}}} \qquad (3-64)$$

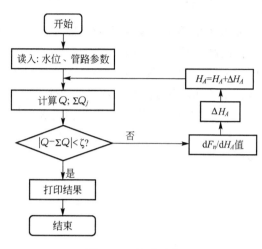

图 3.25 计算流程

泵扬程：

$$P_i = H_{Xi} - S_{Xi} \cdot Q_{ij}^2 \qquad (3-65)$$

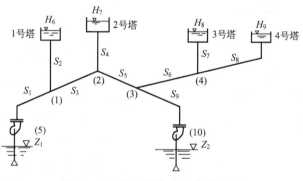

图 3.26 多泵多塔多节点供水系统

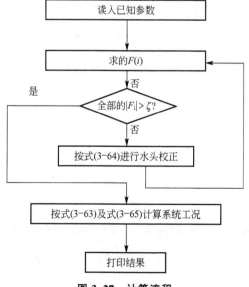

图 3.27 计算流程

设 n 次迭代后求得的并联节点 i 的水位近似值为 $H_i^{(n)}$，则经过校正后得第 $n+1$ 次的迭代值可取为 $H_i^{(n+1)} = H_i^{(n)} + \mathrm{d}H_i$。按以上迭代式反复迭代计算，直至 $H_i^{(n+1)} = H_i^{(n)} + \mathrm{d}H_i$ $|F_i|$ 小于工程允许的最小精度 x，即 $|F_i| < x$ 时为止。其计算流程如图 3.27 所示。

2. 调速泵并联工况的数解法

1) 调速运行控制流量

在这种情况下，调速泵与定速泵并联工作的主要目的是保持输水流量均匀稳定。这种情况在取水泵站中比较常见，通常由于水源水位的涨落导致定速泵流量发生变化，为了保证输水流量稳定，可采用调速泵与定速泵并联运行的方法来实现取水泵站的均匀供水。

如图 3.28 所示，两台不同性能的离心泵并联工作，其中 1# 泵为定速泵，其 $(Q\text{-}H)$ 特性曲线高效段对应的方程为 $H = H_{X1} - S_{X1}Q^2$。2# 泵为调速泵，当转速为 n_0 时，其 $(Q\text{-}H)$ 特性曲线高效段对应的方程为 $H = H_{X2} - S_{X2}Q^2$。图中 Z_1、Z_2 分别为 1# 泵、2# 泵吸水井水位标高(m)，Z_0 为高位水池水面标高(m)，$S_i(i=1，2，3)$ 为相应管路的阻耗系数 (s^2/m^5)，需要该并联水泵装置稳定提供的输水流量为 $Q_T(m^3/s)$。

并联工况分析的主要工作，是确定调速泵的转速 n^*，其数解的流程见图 3.29，具体的步骤如下。

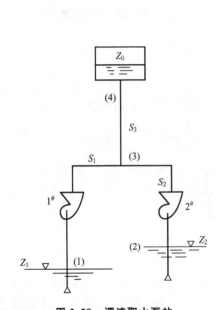

图 3.28　调速取水泵站

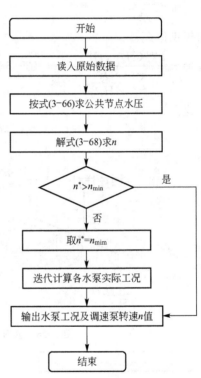

图 3.29　取水泵站调速计算框图

(1) 计算并联节点(3)的总水压 H_3：

$$H_3 = Z_0 + S_3 Q_T^2 \tag{3-66}$$

其中 Z_0、S_3、Q_T 均为确定值。

(2) 计算泵的流量。

定速泵的流量 Q_1 可按式 $(3\text{-}23)$ 计算，此时 $H_{ST} = H_3 - Z_1$(注意：不是 $H_{ST} = Z_0 - Z_1$)。因此：

$$Q_1 = \sqrt{\frac{H_{X1} + Z_1 - H_3}{S_1 + S_{X1}}} \tag{3-67}$$

调速泵的流量 Q_2 与其具体转速有关。设调速泵运行时转速为 n，则其 $(Q\text{-}H)$ 特性曲线的高效段方程为 $H = \left(\dfrac{n}{n_0}\right)^2 H_{X2} - S_{X2}Q^2$，因此，由式 $(3\text{-}23)$ 可得调速泵的流量 Q_2 为(此时 $H_{ST} = H_3 - Z_2$)：

$$Q_2 = \sqrt{\frac{\left(\frac{n}{n_0}\right)^2 H_{X2} + Z_2 - H_3}{S_2 + S_{X2}}} \qquad (3-68)$$

（3）计算调速泵转速值 n^*。

为保证整个水泵装置稳定、均匀输水，也即泵的总流量始终保持在要求的流量 Q_T。建立并联节点(3)的流量连续性方程 $Q_1 + Q_2 = Q_T$，可得：

$$Q_T = \sqrt{\frac{H_{X1} + Z_1 - H_3}{S_1 + S_{X1}}} + \sqrt{\frac{\left(\frac{n}{n_0}\right)^2 H_{X2} + Z_2 - H_3}{S_2 + S_{X2}}} \qquad (3-69)$$

解该方程即可求出维持稳定、均匀输水的调速泵转速 n^* 值（即 $n = n^*$ 值）。

通常，当有多台定速泵与一台调速泵并联运行时，可将并联运行的定速泵按前面介绍的方法求出并联后的泵总和 $(Q-H)$ 特性曲线，并视它们为一等效水泵。这样，将多台定速泵转换为一台等效的定速泵与一台调速泵并联运行的形式，即可按上述步骤求出调速泵的转速 n^*。或者，先对每台定速泵，根据式(3-67)求出其流量，然后按式(3-69)列出并联节点连续性方程并求解其中的调速泵转速 n^* 值。

（4）求泵的实际工况点。

前面已经指出，泵调速有一定的范围限制，也只有在这样的范围内才有等效率工况相似点的存在。当求得 n^* 值小于允许的最低转速 $n_{\min}$ 时，应取 $n^* = n_{\min}$。这种情况下，还应计算出 $n^* = n_{\min}$ 时的各泵的实际工况点和总流量，以便采取其他措施实现均匀供水。

2）调速运行控制扬程

在这种运行情况下，调速泵与定速泵并联工作的主要目的是保持水泵装置具有稳定的输水扬程。工程中，常见的送水泵站与管网联合工作时要求泵站实行等压配水就属于这一情形。所谓等压配水，就是控制水厂送水泵站的出水压力，使管网控制点的自由水压能满足用户所需服务水压，并尽量使两者接近。

下面以送水泵站等压配水为例，介绍数解法确定调速运行控制扬程时水泵工况的具体步骤，相应的计算流程如图 3.30 所示。

（1）水厂送水泵站出水压力的确定。

水厂送水泵站出水压力应保证管网中各节点的自由水压均不小于所需的服务水压。当管网中某控制点的服务水压小于用户所需值时，送水泵站应采取增开泵等措施来增大水厂的出水压力；当服务水压大于用户所需值时，为节省电耗、减少漏水及爆管事故的发生，可通过调速的方法来减小水厂的出水压力，降低服务水压。这是水厂调度中较常见的等压配水调度模式。

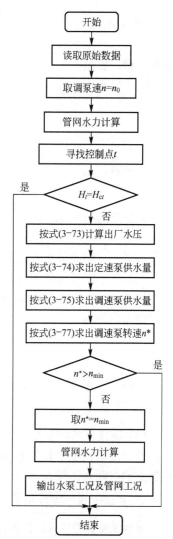

图 3.30 送水泵站调速计算框图

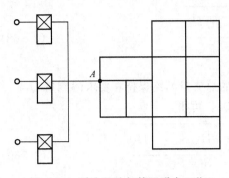

图 3.31　送水泵站与管网联合工作

图 3.31 所示为送水泵站与管网联合工作的示意。设水厂出水点 A 的出水压力为 H_A，地面标高为 Z_A，水厂至管网中节点 i 的管段水头损失为 $\sum h_i$，节点 i 的地面标高为 Z_i，用户所需的服务水压为 H_{ci}，节点 i 的实际自由水压（服务水压）H_i 可由下式计算：

$$H_i = H_A + Z_A - Z_i - \sum h_i \quad (3-70)$$

服务水压 H_i 应保证用户的用水需要，即：

$$H_i \geqslant H_{ci} \quad (3-71)$$

$$H_A \geqslant H_{ci} + Z_i + \sum h_i - Z_A \quad (3-72)$$

设管网中节点 t 为控制点，则理想的水厂出水压力 H_A^* 应为：

$$H_A^* = H_{ct} + Z_t + \sum h_t - Z_A \quad (3-73)$$

（2）调速计算。

对于单水源供水管网，泵站的供水量 Q_T 即为管网中用户的用水量，也就是管网节点流量之和。如能确定水厂出水压力 H_A^*，实际上就能确定所需的泵站运行工况（Q_T，H_A^*）。

水厂出水压力为 H_A^* 时，各定速泵的实际供水量 Q_{P_j} 可由式（3-23）求出，此时 $H_{ST} = H_A^* + Z_A - Z_{P_j}$，另有：

$$Q_{P_j} = \sqrt{\frac{H_{Xj} + Z_{P_j} - H_A^* - Z_A}{S_{Xj} + S_{P_j}}} \quad (3-74)$$

求出各定速泵的供水量后，调速泵的供水量 Q' 可由下式确定：

$$Q' = Q_T - \sum Q_{P_j} \quad (3-75)$$

调速泵的扬程 H' 为：

$$H' = H_A^* + Z_A + S'Q'^2 - Z_P \quad (3-76)$$

式中：S'——调速泵吸水及压水管的阻耗系数；

Z_P——调速泵吸水井的水位标高。

设调速泵在额定转速 n_0 时的 $Q-H$ 特性方程为 $H = H_X - S_X Q^2$，由式（3-32）可求出所需的调速泵转速 n^* 值：

$$n^* = \frac{n_0 Q' \sqrt{S_X + k}}{\sqrt{H_X}} \quad (3-77)$$

上式中 k 值为：

$$k = \frac{H'}{Q'^2} = S' + \frac{H_A^* + Z_A - Z_P}{Q'^2} \quad (3-78)$$

（3）调速泵实际工况。

若求出的调速泵转速 $n^* < n_{min}$，则取 $n^* = n_{min}$，此时须重新确定各泵的实际工况及管网节点的实际水压情况。

3. 并联工作中调速泵台数的选定

多台水泵并联工作时，调速泵与定速泵配置台数比例的选定，应以充分发挥每台调速泵在调速运行时仍能在较高效率范围内运行为原则。

如图 3.32 所示，三台相同性能的水泵并联工作，如果按一调二定的方案进行配置，当所需要的流量为 Q_A，且 $Q_2 < Q_A < Q_3$ 时，开启两台定速泵、一台调速泵完全可以满足要求。此时，整个水泵装置的输水流量为 Q_A，两台定速泵的流量皆为 Q_0，调速泵流量为 Q_i。

如果 Q_A 很接近 Q_2，则调速泵的流量 Q_i 必然很小，其效率值 η 必然降低，达不到节能效果。当出现上述 Q_A 接近 Q_2 的情况时，采用二调一定的水泵配置方案，情况将有所不同。这时，水泵并联工作的总流量为 Q_A，一台定速泵的流量为 Q_0，两台调

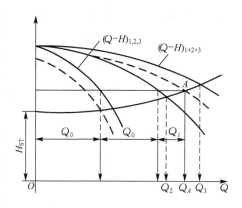

图 3.32　三台相同性能水泵并联

速泵的流量皆为 $\dfrac{Q_0+Q_i}{2}$，而流量值 $\dfrac{Q_0+Q_i}{2}$ 是可以控制在单泵的高效段内的。如果所需的水泵并联总流量 Q_A 减少（$Q_A \leqslant Q_2$ 时），则可以关掉一台定速泵，由两台调速泵输水，这样将比较容易使调速泵保持在高效段内工作。

显然，当泵站要求的供水量 $Q_A > Q_3$ 时，可设置两台定速泵与两台调速泵并联工作。按此方案类推，可使单台调速泵的流量由定速泵流量的一半到满额之间变化，缩小单台调速泵的调速范围，保持调速泵在高效段内运行，以达到调速节能的目的。

3.4.3　串联运行工况

多级泵，其本质相当于多台水泵的串联运行。随着水泵制造工艺的提高，目前生产的各类型水泵的扬程基本上已能满足给水排水工程的需要，所以，一般的工程应用中已很少采用水泵的串联工作方式。

如果需要泵串联运行，要注意参加串联工作的各台泵的设计流量应是接近的。否则，就不能保证两台泵都在较高效率下运行。严重时，可使小泵过载或者反而不如大泵单独运行效果好。因为在泵串联条件下，通过大泵的流量也必须通过小泵，这样，小泵就可能在很大的流量下"强迫"工作，轴功率增大，动力机可能过载。另外，两台泵串联时，还应考虑到后一台泵泵体的强度问题。

1. 串联运行工况点的图解法

水泵串联运行过程中，水流获得的能量为各台泵所供给能量之和，如图 3.33 所示。串联工作的总扬程为 $H_A = H_1 + H_2$。各泵串联工作时，其总和 Q-H 特性曲线等于同一流量下扬程的叠加。只要把水泵串联装置中各泵的 Q-H 特性曲线上横坐标相等的各点纵坐标相加，即可得到总和 $(Q$-$H)_{1+2}$ 曲线，它与管路系统特性曲线交于 A 点，此 A 点的流量为 Q_A、扬程为 H_A，即为串联装置的工况点。自 A 点引垂线分别与各泵

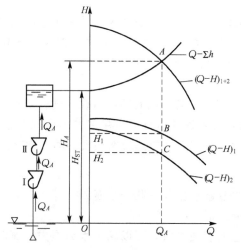

图 3.33　水泵串联工作

的 $Q\text{-}H$ 曲线相交于 B 点及 C 点，则 B 点、C 点分别为两台单泵在串联工作时的工况点。

2. 串联运行工况点的数解法

n 台水泵串联工作时，其总扬程为 $H = H^{(1)} + H^{(2)} + \cdots + H^{(n)}$（$H^{(i)}$ 为第 i 台泵的扬程），因此，水泵串联运行的总和 $(Q\text{-}H)$ 特性曲线上任取两点 (Q_1, H_1) 及 (Q_2, H_2)，由式 $(3\text{-}16)$ 及式 $(3\text{-}17)$ 可计算串联运行时的总虚阻耗：

$$
\begin{aligned}
S_X &= \frac{H_1 - H_2}{Q_2^m - Q_1^m} = \frac{(H_1^{(1)} + H_1^{(2)} + \cdots + H_1^{(n)}) - (H_2^{(1)} + H_2^{(2)} + \cdots + H_2^{(n)})}{Q_2^m - Q_1^m} \\
&= \frac{H_1^{(1)} - H_2^{(1)}}{Q_2^m - Q_1^m} + \frac{H_1^{(2)} - H_2^{(2)}}{Q_2^m - Q_1^m} + \cdots + \frac{H_1^{(n)} - H_2^{(n)}}{Q_2^m - Q_1^m} \\
&= S_{X1} + S_{X2} + \cdots + S_{Xn} = \sum_{i=1}^{n} S_{Xi}
\end{aligned}
\tag{3-79}
$$

因此泵的总虚扬程可通过下式计算：

$$
\begin{aligned}
H_X &= H_1 + S_1 Q_1^m = (H_1^{(1)} + H_1^{(1)} + \cdots + H_1^{(1)}) + \Big(\sum_{i=1}^{n} S_{Xi}\Big) Q_1^m \\
&= (H_1^{(1)} + S_{X1} Q_1^m) + (H_1^{(2)} + S_{X2} Q_1^m) + \cdots + (H_1^{(n)} + S_{Xn} Q_1^m) \\
&= H_{X1} + H_{X2} + \cdots + H_{Xn} = \sum_{i=1}^{n} H_{Xi}
\end{aligned}
\tag{3-80}
$$

3.5 水泵装置的节能与控制

3.5.1 水泵装置的节能

根据对离心泵及其机组能源单耗与效率的研究分析，水泵装置节能的关键在于提高动力机、水泵、传动设备、管路系统和进、出水池五个方面的效率。

1. 提高动力机效率

1）电动机

电动机接近满载时其效率最高；负载越小，效率越低。因此要求泵机应合理配套，避免"大马拉小车"。若为异步电动机时，可采用变极、变转差率和变频等手段来实现变速调节。若为同步电动机时，则可采用改变励磁电流调整其功率因数，使动力机的负载达到配套要求。

2）柴油机

动力机为柴油机，当存在"大马拉小车"时，应根据柴油机的特性曲线，进行变速调节，使柴油机在其允许工作范围内耗油率最低的区域内正常运行。当存在"小马拉大车"时，应在水泵工作允许条件下，适当降低水泵转速，使水泵性能适应柴油机的动力要求。

2. 提高水泵效率

水泵是水泵装置的核心设备，提高水泵效率的途径包括如下几个方面。

（1）设计时选用效率高、高效率区宽、耗能少的泵型。

（2）提高加工制造精度。叶轮流槽、盘面等过流表面光滑，可以减少水力损失，有利于提高水泵效率。

（3）保证机组组装和安装质量。若水泵组装粗糙和安装精度不符合要求，水泵运行时会加速磨损，产生振动，使水泵效率降低。

（4）加强技术改造和设备更新。对于能耗大、效率低的泵站，可采取改变水泵转速、车削叶轮外径、轴流式水泵调节叶片安装角度等措施来降低能耗。对于经调节和改造后仍不能满足实际要求的情况，应考虑更换性能好、效率高、能耗低的水泵，进行设备更新。

（5）正确合理选择机组。水泵的效率与流量、扬程有关，只有在水泵装置的设计工况下工作，才能保证水泵的效率最高。偏离设计工况点，其效率就会下降。所以，对于扬程、流量随时有变化的水泵装置，最好采取大小水泵搭配工作，满足多数工况点在水泵高效区内运行。

（6）合理确定水泵安装高程。安装过高，会发生汽蚀现象，使流量、扬程、效率大幅度下降。

（7）加强维护管理，使水泵保持最佳技术状态。水泵运行一定时间后，不可避免地会产生机件磨损，增大泵内损失，降低水泵效率。所以，及时进行维护保养，更换已损坏零部件是保证水泵高效、正常工作的必要措施。

3. 提高传动效率

传动效率与传动方式有关，直接传动效率最高，因此，当动力机的转速满足水泵运行工况要求时，应选择直接传动。

当水泵与动力机转速不配套时，可采用变速调节，除采用皮带传动方式外，根据实际情况，还可采用齿轮变速箱、塔形皮带轮等传动方式。

机组在运行时，应保持传动设备的安装质量，首先应保持泵轴和动力机轴的同心度安装标准，对于皮带传动设备，应避免皮带打滑并保持皮带轮包角值，以提高传动效率。

4. 提高管路系统效率

1）采用经济管径

管道通过一定的流量，可以采用不同的管径。管径越大，水头损失越小，管路系统效率就越高，但加大管径将使工程造价提高。所以，在管道节能和增加管径两个方面应进行技术经济比较，选择投资少、耗能低的最优方案。在管径小于经济管径的条件下，加大管径也是提高管道效率的重要措施。

2）改善管道布置，减少不必要的管道附件

尽量减少管道长度，管道长度与管道水头损失成正比，管道越短，损失越小，管道效率就越高；管道中附件越多、形状越复杂，管道水头损失越大，效率就越低。所以，尽量缩短管道长度、减少管道附件不仅可减少工程投资，而且还可减少能耗，提高管道效率。

3）提高管道的严密性

当管道安装质量较差，接口漏水时，处于负压状态时将会吸入空气，减小过流断面，引起管道效率下降，故提高管道的严密性，也可提高管道的效率。

上述措施可提高管路系统效率，减少能耗，但在具体应用时应注意，若水泵运行工况点长期处于额定工况点左侧时，采用减少管道损失措施之后，不仅可以提高管道效率，而且也可使水泵效率提高，轴功率接近水泵额定工况点的轴功率，负荷系数增大，电机效率也可提高，水泵装置可以获得良好的节能效果。相反，水泵运行工况点长期处于水泵额定工况点右侧时，仅采用减少管道损失的措施，则会使水泵运行工况点偏离额定工况点更远，其水泵效率下降会使电动机超载，有可能产生汽蚀，造成水泵装置总效率的下降。对于此种情况，要考虑采取调速、切削叶轮直径等措施，达到节能的目的。

5. 提高进出水池效率

计算进、出水池的效率公式如下：

$$\eta_{池} = \frac{H_{净}}{H_{净} + \Delta h} \times 100\% \qquad (3-81)$$

式中：$H_{净}$——泵站净扬程（m）；

Δh——进、出水池的水头损失（m）。

由式(3-81)可知，提高进、出水池的效率，必须减少进、出水池的水头损失。这就要求水泵机组在运行时，应保持进出水池中的水流均匀、水位平稳。若因设计、施工、管理工作的不完善影响水泵正常工作，降低泵站进、出水池效率时，应根据实际情况加以改进。此外，泥沙、水草等杂物进入水泵，将会影响水泵正常工作，甚至会发生事故。所以，增设沉沙、拦污等设备，改善水质，保持水流正常流态都可提高进、出水池的效率。

3.5.2　水泵装置的控制

水泵在给水排水系统中的应用可分为：城市供水系统加压泵站；城市雨水、污水排水系统——包括雨水泵站、污水泵站；小区、室内的给水系统；小区排水泵站、室内污水提升泵等。

事实上，这些系统的控制可归结为两大类。

(1) 对水泵开停的双位控制：按照某种液位、压力或流量的要求，改变每台水泵的开、停状态或改变水泵的运行台数。

(2) 对水泵工况点的控制：按照某种液位、压力或流量的要求，改变水泵的工况点，这种改变可以通过调节管路系统中阀门开启度或改变水泵转速的方式实现。

1. 水泵的双位控制

双位逻辑控制可以通过微计算机控制系统实现，就是大量地采用常规的机电装置来控制，这里以雨水泵站排水控制系统的常规机电逻辑控制为例展开讨论。

雨水泵站有一集水池，汇集从排水管网来的雨水、污水，排水泵依该集水池中水位的高低自动开、停水泵。如图 3.34 所示：水位高于 a 时，水泵启动排水；水位低于 a 时，水泵停止。

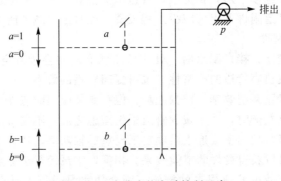

图 3.34　水池水位自动控制示意

为此，设两个水位开关于相应水位处。规定水位高于规定值，水位开关触点闭合，逻辑值为1；水位低于规定值，水位计头触点断开，逻辑值为0。

分析该系统的工作过程，可知这是一个有记忆的逻辑系统，需采用交流接触器建立逻辑控制装置。变量有水位开关 a、b 及代表水泵当前状态的附加变量 P_{t-1}，共有8种组合。按给定的要求，每种组合的结果应符合表3-3。

表3-3 交流接触器逻辑控制运算表

序号	a	b	P_{t-1}	P
1	0	0	0	0
2	0	0	1	0
3	0	1	0	0
4	0	1	1	1
5	1	0	0	—
6	1	0	1	—
7	1	1	0	1
8	1	1	1	1

表中第5、6项两种逻辑组合不符合实际的正常情况，属故障状态，不予考虑。由此建立逻辑运算图并可得到逻辑表达式如下：

$$P = ab + bP_{t-1} = b(a + P_{t-1})$$

采用交流接触器控制水泵的运行，其线圈的通断电与泵的停开一致，用符号 y 表示；接触器中的一对常开副触点用做记忆功能，代表 P_{t-1}，用 y 表示，则有：

$$y = b(a + y)$$

交流接触器的工作过程如下。

(1) 当水位低于 a 也低于 b 时，集水池处于空池状态，交流接触器的线圈处于断电状态，水泵停止。

(2) 来水不断在池内聚集，逐渐高于低水位 b，使触点 b 闭合，但触点 a 仍断开，水泵不运行。

(3) 当水位继续升高至高水位 a 后，水位开关 a 的触点闭合，接触器线圈 y 导通，带动其主触点闭合，同时副触点 y 也闭合，水泵开始工作。

(4) 随着水泵运转将水排出，池内水位下降。低于高水位 a，a 触点断开，但此时控制电路可通过副触点 y 导通，水泵仍在工作。

(5) 水泵运转，池内水位不断下降，直至降到低水位 b 以下，b 触点断开，控制线路中的线圈 y 断电，主触点断开，水泵停止工作。

2. 水泵的调速控制

水泵是给水排水工程中能源消耗最大的设备之一。对水泵的动力机进行调速控制以实现水泵的变速工况调节是水泵节能降耗最为有效的途径之一。

1) 调速控制类型

视用途不同，水泵调速的控制参数和目的有所不同，主要可分为三种类型。

（1）恒压调速。

这属于市政供水二泵站、建筑给水与小区给水系统的情况。以二泵站为例，水泵向城市管网供水，要求保证用户的自由水压不低于某规定值，即最小自由水头。城市用水情况是时刻变化的，在设计上为保证供水的安全可靠性，要按最大时条件设计，然而，最大时是一种极端的用水情况，城市用水经常是处于用水量较少的情况下，水泵的供水能力会有富余。常规的调节方法是分级供水，将二泵站的工作制度定为二级或三级，视用水情况选开不同规模、不同台数的水泵，这时采取的水泵控制实际上是前述的双位控制技术。这种控制方式的结果是，在某一级的运行范围内，随着用水的波动，导致水泵工况点仍有较大幅度的变化，就有可能：①水泵长期工作在低效率点；②在用水较多时用户水压难以保证，或在用水较少时水压过高造成浪费（图 3.35）。供水系统用水量变化越大（变化系数大），问题就越严重。

（2）恒流调速。

这是市政供水一泵站的情况。一泵站往往按恒定取水水位设计，以水源最低水位为设计依据。这也是一种极端情况。更为常见的是水源水位处于常水位附近。水厂运行多是按恒定流设计的。在水位高于设计水位时，通常就要采取关小管路阀门的方式消耗多余的水头，保证一泵站取水流量恒定。因此，一泵站水泵也会长期运行在多耗能、低效率的工况下。图 3.36 所示为恒流调速工况点的示意图。

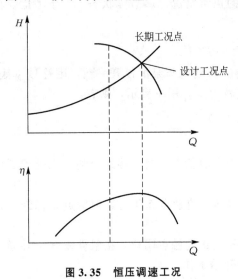

图 3.35　恒压调速工况　　　　　　图 3.36　恒流调速工况

图 3.36 中的曲线①、②分别为水源水位在常水位、设计水位时的管路系统特性曲线。随着水源水位高于设计水位，水泵供水量有增大的趋势，为保证设计流量不变，就要关小水泵阀门，改变管路系统特性曲线，如曲线③所示。为了避免这种由水源水位变化导致的能量浪费，也有必要对水泵工况进行调节，这是以水量恒定为目的的泵调速。水源水位变幅越大，这种调节就越有必要。当然，也有的水厂清水池调节能力不足，一泵站也要有一定的水量调节功能，这就更有必要进行水泵的调速。

（3）其他类型。

给水排水系统中，还有一些非恒压、非恒流的水泵调速控制类型。属于这一类型较为典型的是各种水处理药剂投加泵的调节。投药泵一般按最大投药量设计选择，但也是长期在低投量下运转，传统上是以阀门调节，其耗能多、调节精度差。这种用途的水泵要求有特别良好的调节精度，保证药量按需投加，往往采用非恒压、非恒流的水泵调速控制方法才能取得最好的工作效果。

2）变频调速技术

实现水泵的变速运行有许多途径，其中变频调速技术的调速效果最好，易于控制且节能作用最为明显，在给水排水工程系统中得到了广泛的应用。

变频调速是 20 世纪 80 年代兴起的水泵调速新技术。它通过改变水泵工作电源频率的方式改变水泵的转速。即

$$N = 120f/P(1-s) \tag{3-82}$$

式中：N——水泵电机转速；

f——电源频率；

P——电机极数；

s——转差率。

由式（3-82）可见，如均匀地改变电机定子供电频率 f 则可平滑地改变电机的同步转速。为了保持调速时电机最大转矩不变，需维持电机的磁通量恒定。因此，要求定子供电电压应做相应的调节，所以，变频器兼有调频和调压两种功能。

变频调速技术的一个重要特点是可以实现水泵的"软启动"，水泵从低频电压开始运转，即由低转速逐渐升速，直至达到预定工况，而不是按照常规——启动就迅速达到额定转速。软启动的工作方式对电网的干扰小，无冲击电流，也适合于在几台水泵之间进行频繁的切换操作。

变频调速通常以微计算机为控制中心来构成水泵机组变频调速控制系统。控制中心根据控制点输入的信号（如水压）与给定值比较，控制变频器工作，使水泵转速改变。一般为减少控制设备台数、降低投资，常采用变速与定速水泵配合工作的方式，即一个泵站内只有一至两台水系变速运行，其余水泵为恒速运行，变速泵与恒速泵组合一起，通过对变速泵的调节，得到要求的各种工况。

3. 水泵恒压供水系统的控制

按控制精度的高低，水泵恒压供水控制包括如下两种方式。

（1）双位控制系统。当控制的高低水位相差不大，水压波动较小时，可近似看做恒压给水系统。这种控制方式精度低，水压波动较大，是传统技术。

（2）调速控制系统。通过调速技术（主要是变频调速技术），将水压控制在很小的波动范围内，这是当前较为先进的技术。

1）变频调速恒压供水技术

（1）技术特点。

变频调速控制系统由计算机、变频调速器、压力传感器、电机泵组及自动切换装置等组成，构成闭环控制系统。根据用水要求的变化，自动控制水泵转速及水泵工作台数，实现恒压变量供水。变频调速恒压供水控制系统的特点包括：

① 高效节能。系统自动检测瞬时需水量，据此调节供水量，不做无用功。设备电机在交流变频调速器的控制下软启动，无大启动电流（电机的启动电流不超过额定电流的110%），机组运行经济合理。

② 用水压力恒定。需水量在给定的供水范围内发生变化时，通过控制均能使泵组的

服务压力恒定,大大提高供水服务质量。

③ 延长设备使用寿命。采用微计算机控制技术,对多台泵组可实现循环启动工作,损耗均衡。特别是软启动,大大延长了水泵及其机组设备的电气、机械寿命。

④ 功能齐全。由于以微计算机做中央处理机,系统可不做电路的改动,简便地随时追加各种附加功能,如小流量切换,水池无水停泵,外网压力升高停机,定时启、停,定时切换,自动投入变频消防,自动投入工频消防等功能,以及适应用户在自动化方面的其他功能要求。

(2)工作原理。

水泵启动后,压力传感器向控制器提供控制点的压力值 H_0,当 H 低于控制器设定的压力值 H_0(H_0 按用户的水压要求设定)时,控制器向变频调速器发送提高水泵转速的控制信号;当 H 高于 H_0 时,则发送降低水泵转速的控制信号。变频调速器则依此调节水泵工作电源的频率,改变水泵的转速,由此构成以设定压力值为参数的恒压供水自动调节闭环控制系统。

图 3.37 给出了由三台水泵所组成的典型变频调速恒压控制系统的原理图。这三台泵可以交替循环工作。设三台水泵的编号分别为 $1^\#$、$2^\#$、$3^\#$,则控制循环过程如下。

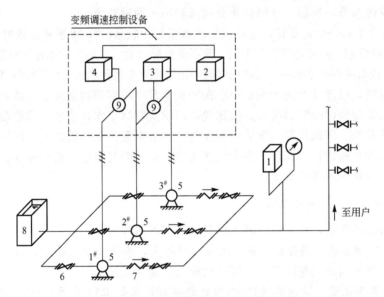

图 3.37 变频调速恒压控制系统原理
1—压力传感器;2—控制器;3—变频调速器;4—恒速泵控制器;
5—水泵机组;6—闸门;7—单项门;8—储水池;9—自动切换装置

$1^\#$ 机泵通过微计算机开关系统从变频器的输出端得到逐渐上升的频率和电压,开始旋转(软启动),频率上升到供水压力和流量要求的相应频率,并随用户用水流量变化而响应其频率调速运行。如果这时用户需水量增加到大于 $\dfrac{Q}{3}$,小于 $\dfrac{2Q}{3}$ 值时,设备的输出电压和频率上升到的工频仍不能满足供水要求,这时计算机发出指令 $1^\#$ 泵自动切换到工频(电源)运行,待 $1^\#$ 泵完全退出变频器,立即指令 $2^\#$ 泵投入变频启动,并自动响应其频率满足此时用户用水流量和压力的要求。如果这时用户的用水量再上升到大于 $\dfrac{2Q}{3}$ 而小于 Q 值,则类似前面的控制流程，计算机发出指令，2$^#$泵也切入工频运行，待 2$^#$泵完全退出变频器，立即指令 3$^#$泵投入变频启动，并响应至满足此时供水系统的流量和压力所需频率运行。如果这时用户需水量降至小于$\frac{2Q}{3}$、大于$\frac{Q}{3}$值时，3$^#$水泵的频率降至临界频率（仅能保持压力无输出），设备的输出仍大于供水系统的用水量，则计算机发出指令 1$^#$泵停止工频运行（1$^#$水泵停止后，处于临界频率的 3$^#$泵立即响应此时流量的相应频率）。如果这时供水流量继续下降至小于$\frac{Q}{3}$，则微机发出指令 2$^#$泵停止工频运行，只有 3$^#$泵立即响应该时流量相应的频率变频运行。图 3.38 给出上述的设备运行控制状态示意图。

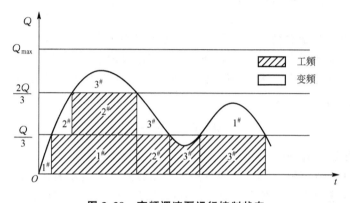

图 3.38 变频调速泵运行控制状态

2）恒压给水系统压力控制点的选择

恒压给水系统按压力控制点位置不同，可分两类：一是将控制点设在最不利点处，直接按最不利点水压进行工况调节；二是将控制点设于泵站出口，按该点的水压进行工况调节，间接地保证最不利点的水压稳定，现今的气压给水和变频调速给水系统多是如此。第二种设置管理方便，但技术经济性能不十分理想。事实上，水泵出口的恒压即意味着用户最不利点处是变压，这影响了其先进性能的充分发挥。

将压力控制点设在最不利点更合理，其技术经济性能更佳，而且技术上不难实现。

3）气压给水系统压力控制点位置的分析

（1）气压给水系统的压力控制点。

气压给水系统一般多采用气压罐和水泵组合设置的方式，根据气压罐内压力变化控制水泵的开停运转，相当于按水泵出口压力进行工况调节。如图 3.39 所示，以由两台同型号水泵组成的系统为例，图中纵坐标以绝对水压标高表示，A_1、A_2、D_1、D_2 分别称为水泵 P_1、P_2 的停止和启动压力控制线。单泵运行时，水泵工况点在 $a \sim b$ 之间变动，相应的泵出口压力变化范围在 $D_1 \sim A_1$ 之间。D_2 是供水的最低压力，按用户要求的最低水压推求确定。

D_1、A_1、A_2 则是由 D_2 向上推出得到的，其差值是产品的特性参数。高于 D_2 以上部分的水压超过用户的要求，造成能量的浪费。供水

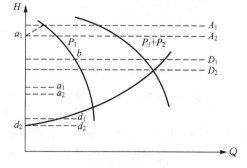

图 3.39 水泵压力控制工况分析

压力的波动还影响使用的方便和给水系统配件的寿命。若将压力控制点设在最不利点，则上述问题有明显改观。两种情况的工况特性对比见图 3.39，d_2 为最不利点要求的最小水压，若在纵坐标上以 d_2 为起点，通过管路系统特性曲线交于水泵 $P_1 + P_2$ 的总和特性曲线上，该交点水压是水泵出口的最低水压 D_2，即保证用户最不利点的水压要求 d_2，泵出口的最低水压必须达到 D_2。以 d_2 为起点向上依次推求水泵的停止和启动压力控制线 a_1、a_2、d_1，最不利点水压在 $a_1 \sim d_2$ 之间变化；而压力控制点设于水泵出口时，可由管路特性曲线反推回相应的最不利点水压在 $a_0 \sim d_2$ 之间变动。虽然这两种控制方式都可满足用户的最低水压要求，但显然将压力控制点设于最不利点时用户的水压变化明显减小。

（2）气压罐安装位置对罐容积和压力的影响。

如前所述，从稳定用户水压出发，将压力控制点设于最不利点较好，有两种方法：一是将压力传感器与气压罐分体设置，仅将压力传感器移至最不利点，气压罐仍与水泵设置在一起；另一种方法是将气压罐与水泵分设，且气压罐内水压进行压力控制，尽可能靠近最不利点且位置尽可能高，这样既可稳定管网水压，还有利于减小罐容积并降低罐内承压。气压罐容积可按下式计算：

$$V = W \times \frac{\beta}{1-\alpha} \tag{3-83}$$

式中：V——气压罐总容积（m^3）；

W——设计调节容积（m^3），由设计最大供水量及水泵每小时最大启动次数确定；

α——设计罐内最小与最大压力的比例（绝对压力），$\alpha = P_1/P_2$；

β——容积附加系数，$\beta = P_1/P_0$（P_0 为罐内无水时气体压力）。

可见，在罐内压力控制差（$P_2 - P_1$）不变的条件下，气压罐设于最不利点与泵站处的容积和承压是不同的，因为前者远离泵站且位置较高，P_1 相应于 d_2 对应的压力，P_2 相应于 a_1 对应的压力，显然罐内承压较低；P_1、P_2 减小，使 α 与 β 值皆下降，有利于减小 V 值。或者在一定的气压罐容积条件下，可增大有效调节容积，以减少水泵开停次数，实现节能并延长设备的寿命。

4）变频调速给水系统压力控制点位置的分析

（1）控制点设在水泵出口。

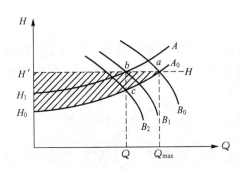

图 3.40　水泵变频调速工况分析

压力控制点设在水泵出口，按此压力设定变频水泵调节值是常用方式，其工作特性曲线如图 3.40 所示。图中 A_0 为与最大供水量 Q_{max} 相对应的管路系统特性曲线，B_0 为水泵在 Q_{max} 时的特性曲线，H_1 为压力控制线，按与 Q_{max} 相应的管路系统特性曲线及用户水压要求确定。在 Q_{max} 时，三条曲线交于 a 点，最不利点的水压标高 H_0 即是要求的最低水压，没有水压浪费。当用水量降低时，控制系统降低水泵转速来改变其特性。但由于采用泵出口水压恒定方式工作，所以其工况

点始终在 H_1 上移动，如 b 点即为相应于 Q_1 的新工况点，相应的水泵特性曲线为 B_1，A 则是由 A_0 向上平移得到的管路特性曲线，导致最不利点水压高升为 H_1，$H_1 > H_0$，二者的差值为多余浪费的水头，即图 3.40 中的阴影部分，另外，泵出口处恒压对用户而言是变

压，水压波动范围是 $H_0 \sim H_1$，能否保证用户的最低水压，其控制可靠性存在疑问。

（2）控制点设置在最不利点。

将控制点设于最不利点，以最不利点水压标高 H_0（图 3.40）值作为控制系统的调节目标。随用水量大小的变化调节水泵转速，使水泵特性曲线变化，而管路系统特性曲线 A_0 恒定不变，水泵工况点始终在 A_0 上移动，最不利点水压不变，始终为 H_0。例如，供水量为 Q_1 时，水泵特性曲线为 B_2，工况点为 C，供水压等于需要的水压，没有能量的浪费。与泵出口恒压控制相比，在同样供水量时将使水泵以较低的转速工作，消除了图中阴影部分的能量浪费，实现最大限度的节能供水。

除此之外，在最不利点进行压力控制还保证了用户水压的稳定，无论管路系统特性曲线等因素发生什么变化，最不利点的水压是恒定的，保证了水压的可靠性。这种压力控制方式仅是改变压力传感器的安装位置，增加相应信号线的长度。过去采用的是以电压信号输出的压力传感器，由于存在信号衰减等问题而对设置距离有所限制；目前，新型的以电流信号输出的传感器，适宜于较长距离的信号传送，为选择合理的压力控制点位置创造了技术条件。

综上所述，在进行加压给水系统设计时，压力控制点的位置选择是重要的内容。对气压给水系统而言，气压罐的安装位置是一个影响系统技术性能与经济效益的重要因素，不可片面地强调气压罐设在较低处的优点，而应在条件允许时尽可能将压力控制点或气压罐设于供水的最不利点及较高处，特别在居住小区等规模较大的加压给水系统中更应给予重视。这样，可以改善供水技术性能，稳定或减小供水水压波动，减小气压罐容积和承压，尤其在节能方面可有效地减小供水能量浪费。

无论对于气压给水系统还是变频调速给水系统，还应注意水泵的高效工作区域等问题。但根据前述分析，将压力控制点设于最不利点，无疑将更易于实现水泵在高效区运转。

在实际工程中，可能受具体因素的限制，不宜将压力控制点设于最不利点处。较现实的做法应是在条件允许的情况下，尽可能将压力控制点靠近最不利点。这种方案对给水设备本身无显著的影响与改变，尤其变频调速给水系统更是如此。因此，这是一种先进、实用、可行的方案，能获得良好的技术经济效果。

▎3.6 离心泵的使用与维护

离心泵及其机组的使用与维护是水泵及泵站管理中的一项重要工作。只有通过对离心泵的正确使用和合理维护才能保证其长期稳定、高效地运行，以满足工程实际的需要。

3.6.1　离心泵的使用

使用离心泵要达到安全、可靠、高效、低耗的要求，使用人员应严格遵守安全操作规程和各项管理制度，熟悉离心泵及其机组中各机电设备构造性能，掌握离心泵的运行操作方法，使水泵的运行经常处于最佳工作状态。

1. 使用前的检查

使用离心泵前，应按安装或检修的相关质量标准检查与验收泵及其机组各项技术数据是否符合规定。具体工作如下。

（1）检查水泵、动力机的底脚螺栓、联轴器螺钉等，如有松动、脱落，应予拧紧。

（2）盘车检查，慢慢转动联轴器或皮带轮，查看水泵转动部分是否灵活，并观察水泵内有无落入异物。

（3）检查轴承中的润滑油是否清洁和适量，用机油润滑的轴承，要注意油位是否适当，轴承采用水冷方式的，应保持冷却水管的通畅。

（4）检查水泵填料松紧是否适宜、引入填料函的水封管路有无堵塞。

（5）离心泵开机运行前，泵内和吸水管都要充满水。对小型水泵多采用人工灌水、手压泵充水，对中、大型水泵可采用真空泵抽气充水，或水泵采取淹没式安装的则打开进水阀门自行充水。

（6）如果是第一次启用或重新安装的水泵，应检查其旋转方向是否正确。

2. 使用中的管理

1）开机步骤

当使用前的检查工作完成并符合运行条件时，即可开机运行。

离心泵泵壳完成充水后，应立即开启动力机（用真空泵抽气的机组应关闭真空管路阀门），与此同时，逐渐将出水闸打开，机组即投入运行。

2）运行监控

（1）水泵投入使用后，注意其运行是否平稳，有无不正常的声音和振动，如有应查明原因加以消除。

（2）水泵填料函处滴水是否符合规定，否则应调整填料压盖的松紧。

（3）监视轴承的温度，其允许温度，滑动轴承不得超过 70℃，滚动轴承不得超过 95℃，还要检查润滑油的油质和油量。

（4）装有真空表和压力表的，注意指针读数是否正常，运行中，如果压力表、真空表指针突然变动，应检查原因，设法消除。

（5）经常检查水泵进口有无泥沙淤积、堵塞，拦污栅的清污状况，并注意进、出水池水位是否正常，水源的含沙量是否超过规定。

（6）冬季运行应采取防冻措施，注意泵壳、管道不被冻坏，保证抽水畅通。

（7）值班人员应按时记录设备运行情况，如发现异常，应增加记录次数，并分析原因，加以处理。

3.6.2 离心泵的维护

总体上看，离心泵的结构较简单，操作并不复杂，但有时仍会产生一些故障，如不及时消除，势必影响离心泵的正常使用，甚至造成事故。

离心泵及其机组运行期间发生影响正常输水的异常现象称为故障。故障是造成水泵严重损坏或工作人员伤亡等后果的主要原因。

1. 离心泵的故障

离心泵的故障可分为水力故障、机械故障，电气故障等。如抽不出水或出水量不足属于水力故障；泵轴弯曲、轴承损坏属于机械故障；输电线路断路、短路，电压、电流过低或过高则属于电气故障。故障产生的原因可归结为离心泵制造质量低，以及选型、安装、操作、维修及管理不当等。

1) 离心泵的故障、原因及处理

为了便于识别、分析故障现象及产生的原因，从而有针对性地采取处理措施，表3-4中列出了离心泵使用过程中常见的故障现象及其产生的原因和处理方法。

表3-4　离心泵常见故障及其处理

故障现象	产生原因	处理方法
1. 水泵启动后不出水	(1) 冲水不足或抽气不彻底 (2) 进气管道漏气严重 (3) 填料函严重漏气 (4) 泵站总扬程超过了水泵的总扬程 (5) 叶轮固定螺母及键脱出 (6) 水泵的转速太低 (7) 进水口叶轮流道堵塞	(1) 继续充水或抽气 (2) 堵塞、修理漏气部位 (3) 压紧填料或更换填料 (4) 减少管道损失扬程或更换扬程较高的水泵(或叶轮) (5) 检查并重新紧固 (6) 调整提离水泵转速 (7) 消除进水口与叶轮堵塞物
2. 水泵出水量不足	(1) 进水口淹没深度不够，泵内吸入空气 (2) 密封环或叶轮磨损过多 (3) 动力机功率不足 (4) 闸阀未全开或阀门堵塞 (5) 水泵扬程过高	(1) 改善进水条件，使其淹没深度合适 (2) 更换密封环或叶轮 (3) 加大动力机的功率 (4) 开大阀门或消除阀门堵塞物 (5) 调低水泵扬程或更换水泵
3. 运行时，动力机超负荷	(1) 填料盖上得过紧 (2) 泵轴弯曲、轴承损坏 (3) 叶轮与泵壳有摩擦 (4) 转动部件锈死或被杂物堵塞 (5) 水源含沙量太大 (6) 动力机配套不当，泵大机小	(1) 调整填料压盖的螺母 (2) 校直泵轴、更换轴承 (3) 调整叶轮与泵壳间隙 (4) 除锈或清除杂物 (5) 控制、减少水源含沙量 (6) 重新选配动力机或调小流量
4. 轴承发热	(1) 润滑油量不足，漏油太多 (2) 轴承装配不正确或间隙不当 (3) 轴承损坏 (4) 泵轴弯曲或直联机泵轴线不同心 (5) 皮带传动时，皮带安装太紧	(1) 加油、修理漏油处 (2) 调整、修正 (3) 更换轴承 (4) 调直泵轴，校正两轴线同心度 (5) 适当放松皮带，使松紧合适

（续）

故障现象	产生原因	处理方法
5. 填料函发热或漏水过多	（1）压盖上得过紧 （2）填料函磨损过多或轴套磨损 （3）水封环装置有误	（1）适当放松填料压盖 （2）更换填料或轴套 （3）使水封环的位置对准水封管出口
6. 运转时，产生振动和噪声	（1）底部螺栓松动 （2）叶轮与泵壳发生摩擦 （3）轴承、叶轮损坏 （4）直联机组轴线不同心 （5）进、出水管固定不牢 （6）汽蚀影响	（1）检查后上紧螺帽 （2）检查与调整配合间隙 （3）更换轴承、叶轮 （4）校正调整 （5）加强管道固定部分 （6）分析汽蚀原因，加以消除
7. 转动部件卡死，不能运行	（1）装配错误、定位、找正、找平不符合要求 （2）转动部件锈死或被卡住 （3）轴承损坏被金属碎片卡住	（1）重新装配、校正 （2）除锈或清除阻塞物 （3）更换轴承并清除碎片

2）离心泵故障处理的注意事项

（1）当离心泵出现一般故障时，尽可能不要停机，以便在运转过程中检查和观察故障情况，正确分析产生故障的原因。

（2）检查故障时，应有计划、有步骤地进行，因离心泵运行时发生故障的影响因素较多，所以应先检查经常发生与容易判断的故障原因，然后再检查比较复杂的故障原因。

（3）在进行不停机的故障检查时，应注意安全，只允许进行外部的检查。听音、手摸均不能触及旋转部分，以免造成人身伤亡事故。

（4）水泵的内部故障，只有在不拆卸机件不能完全判明时，才允许拆卸进行解体检查。在拆卸检查的过程中，应测定有关配合间隙等技术数据，供分析故障使用。

（5）结合对水泵运行故障的分析处理，应检查水泵使用、维护管理工作的缺陷，并摸索出改进措施。

（6）对于突如其来的严重故障，例如，水锤压力的作用，打坏出水管道或逆止阀门等事故，此时，值班人员应沉着冷静，迅速无误地停止动力机的运转，尽可能防止事故扩大，并采取措施防洪排水，确保人身、设备安全。

2．离心泵的检修

为了使离心泵经常保持良好的工作状态，在每次机组使用结束后或使用了一段时间后，都必须对离心泵进行检查、保养和修理，排除可能存在的缺陷，更换损坏的部件，检查与调整配合部件的间隙等，以使离心泵能长期顺利、可靠地投入运行。

1) 检修项目

(1) 拆卸与装配。

离心泵的拆卸装配，应按照水泵厂产品使用说明书的要求进行，切忌盲目拆装。

(2) 小修项目。

经过一段时间的使用后（累计运行 1000 小时左右），如果离心泵运转正常，则不必将其全部拆，卸维护，仅进行以下小修：

① 检修并清洗轴承、油槽、油杯，更换润滑油；

② 检查并调整离心泵叶轮、口环的间隙；

③ 处理或更换变质、硬化、磨损的填料；

④ 检查并紧固各部分的连接螺钉；

⑤ 检查轴流泵橡胶轴承磨损情况，必要时更换橡胶轴承。

(3) 大修项目。

离心泵的大修，在累计工作 2000 小时以上时进行。大修是在离心泵拆卸解体之后，进行全面的检查与缺陷处理工作。其内容包括：

① 执行维护、小修项目；

② 进行全面的清洗工作，如清洗叶轮、轴承、螺丝等；

③ 检查外壳有无裂缝、损伤、穿孔，接合面或法兰连接处有无漏水、漏气现象，必要时进行修补；

④ 必要时更换叶轮的口环、叶轮、轴套；

⑤ 检查滚动轴承滚珠是否破损，间隙是否合格，在轴上安装是否牢固，必要时更换轴承；

⑥ 检查轴瓦有无裂缝、斑点，必要时进行轴瓦间隙调整处理；

⑦ 校正离心泵机组联轴器的中心。

2) 检修注意事项

(1) 离心泵的拆卸与装配应按拆装顺序进行，不能蛮干。要记住各部件相互间的装配关系，易混淆的部件应有标志，以免装错。

(2) 拆下较大的零件应放在工作台或木板上，以防碰坏。较小的零件应放在事先准备好的容器内，以免丢失。

(3) 在拆卸装配过程中，应合理使用工具。禁止用大榔头敲打部件，用小榔头敲打的部件，在敲打的地方，应该用木块等垫起来。

(4) 在拆开密合连接面时，不得用螺丝刀插入。所有部件的密合面、摩擦面、精加工面等地方，必须保持光洁，不要用砂纸打磨，更不要碰伤。

(5) 螺帽卡住或锈死时，可先浇上机油，待机油渗入螺纹中后，比较容易将它拧松。禁止用凿子或扁铲等刀具拆卸螺帽，只有实在无法拆卸时，才允许损坏螺帽。

(6) 螺帽拆下后，应把它放在原来的螺杆上一起保存。拆下的螺钉最好在机油中清洗，安装螺杆、螺帽之前，应将螺钉擦拭干净。

(7) 检查测量工具的质量规格是否合乎要求，对于精密的量具应妥善保管。

(8) 拆卸离心泵叶轮螺帽、滚动轴承等部件，注意使用专用工具，不要乱拧、乱敲打。

(9) 对于泵轴的修补、校直，轴瓦的挂瓦，轴颈的镀铬等，一般应送有关机械修理厂进行,有条件自行修理时,必须按工艺规范进行,必须保证维修质量。

(10) 检修的有关质量标准,参照检修规程和有关规定。

本 章 小 结

本章主要介绍了离心泵装置的运行与调节,包括离心泵装置的总扬程,工况点的确定;离心泵装置工况点的调节;离心泵并联及串联运行工况:并联工作的图解原理;并联工作的数解原理;水泵串联工作的图解、数解。

本章的重点是离心泵装置的并联及串联的运行工况、图解、数解原理。

习　　题

1. 为什么一般情况下离心式水泵要闭阀启动而轴流式水泵要开阀启动?

2. 轴流泵为何不宜采用节流调节?常采用什么方法调节工况点?

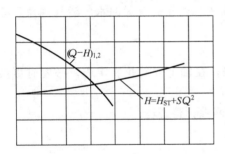

图 3.41　单台水泵特性曲线 $(Q-H)_{1,2}$ 及压水管特性曲线 $H=H_{ST}+SQ^2$

3. 两台同型号水泵对称并联运行,若吸水管路水头损失可忽略不计,其单台水泵特性曲线 $(Q-H)_{1,2}$ 及压水管路特性曲线 $H=H_{ST}+SQ^2$ 如图 3.41 所示。试图解定性说明求解水泵装置并联工况点的过程(要求写出图解的主要步骤和依据)。

4. 三台同型号水泵并联运行,其单台水泵特性曲线 $(Q-H)_{1,2}$ 及管路特性曲线 $H=H_{ST}+SQ^2$ 如图 3.41 所示。试图解定性说明求解水泵装置并联工况点的过程(要求写出图解的主要步骤和依据)。

5. 已知水泵在 n_1 转速下的特性曲线 $(Q-H)_1$ 如图 3.42 所示,若水泵变速调节后转速变为 n_2,试图解定性说明翻画 $(Q-H)_2$ 特性曲线的过程(要求写出图解的主要步骤和依据)。

6. 已知管路特性曲线 $H=H_{ST}+SQ^2$ 和水泵特性曲线 $(Q-H)$ 的交点为 A_1,但水泵装置所需工况点 A_2 不在 $(Q-H)$ 曲线上,如图 3.43 所示,若采用变径调节使水泵特性曲线通过 $A_2(Q_2,H_2)$ 点,则水泵叶轮外径 D_2 应变为多少?试图解定性说明(要求写出图解的主要步骤和依据)。

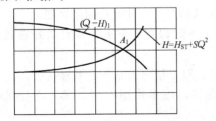

图 3.42　水泵在 n_1 转速下的特性曲线 $(Q-H)_1$

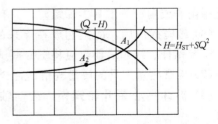

图 3.43　管路特性曲线和水泵特性曲线

7. 水泵输水流量 $Q = 20\text{m}^3/\text{h}$，安装高度 $H_g = 5.5\text{m}$（图 3.44），吸水管直径 $D = 100\text{mm}$，吸水管长度 $L = 9\text{m}$，管道沿程阻力系数 $\lambda = 0.025$，局部阻力系数底阀 $\zeta_e = 5$，弯头 $\zeta_b = 0.3$，求水泵进口 $C—C$ 断面的真空值 p_{vc}。

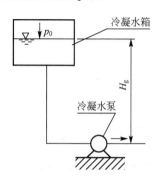

图 3.44 某水泵安装图

第4章
其 他 泵

教学目标

本章主要叙述射流泵、气升泵、往复泵和螺旋泵的工作原理、基本构造、性能特点及适用场合。通过本章学习，应达到以下目标：

(1) 掌握射流泵、气升泵、往复泵和螺旋泵的工作原理；

(2) 了解射流泵、气升泵、往复泵和螺旋泵的基本构造、性能特点及适用场合。

教学要求

知识要点	能力要求	相关知识
射流泵的工作原理、基本构造、性能特点及适用场合	(1) 掌握射流泵的工作原理 (2) 了解射流泵的基本构造 (3) 了解射流泵的性能特点 (4) 掌握射流泵的使用场合	(1) 射流泵运行元件 (2) 射流泵的基本方程 (3) 射流泵的使用场所
气升泵的工作原理、基本构造、性能特点及适用场合	(1) 掌握气升泵的工作原理 (2) 了解气升泵的基本构造 (3) 了解气升泵的性能特点 (4) 掌握气升泵的使用场合	(1) 气升泵的基本构造、工作原理 (2) 气升泵的使用场合
往复泵的工作原理、基本构造、性能特点及适用场合	(1) 掌握往复泵的工作原理 (2) 了解往复泵的基本构造 (3) 了解往复泵的性能特点 (4) 掌握往复泵的使用场合	(1) 双动往复泵 (2) 三动往复泵 (3) 往复泵的启动程序
螺旋泵的工作原理、基本构造、性能特点及适用场合	(1) 掌握螺旋泵的工作原理 (2) 了解螺旋泵的基本构造 (3) 了解螺旋泵的性能特点 (4) 掌握螺旋泵的使用场合	(1) 螺旋泵装置的主要组成 (2) 螺旋泵效率的主要参数

基本概念

射流泵、往复泵、螺旋泵、气升泵、射流泵基本方程、空气过滤器。

4.1 射 流 泵

射流泵也称水射器。1852 年，英国的 D. 汤普森首先使用射流泵作为实验仪器来抽除水和空气，20 世纪 30 年代起，射流泵开始迅速发展。

按照工作流体的种类，射流泵可以分为液体射流泵和气体射流泵，其中又以水射流泵和蒸汽射流泵最为常用。射流泵主要用于输送液体、气体和固体物。射流泵的实物图及构造如图 4.1 所示，其由喷嘴 1、吸入室 2、混合室(喉管)3 以及扩散管 4 等部分所组成，一般采用铸造或焊接的结构形式。由于射流泵构造简单，工作可靠，在给水排水工程中得到了广泛的应用。

(a) 射流泵实物图

(b) 射流泵构造

图 4.1　射流泵的实物图及构造

1—喷嘴；2—吸入室；3—混合室；4—扩散管

4.1.1　射流泵的构造及工作原理

射流泵的运行工作元件由喷嘴、吸入室、混合室和扩散管四部分组成。

(1) 喷嘴：喷嘴的作用相当于射流泵的电机，与孔板流动相似。一般的喷嘴是设计成圆锥或平滑的流线型收缩管，在喷嘴出口地方，工作液体的流速很高，为了减小水力损失，不能设计得很长。喷嘴一般采用螺纹与泵体相连接，便于拆换。

(2) 吸入室：按工作液体面被吸液体的流向来分，有平行和斜交(垂直)两种，在抽送固体物时吸入管道设计成锥形，以提高吸入泥浆浓度，防止管口被堵塞。

(3) 混合室：又称喉管。一般是一个直的长圆筒，可以有一定的张角。混合室的作用是使产液和动力液在其中完全混合，交换动量。混合室直径要比混合室出口直径大，喷嘴和混合室之间的环形面积是产液进入混合室时的吸入面积。

(4) 扩散管：扩散管的作用是把射流泵喉管出口处的动能转变为压能。扩散管的截面积沿流动方向逐渐增大，一般采用一个张角，也可采用多个张角，扩散管是一个将动能转换成压力的能量转换器。

射流泵的工作原理如图 4.2 所示，高压水以流量 Q_1 由喷嘴高速射出时，连续挟走了吸入室 2 内的空气，在吸入室内造成不同程度的真空，被抽升的液体在大气压力作用下，以流量 Q_2 由管 5 进入吸入室内，两股液体(Q_1+Q_2)在混合室 3 中进入能量的传递和交换，使流速、压力趋于拉平，然后，经扩散管 4 使部分动能转化为压能后，以一定流速由管道 6 输送出去。

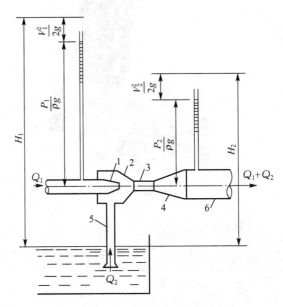

图 4.2 射流泵工作原理

1—喷嘴；2—吸入室；3—混散管；4—扩散管；5—吸水管；6—压出管

在图 4.2 中：H_1 为喷嘴前工作液体具有比能(mH$_2$O)；H_2 为射流泵出口处液体具有比能，也即射流泵的扬程(mH$_2$O)；Q_1 为工作液体的流量(m^3/s)；Q_2 为被抽液体的流量(m^3/s)。

两种不同速度的液体在混合室中混合时必然会产生撞击损失，另外，由于混合室内壁的摩擦损失，以及在扩散管中的扩散损失都会引起效率的下降，特别是在混合室进口附近的压力达到饱和蒸汽压力时，就会产生气蚀，引起效率急剧下降。由于射流泵是依靠液体质点之间的相互作用来传递能量，因此，能量损失较大，效率较低。一般最高效率为 30% 左右。

4.1.2 射流泵基本方程及简化计算

射流泵基本方程 $h=f(mg)$ 以无量纲参数扬程比(压头比)β、流量比 α 和断面比 m 来表征射流泵内的能量变化，以及各基本零件(喷嘴、混合室、扩散管和混合室进口)对性能的影响。它的作用和叶片泵基本方程相似，是设计、制造、运行与改进射流泵的理论依据。

液流在射流泵内的运动比较复杂，是属于有界伴随射流。推导射流泵基本方程的方法是根据射流泵的边界条件，运用水力学和流体力学的基本定理，导出基本方程，并通过一定数量的试验资料确定方程中的流速系数或阻力系数。在近百年对射流泵研究的历史中，国内外的学者根据对实际流动做不同的简化假设，而得出形式不同的基本方程表达式，但其本质是相同的。

由于射流泵的能量转换主要是在混合室内进行，因此，在研究它的工作过程时，应当首先研究在混合室内的混合过程。假定工作液体和被抽液体在进入混合室前的截面1—1和混合室进口截面2—2之间不发生混合，工作液体和被抽送液体在进入混合室的进口截面上的液流流速分布均匀且平行，混合室进、出口断面上的压力分布也是均匀的，如图4.3所示。

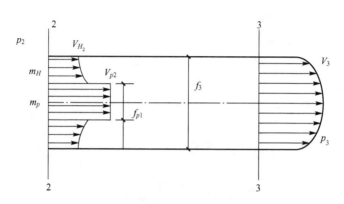

图 4.3 混合室进口和出口截面上速度分布示意图

因此，对于任意形状混合室内液流的动量变化 u 可表示为：

$$m_p V_{p_2} + m_H V_{H_2} - (m_p + m_H)V_3 = p_3 f_3 + \int_3^2 p\,\mathrm{d}f - (p_{p_2} f_{p_2} + p_{H_2} f_{H_2}) \quad (4-1)$$

式中：V_{p_2}——在混合室进口截面上工作液体的速度(m/s)；

$\quad V_{H_2}$——在混合室进口截面上被抽送液体的速度(m/s)；

$\quad V_3$——在混合室出口截面上混合液体的速度(m/s)；

$\quad p_{p_2}$——在混合室进口截面上工作液体的静压力(N/m²)；

$\quad p_{H_2}$——在混合室进口截面上被抽送液体的静压力(N/m²)；

$\quad p_3$——混合室出口截面上混合液体的静压力(N/m²)；

$\quad f_{p_2}$——工作液体进入混合室时的截面面积(m²)；

$\quad f_{H_2}$——被抽送液体进入混合室时的截面面积(m²)；

$\quad f_3$——在混合室出口处混合液体的截面面积(m²)；

$\int_3^2 p\,\mathrm{d}f$——在2—2和3—3截面之间作用在混合室壁面上力的冲量的积分；

$\quad m_p$——工作液体的质量流量(kg/s)；

$\quad m_H$——被抽送液体的质量流量(kg/s)。

根据上式可以推导出具有圆柱形混合室的射流泵的特性曲线方程有如下形式：

$$\frac{\Delta P_c}{\Delta P_p} = \varphi_1^2 \frac{f_{p_1}}{f_{p_3}}\left[2\varphi_2 + \left(2\varphi_2 - \frac{1}{\varphi_4^2}\right)\frac{f_{p_1}}{f_{H_2}}\alpha^2 - (2-\varphi_3^2)\frac{f_{p_1}}{f_3}(1+\alpha)^2\right] \quad (4-2)$$

式中：φ_1——喷嘴的速度系数；

$\quad \varphi_2$——混合室的速度系数；

φ_3——扩散管的速度系数；

φ_4——混合室进口的速度系数；

ΔP_c——射流泵的压力(N/m^2)，$\Delta P_c = P_c - P_H$；

ΔP_p——工作压力(N/m^2)，$\Delta P_p = P_p - P_H$；

P_p——喷嘴前工作液体的压力(N/m^2)；

P_c——在射流泵扩散管后混合液体的压力(N/m^2)；

P_H——喷嘴前被抽送液体的压力(N/m^2)。

$$流量比\ \alpha = \frac{被抽液体流量}{工作液体流量} = \frac{m_H}{m_p} = \frac{Q_2}{Q_1}$$

根据试验研究，推荐的速度系数值为：

$$\varphi_1 = 0.95;\ \varphi_2 = 0.975;\ \varphi_3 = 0.9;\ \varphi_4 = 0.925$$

则式(4-2)变成：

$$\frac{\Delta P_c}{\Delta P_p} = \frac{f_{p_1}}{f_{p_3}}\left[1.75 + 0.75\frac{f_{p_1}}{f_{H_2}}\alpha^2 - 1.07\frac{f_{p_1}}{f_3}(1+\alpha)^2\right] \tag{4-3}$$

$$压头比\ \beta = \frac{射流泵扬程}{工作压力} = \frac{H_2}{H_1 - H_2} = \frac{\Delta P_c}{\Delta P_p}$$

$$断面比\ m = \frac{喷嘴断面}{混合室断面} = \frac{f_{p_1}}{f_3}$$

射流泵的计算通常是按已知的工作流量和扬程，以及实际需要抽吸的流量和扬程来确定射流泵各部分的尺寸。计算常采用试验数据和经验公式来进行。目前，这方面的公式与图表甚多，实际中有时因适用条件的差异，加工精度的不同，使用数据彼此出入较大。因此，在实用中可按运行情况作适当调速。表4-1所示为射流泵效率较高时(达30%左右)其参数 α、β、m 之间的关系。

表 4-1　射流泵 α、β、m 参数

m	0.15	0.20	0.25	0.30	0.40	0.50	0.60	0.70	0.80	0.90	1.00
α	2.00	1.30	0.95	0.78	0.55	0.38	0.30	0.24	0.20	0.17	0.15
β	0.15	0.22	0.30	0.38	0.60	0.80	1.00	1.20	1.45	1.70	2.00

下面举例说明利用表4-1的参数来计算射流泵尺寸的方法。

【例4-1】 如图4.2所示，已知抽吸流量 $Q_2 = 5L/s$，射流泵扬程 $H_2 = 7mH_2O$，喷嘴前工作液体所具比能 $H_1 = 33mH_2O$。求射流泵各部分尺寸。

【解】 (1)工作液体流量 Q_1：

$$\beta = \frac{H_2}{H_1 - H_2} = \frac{7}{33-7} = \frac{7}{26} = 0.27$$

查表4-1得：流量比 $\alpha = 1.12$，断面比 $m = 0.23$，因此：

$$Q_1 = \frac{Q_2}{\alpha} = \frac{0.005}{1.12} = 0.0045(m^3/s)$$

(2)喷嘴及混合室断面积：

由水力学中管嘴计算公式得知：

$$Q_1 = F_1\Phi\sqrt{2gH_1}$$

式中：Φ——喷嘴的流量系数，取 $\Phi=0.95$；

$\quad$ F_1——喷嘴断面积（m^2）。

所以 $\qquad F_1=\dfrac{Q_1}{\Phi\sqrt{2gH_1}}=\dfrac{0.0045}{0.95\sqrt{2\times9.8\times33}}=0.000186(m^2)=186mm^2$

喷嘴直径 $\qquad d_1=1.13\sqrt{F_1}=1.13\sqrt{186}=15.4(mm)$

混合管断面积 $\qquad F_2=\dfrac{F_1}{m}=\dfrac{186}{0.23}=807(mm^2)$

混合管直径 $\qquad d_2=1.13\sqrt{F_2}=1.13\sqrt{807}=32(mm)$

（3）喷嘴与混合管的间距 l：

一般资料提出：$l=(1\sim2)d_1$ 较为合适，这里可取 $l=16\sim30mm$。

（4）混合管形式及长度 L_2：

混合管有圆柱形和圆锥形两种，经过试验对比，在技术条件相同的条件下，圆柱形混合管射流泵的效能普遍优于圆锥形混合管。这是因为前者混合管较长，工作液体与被抽吸液体在其中能充分混合，能量传递也很充分，因而效能较高。本例题采用圆柱形混合管。长度 L_2 根据许多试验资料表明按 $L_2=(6\sim7)d_2$ 较佳，本例题采用 $L_2=6d_2=6\times32=192(mm)$。

（5）扩散管长度 L_3 及扩散管圆锥角 θ：

按试验推荐扩散管圆锥角 θ 以不超过 $8°\sim10°$ 为佳，扩散管长度 $L_3=\dfrac{d_3-d_2}{2\tan\frac{\theta}{2}}$。

如取 $\theta=8°$，d_3 取 67mm（公称管径为 70mm），则：
$$L_3=\frac{67-32}{2\tan4°}=\frac{17.5}{0.0699}=250(mm)$$

（6）喷嘴长度 L_1：

收缩圆锥角一般不大于 $40°$，喷嘴的另一端与压力水管相连接。这里 $Q_1=4.5L/s$，压力水管管径取 50mm，则：
$$L_1=\frac{50-15}{2\tan20°}=\frac{17.5}{0.364}=45(mm)$$

（7）射流泵效率 η：
$$\eta=\frac{\gamma Q_2H_2}{\gamma Q_1(H_1-H_2)}=\alpha\beta=1.12\times0.27=0.3$$

（8）关于吸入室的构造，应保证实现 l 值的调整范围，同时吸水口位于喷口的后方，吸入口处被吸水的流速不能太大，务必使吸入室内真空值 $H_s<7mH_2O$。

4.1.3 射流泵的性能及应用

射流泵与其他泵比较，其优点主要包括：
（1）构造简单、尺寸小、重量轻、价格便宜；
（2）便于就地加工，安装容易，维修简单；
（3）无运动部件，启闭方便，当吸水口完全露出水面后，断流时无危险；
（4）可以抽升污泥或其他含颗粒液体；
（5）可以与离心泵联合串联工作从大口井或深井中取水；

（6）具有不用油、无污染、耐腐蚀、噪声低、工作可靠、无泄漏的特点，不需要专门人员看管。

其缺点主要是效率较低，一般不超过30％。但新发展的多股射流泵、多级射流泵和脉冲射流泵等传递能量的效率已有所提高。

在给水排水工程中，射流泵一般用于以下几种情况。

（1）用作离心泵的抽气引水装置，在离心泵泵壳顶部接一射流泵，当泵启动前可用外接给水管的高压水，通过射流泵来抽吸泵体内空气，达到离心泵启动前抽气引水的目的。

（2）在水厂中利用射流泵来抽吸液氯和矾液，俗称"水老鼠"。

（3）在地下水除铁曝气的充氧工艺中，利用射流泵作为带气、充气装置，射流泵抽吸的始终是空气，通过混合管进行水气混合，以达到充氧的目的。这种水、气射流泵一般称为加气阀。

（4）在排水工程中，作为污泥消化池中搅拌和混合污泥用泵。近年来，用射流泵作为生物处理的曝气设备及浮净化法的加气设备发展异常迅速。

（5）与离心泵联合工作以增加离心泵装置的吸水高度。如图4.4所示，它由离心泵、

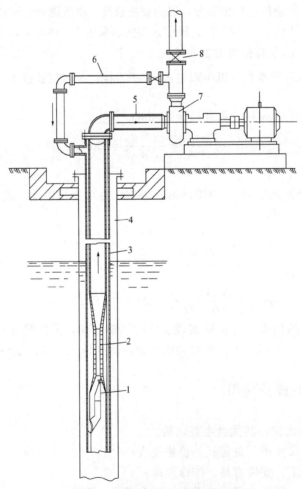

图4.4　射流泵与离心泵联合工作

1—喷嘴；2—混合管；3—套管；4—井管；

5—泵吸水管；6—工作压力水管；7—泵；8—闸阀

射流泵及输水管路组成。离心泵安装在井上，射流泵安装在井下。运行时，离心泵抽上来的水，一部分沿工作水管至射流泵，使井水上升至离心泵允许吸水高度范围内，供离心泵吸入；另一部分经钻水管送出出水池。我国生产的 SB 型射流式深井泵提水深度可达 30m，流量为 4～40m³，射流泵效率为 25％～35％。该泵适用于地表水缺乏，地下水较深的平原、丘陵和牧区的小面积灌溉、人民生活用水和牲畜用水。

（6）在土方工程施工中，用于井点来降低基坑的地下水位等。

（7）在井渠结合的灌区内，以井泵出口的剩余水头为动力，用射流泵来提高渠道水位，以满足高地灌溉的要求。这种装置结构简单、投资小。在基坑排水中以上游围堰水头作为动力，利用射流泵排水，基本上不耗用电力和燃料，能连续工作，保持基坑干燥。

（8）用液气射流泵吸入泡沫剂和空气后再喷射进行消防，可以产生大量泡沫，达到灭火的目的，特别适用于油库灭火。

4.2 气　升　泵

气升泵又名空气扬水机。气升泵是由空气压缩机和升液器组成。空气压缩机一般是定型产品，而升液器则主要是用管材在使用现场临时装配而成。空气压缩机供应具有一定压力的压缩空气，升液器是使压缩空气的能量产生作用和做有益功，使水上升的装置。升液器的基本构造是由扬水管、输气管、喷嘴和气水分离箱四个部件组成。构造简单，在现场可以利用管材就地装配。

4.2.1　气升泵的构造及工作原理

1. 气升泵的工作原理

升液器是气升泵的主要组成部分，升液器效率的高低在很大程度上决定了气升泵效果的高低。图 4.5 为一个深井的气升泵的升液器装置示意。地下水的静水位为 0—0，来自空气压缩机的压缩空气经过输气管 2 经喷嘴 3 输入扬水管 1，于是，在扬水管中形成了空气和水的水气乳状液，沿扬水管上涌，流入气水分离箱 4，在该箱中，水气乳状液以一定的速度撞在伞形钟罩 7 上，由于冲击而达到了水气分离的效果，分离出来的空气经气水分离箱顶部的排气孔 5 溢出，落下的水则借重力流出，由管道引入清水池中。

扬水管中，水之所以被抽升，其原因可以用连通管的物理规律来解释。因为，在连通器中，相同比重的液体的液面保持在相同的水平上；不同比重的液体的液面不在一个水平上，比重小的液体的液面高，比重大的液体的液面低。气管末端的混合器下至水面以下某一深度，压缩空气通过混合器进入抽水管，气与水在抽水管内混合而变成一种比重比水小的乳状混合液。天然水的比重一般为 1，而上升的混合液的比重一般为 0.15～0.25。在高度为 h_1 的水柱压力作用下，根据液体平衡的条件，水气乳液便上升至 h 的高度，其等式如下：

$$\rho_w g h_1 = \rho_m g H = \rho_m g (h_1 + h) \tag{4-4}$$

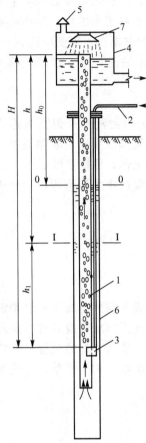

图 4.5 升液器构造

1—扬水管；
2—输气管；3—喷嘴；
4—气水分离箱；5—排气孔；
6—井管；7—伞形钟罩

式中：ρ_w——水的密度(kg/m^3)；

$\qquad\rho_m$——扬水管内水气乳液的密度(kg/m^3)；

$\qquad h_1$——井内动水位至喷嘴的距离，称为喷嘴淹没深度(m)；

$\qquad h$——提升高度(m)。

只要 $\rho_w g h_1 > \rho_m g H$ 时，水气乳液就能沿扬水管上升至管口而溢出，气升泵就能正常工作。将式(4-4)移项可得：

$$h = \left(\frac{\rho_w}{\rho_m} - 1\right)h_1 \qquad (4-5)$$

由式(4-5)可知，要使水气乳液上升至某高度 h 时，必须使喷嘴下至动水位以下某一深度 h_1，并需供应一定量的压缩空气，以形成一定的 ρ_m 值。水气乳液的上升高度 h 越大，其密度 ρ_m 就越小，需要消耗的气量也应越大，而喷嘴下至动水位以下的深度也应越大。因此，压缩空气量和喷嘴淹没深度是与水气乳液上升高度 h 值直接有关的两个因素。

实际上，根据上述液体平衡条件得到的关系，在运动的气水混合物条件下并不正确。因为，在气升泵中，能量的消耗不仅是把液体从低处提到高处，而且还要克服运动中的阻力和传给液体的动能。此外密度只为水的八百分之一的气泡的上升运动是液体能够上升的一个重要原因。但是，气体、液体与固体在管内的混合运动情况是比较复杂的。在许多情况下，需凭借试验数据来分析和解决问题。

在式(4-5)中，当 h_1 为常数时，可以作出如图4.6所示的升水高度 h 和水汽乳液密度 ρ_m 之间的理论关系曲线。如图中实线所示，在 ρ_m 接近于零时，升水高度将趋向于无穷大，当 $\rho_w = \rho_m$ 时，即没有通入空气时，升水高度 h 为零。从试验可知，如果 ρ_m 小到某一个临界值 ρ'_m 时，再减小 ρ_m 就会引起升水高度 h 的减小，这是因为水力阻耗很快增长和空气泡过大使水流发生断裂的缘故。因此，实际的 $h = f(\rho_m)$ 的关系曲线将如图4.6上的虚线所示。

根据许多试验结果指出，要使气升泵具有较佳的工作效率 η，必须注意 h、h_1 和 H 三者之间应有一个合理的配合关系。h_1 与 H 的关系一般用淹没深度百分数 m 来表示，即：

$$m = \frac{h_1}{H}100(\%) \qquad (4-6)$$

根据升水高度 h 选择较佳的 m 值时，可参照表4-2所示的试验资料。

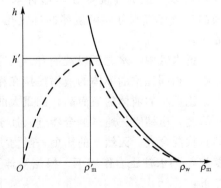

图 4.6 h-ρ_m 曲线

表 4 - 2 升水高度与较佳 m 值关系

升水高度 h(m)	较佳的 m 值
<40	70～65
40～45	65～60
45～75	60～55
90～120	55～50
120～180	45～40

由表 4 - 2 可看出：在升水高度很小时，淹没深度大大地超过了升水高度。故气升泵在抽升地下水时，要求井打得比较深，以便满足喷嘴淹没深度的要求。例如：已知抽水高度 $h=30$m，查表 4 - 2 得 $m=0.7$，代入式(4 - 4)可求出 $h_1=70$m。也就是说，该装置在升水高度为 30m 时，喷嘴淹没深度在动水位以下要 70m。

另外，h 与 H 的关系，一般以淹没系数 $K=\dfrac{H}{h}$ 表示。最佳 K 值可参照表 4 - 3 选择。一般 K 大效率 η 高，同时 h 也大；因此在抽水时间短的情况下，常取小 K。

表 4 - 3 升水高度 h 与最佳淹没系数 K 值的关系

h(m)	<15	15～30	30～60	60～90	90～120
$K=\dfrac{H}{h}$	3～2.5	2.5～2.2	2.2～2.0	2.0～1.75	1.75～1.65
η	0.59～0.57	0.57～0.54	0.54～0.50	0.50～0.41	0.41～0.40

与离心泵或活塞泵等泵类相比，气升泵的主要缺点有：一是效率低，能量消耗大；二是喷嘴要沉入水位以下一定深度，抽水钻孔往往需要延深。但是，气升泵却有一些独特的优点。下列各项便是气升泵的优点：

(1) 易于装配，生产管理和维修均较简便。

(2) 钻孔内无活动部件，工作可靠性大，只要有备用空气压缩机，工作不易中断。

(3) 气升泵的扬程高，流量大。采用多级升液器或分段启动的办法，使气升泵抽水高度达到数百米是很容易的；在钻孔直径为 150mm 和套管外径为 146mm 的条件下，当抽水高度为 20m 左右时，气升泵的抽水量可达到 100m³/h 左右。

(4) 可用改变气量的方法调节抽水量和水位降深值。

(5) 易于从若干钻孔内同时抽水。

(6) 可在偏斜钻孔中抽水。

(7) 只要组成升液器的管材耐腐蚀，可用气外泵抽取具有腐蚀性的液体。

(8) 不但可提取含有泥砂的液体，还可提取泥浆、矿浆、河砂、煤和细小碎石等物体。

(9) 升液器要求的"工作场地"很小，适于在断面狭窄的井巷内工作。

(10) 使用气升泵，易于实现提升工作的自动化。

(11) 气升泵由空气压缩机和管材组成。因空气压缩机和管材有多种多样的规格型号，故可以根据实际需要装配出多种用途和多种规格的气升泵。

2. 气升泵的主要部件

如图 4.7 所示为气升泵装置的总图。气升泵的工作流程为空气经过滤器进入空气压缩机，通过风罐消除脉动影响，经输气管由喷嘴注入井管中的扬水管内，制造成水气混合的乳状液才能将水提升。出管后，在气水分离箱内进行脱气和排气，脱气后的水流往净水池，或由水泵输往他处使用。现以空气流径为序，对各组成部件作一下简要介绍。

(a) 气升泵实物图

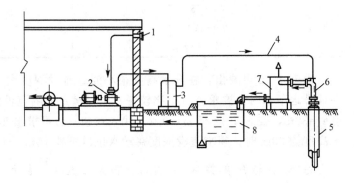

(b) 气升泵装置总图

图 4.7 气升泵

1—空气过滤器；2—空气压缩机；3—风罐；4—输气管；
5—井管；6—扬水管；7—空气分离器；8—清水池

1）空气过滤器

它是空气压缩机的吸气口，其作用是防止灰尘等侵入空气压缩机内。

常用的结构形式是多块油浸穿孔板，以一定的间距排列在框架上，邻板之间的孔眼相互错开，空气穿过前一块的孔眼后就碰到后一块板的油壁上，空气中尘土就被粘在油壁上，这样就达到过滤目的。一般空气过滤器安装在户外离地 2～4m 高的背阳地方。

2）风罐

风罐功用是使空气在罐内消除脉动，能均匀地输送到扬水管中去（如往复式空气压缩机的输气量是不均匀的）。另外，风罐还起着分离压缩空气中携带的机油和潮气的作用。考虑到罐内油挥发的气体遇到高温有产生爆炸的可能性，风罐应置于室外。风罐构造如图 4.8 所示。风罐容积近似可采用表 4-4 表示，其中 W 表示空气压缩机风量（m^3/min），V 表示风罐容积（m^3）。

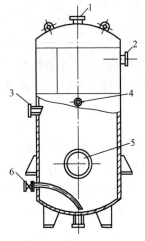

图 4.8 风罐

1—接安全阀；2—接输气管；
3—接进气管；4—接压力表；
5—检查孔；6—排污阀

表 4-4 风罐容积估算

$W(m^3/min)$	$V(m^3)$
＜6	0.2W
6～30	0.15W
＞30	0.1W

3）输气管

管内气流速度不大于 $15\sim20\mathrm{m/s}$，一般采用 $7\sim14\mathrm{m/s}$ 计算输气管直径。在实际工作压力为 $3\sim8\mathrm{kg/cm^2}$ 时，可根据每分钟所需气量值查表 4-5 来确定输气管直径。

表 4-5　输气管直径的确定

所需气量 （$\mathrm{m^3/min}$）	直径 （mm）	所需气量 （$\mathrm{m^3/min}$）	直径 （mm）
0.17~0.50	15~20	11.70~16.70	63~76
0.50~1.00	20~25	16.70~27.00	76~89
1.00~1.70	25~32	27.00~38.40	89~102
1.70~3.40	32~38	38.40~50.00	102~114
3.40~6.70	38~51	50.00~70.00	114~127
6.70~11.70	51~63		

为了排去输气管中的凝结水，管路应向井侧倾斜，坡度为 0.01~0.05。

4）喷嘴

喷嘴的作用是扬水管内造成水气乳液。为了使空气与水充分混合，气泡的直径不宜大于 6mm，由于空气不应集中在一处喷出，需设布气管，按布气管与扬水管的布置方式，喷嘴在扬水管中的位置有并列布置、同心布置及同心并列组合式布置三种，如图 4.9 中（a）、（b）、（c）所示。在并列布置方式中，布气管与抽水管并列，混合器的加工和升液器的安装都较麻烦，但在抽水管和布气管直径、混合器下入深度、空气压缩机供气量均相同的情况下，与同心式升液器相比较，并列式升液器的工作效率较高，抽水量较多，因此，在长期抽水时常采用并列安装方式。同心布置中，混合器的加工和升液器的安装均较方便，与并列方式相比，在钻孔直径相同的条件下，按同心布置方式安装能充分利用钻孔断面，可采用较大直径的抽水管，因而在耗气量较多的前提下可获得较多的抽水量。通常，特别是在钻孔出水量大而直径较小的临时性抽水试验时，大部分都是采用同心布置方式。气管在抽水管之内时，气管和接头对混合液的上升运动妨碍很大，会造成能量的损失。因此，安装升液器时，对同心式和并列式的选择问题实际是一个技术经济对比问题。

同心布置是一段钻有小孔眼的布气管，长为 1.5~2.0m，下端焊牢，上端与输气管连接于扬水管中央位置。在并列条件下，喷嘴是一段钻有小孔眼的抽水管，长约 0.5~1.5m，此段管用数毫米厚的青铜板或钢板罩住，并用气焊或电焊将罩子固定于抽水管

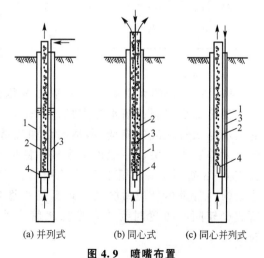

图 4.9　喷嘴布置

(a) 并列式　　(b) 同心式　　(c) 同心并列式

1—井管；2—扬水管；3—输气管；4—喷嘴

上。喷嘴上小孔眼的直径一般均为 3～6mm，小孔是向上倾斜的，这样能使压缩空气向上喷射，升水效果更好。喷嘴上的小孔眼的直径为 4～6mm，所有小孔眼的总面积应大于气管断面的 1.5～2 倍。合理的同心布置和并列布置的喷嘴尺寸分别如表 4-6、表 4-7 所示。

表 4-6　同心式喷嘴加工尺寸

布气管直径 d(mm)	每行孔眼数目	小孔眼直径(mm)	喷嘴长度(mm)	行数
19	6	4	1490	20
25	8	4	1490	20
32	8	5	1490	20
38	8	6	1490	20
50	8	6	1490	20
65	12	6	2075	30
75	15	6	2075	30
100	22	6	2075	30
125	26	6	2075	30

表 4-7　并列式喷嘴加工尺寸

抽水管直径 D (mm)	布气管直径 d (mm)	孔眼直径 (mm)	孔眼间距(mm)		每行数眼	行数	孔眼数目
			a	b			
50～65	19～32	4	12	20	7	20	140
75～90	19～38	4	12	35	10	20	200
10～125	32～50	5	15	40	12	20	240
150～200	38～59～65～75	6	20	30	12	30	360
250～300	50～65～75～100	6	30	30	20	30	600
350～400	75～100～125	6	30	30	25	40	1000

5）扬水管

扬水管直径的大小对升水关系影响很大。扬水管直径过小时，井内水位降落大，抽水量将受到限制；扬水管直径过大时，升水产生间断，甚至不能升水。扬水管直径的大小与水气乳液的流量（即抽水量和气量之和）、流速和升水高度，以及布气管的布置形式等因素有关，一般可按水气乳液流出管口前流速为 6～8m/s 来计算管径，也可由表 4-8 查得。扬水管长度应比喷嘴的管段底长 3～5m，以免气泡溢出管外。为防止锈蚀，管壁内外应做防锈处理。扬水管与布气管并列布置虽使井孔稍大些，但扬水管直径较同心布置时为小，且扬水管内水头损失也较小，因此，一般较多采用并列布置。

表4-8 管路作不同形式布置时，直径与流量的关系

流量(L/s)	管径(mm)					
	并列布置			同心布置		
	扬水管 D	布气管 d	井筒 D_0	扬水管 D_0	布气管 d	井筒 D_0
1～2	40	12	100	—	—	—
2～3	50	12～20	100	50	12.5	75
3～5	63	20～25	150	63	20	100
5～6	63	20～25	150	75	20	100
6～9	75	25～30	150	88	25	125
9～12	88	25～30	200	100	32	150
12～18	100	30～38	200	125	38	175
18～30	125	38～50	250	150	50～63	200
30～45	150	50～63	300	200	75	250
45～60	175	50～63	350	—	—	—
60～75	200	63～75	350～400	250	88	300
75～120	250	75～88	400～450	300	100	350
120～180	300	88～100	450～500	—	—	—

6）气水分离箱

气水分离箱的作用是防止气体随水流走，影响水的流动。气水分离箱的形式很多，常用的是带伞形反射罩的分离箱，如图4.10所示。

(a) 气水分离箱实物图

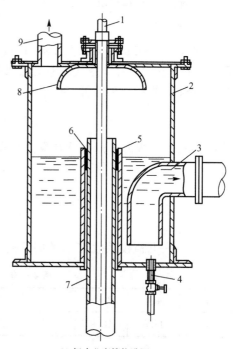

(b) 气水分离箱构造图

图4.10 气水分离箱

1—输气管；2—集水箱；3—出水管；4—放空管；
5—外套管；6—填料；7—扬水管；8—反射钟罩；9—排气管

其合理尺寸，可按抽水量的大小和扬水管的直径，参照表 4 - 9 选用。

表 4 - 9　气水分离箱的主要尺寸(mm)

扬水管径 D	分离箱直径 D_1	分离箱的高度 H_1	外套管高度 H_2	出水管至箱底高 H_3	反射罩直径	反射罩高度	出水管直径
50	600	800	450	300	250	110	100
70	600	800	500	300	250	110	100
100	600	800	500	300	300	125	150
125	700	1000	500	350	400	150	150
150	700	1000	500	350	500	200	150
200	800	1200	600	400	600	250	200
250	1200	1800	700	400	800	250	250
300	1200	1800	700	500	900	350	300

4.2.2　气升泵计算及应用

气升泵计算包括：确定空气压缩机性能参数(风量、风压、轴功率及效率)和气升泵各部件尺寸。现分述如下。

1. 确定空气压缩机性能参数

1) 风量(W_2)

欲知 W_2 必先确定其空气比流量 W_0，然后按气升泵在正常工作时每分钟所需的空气体积 W_1(m³/min)换算成空气压缩机的风量(空气体积指的是换算成一个大气压力下的自由空气体积)。即按下列计算：

$$W_1 = \frac{QW_0}{60}(\text{m}^3/\text{min}) \tag{4-7}$$

式中：W_0——提升 1m³ 的水所需之风量，称为空气比流量。对于并列布置的风管，可按下式计算。

$$W_0 = \frac{h}{\alpha \lg \frac{h(K-1)+10}{10}}(\text{m}^3/\text{m}^3) \tag{4-8}$$

式中：α——与淹没系数 K 有关的系数$\left(K=\dfrac{H}{h}\right)$，见表 4 - 10。

表 4 - 10　淹没系数 K 与 α 的关系

K	4.0	3.35	2.85	2.5	2.2	2.0	1.8	1.7	1.55
α	14.3	13.9	13.6	13.1	12.4	11.5	10.0	9.0	7~8

如果是同心布置时，空气的比流量将较并列布置大一些，可将上述 W_0 乘以 1.05～1.20。考虑管路的漏气损失，空气压缩机应生产的风量 W_2 为：

$$W_2 = (1.1 \sim 1.2)W_1(\text{m}^3/\text{min}) \tag{4-9}$$

2) 风压

气升泵抽水的先决条件之一，是压缩空气的风压要大于从喷嘴至静水间的水柱压力。此压力称为压缩空气的启动压力 p_1。

$$p_1 = 0.1[(Kh - h_0) + 2] \text{(atm)} \quad (1\text{atm} = 0.101325\text{MPa}) \quad (4-10)$$

式中：h_0——静水位至扬水管口之间的高差（m）。

气升泵正常运行时的风压称为压缩空气的工作压力 p_2，它等于喷嘴至动水位之间的水柱压力与空气管路内压头损失之和（在空气压缩机距管井不远时压头损失不超过 5m），所以：

$$p_2 = 0.1[h(K - 1) + 5] \text{(atm)} \quad (4-11)$$

3) 空气压缩机的实际轴功率（N）

实际轴功率 N 即为发动机实际输向空气压缩机的能量。

即：
$$N = 1.25N_0 \text{(kW)}$$

式中：N_0——空气压缩机的计算轴功率（W），$N_0 = N_1 W_2 p_2$；

N_1——单位轴功率（kW），其值取决于空气压缩机的工作压力 p_2 值，可参阅表 4-11 所示。

表 4-11 单位轴功率与工作压力的关系

工作压力 p_2 (atm)	1	2	3	4	5	6	7
单位轴功率 N_1 (kW)	1.427	1.400	1.250	1.180	1.100	1.030	0.933

4) 气升泵效率 η

$$\eta = \frac{1000Qh}{1.36N75} \quad (4-12)$$

式中：Q——抽水量（m³/s）。

2. 气升泵各部件尺寸的确定

扬水管、输水管的直径，可按抽水量大小由表（4-8）查出，喷嘴位置可由 $H = Kh$ 来确定。

【例 4-2】 如图 4.5 所示的气升泵装置，已知钻井深度为 125m，$h_0 = 30$m，$h = 60$m，$K = 2$，井管直径 250mm，预计抽水流量 $Q = 0.014$m³/s = 50m³/h。采用并列布置，试计算该装置的各主要参数值。

【解】 （1）风量计算：

当 $h = 60$m 时，

则
$$H = Kh = 2 \times 60 = 120 \text{(m)}$$

压缩空气比流量
$$W_0 = \frac{h}{\alpha \lg \frac{h(K-1) + 10}{10}}$$

由表（4-10）查得：$\alpha = 11.5$，则：

$$W_0 = \frac{h}{11.5 \lg \frac{60 \times (2-1) + 10}{10}} = 6.2 \text{(m}^3/\text{m}^3\text{)}$$

$$W_1 = \frac{QW_0}{60} = \frac{50 \times 6.2}{60} = 5.2 (\text{m}^3/\text{min})$$

所以，空气压缩机风量 $W_2 = 1.2W_1 = 1.2 \times 5.2 = 6.24 (\text{m}^3/\text{min})$

（2）风压计算：

压缩空气启动压力 $\qquad p_1 = 0.1[(Kh - h_0) + 2]$

故 $\qquad p_1 = 0.1[(2 \times 60 - 30) + 2] = 9.2 (\text{atm})$

压缩空气工作压力 $\qquad p_2 = 0.1[h(K - 1) + 5]$

故 $\qquad p_2 = 0.1[60(2 - 1) + 5] = 6.5 (\text{atm})$

（3）空气压缩机实际轴功率计算：

因为 $\qquad N_0 = N_1 W_2 p_2 (\text{kW})$

由表 4-11 查得：当 $p_2 = 6.5 \text{atm}$ 时，$N_1 = 0.98$（用插入法求得）。

所以： $\qquad N_0 = 0.98 \times 6.24 \times 6.5 = 40.8 (\text{kW})$

空气压缩机得实际轴功率为：

$$N = 1.25 N_0 = 51 \text{kW}$$

（4）气升泵效率计算：

$$\eta = \frac{1000Qh}{1.36N75} = \frac{1000 \times 0.014 \times 60}{1.36 \times 51 \times 75} = 16\%$$

在实际工程中，气升泵不但可用于井孔抽水，而且还可用于提升泥浆、矿浆、卤液等。对于钻孔水文地质的抽水试验，石油部门的"气举采油"以及矿山中井巷排水等方面，气升泵的应用常具有独特之处。

4.3 往复泵

往复泵是一种发展较早的动力机械之一，往复泵分为活塞泵和柱塞泵。它适于输送流量较小、压力较高的各种介质，如低粘度、高粘度、腐蚀性、易燃、易爆、剧毒等各种液体。特别是当流量小于 $100\text{m}^3/\text{h}$、排出压力大于 10MPa 时，更加显示出其较高的效率和良好的运行性能。往复泵主要由泵缸、活塞（或柱塞）和吸、压水阀所构成。它的工作是依靠在泵缸内做往复运动的活塞（或柱塞）来改变工作室的容积，从而达到吸入和排出液体的目的。由于泵缸主要工作部件（活塞或柱塞）的运动为往复式的，因此，称为往复泵。

往复泵的种类很多，可以按下列几种主要方式进行分类。

（1）根据液力端的特点分类。

① 按往复泵的工作机构可分为：活塞（柱塞）泵和隔膜泵。

② 按往复泵的作用特点可分为：单作用泵、双作用泵、差动泵。

③ 按液缸数可分为：单缸泵、双缸泵、多缸泵等。

（2）根据传动端的结构特点分类。

可分为曲柄连杆机构、直轴偏心轮机构、行程调节机构等。

（3）根据动力分类。

① 机动泵（包括电动机驱动的泵和内燃机驱动的泵）；

② 直接作用泵(包括蒸汽、气、液压直接驱动的泵);

③ 手动泵。

(4) 根据排出压力 p_2 的大小分类。

① 低压泵($p_2 \leqslant 4\text{MPa}$);

② 中压泵($4\text{MPa}/\text{cm}^2 < p_2 < 32\text{MPa}$);

③ 高压泵($32\text{MPa} \leqslant p_2 < 100\text{MPa}$);

④ 超高压泵($p_2 \geqslant 100\text{MPa}$)。

(5) 根据活塞每分钟的往复次数 n 分类。

① 低速泵($n \leqslant 80\text{min}^{-1}$);

② 中速泵($80\text{min}^{-1} < n \leqslant 250\text{min}^{-1}$);

③ 高速泵($250\text{min}^{-1} < n \leqslant 500\text{min}^{-1}$);

④ 超高速泵($n > 500\text{min}^{-1}$)。

4.3.1　往复泵的构造及工作原理

往复泵通常由两部分组成。一部分是直接输送液体,把机械能转化为液体压力能的液力端,另一部分是将原动机的能量传给液力端的传动端。具体由以下几部件组成。

1. 泵缸

泵缸是构成压缩容积实现液体压缩的主要部件,为了承受液体压力,应有足够的强度,由于活塞在其中运动,内壁承受摩擦,应有良好的润滑性及耐磨性。

2. 活塞组件

活塞组件包括活塞、活塞杆及活塞环等。它们在泵缸中做往复运动,起着压缩液体的作用。通常要求活塞组件的结构与材料在保证强度、刚度、连接可靠的条件下,尽量减轻重量,减少摩擦,并要求有良好的密封性。

3. 填料函

它是阻止泵缸内液体经活塞杆与泵缸的间隙泄漏的组件。其基本要求是良好的密封性和耐磨性。

4. 阀门

包括吸入阀和排出阀。它的作用是控制液体及时地吸入与排出泵缸。阀门的好坏,直接关系到往复泵运转的经济性与可靠性。

5. 曲轴

它是往复泵中重要的运动件。它将驱动机轴的自身旋转运动,转变成为曲柄销(曲柄的组成部分)的圆周运动。由于承受较大的交变载荷和摩擦磨损,所以对疲劳强度与耐磨性要求较高。

6. 连杆

连杆是连接曲轴与滑块(或活塞)的部件。它将曲轴的旋转运动转换成活塞的往复运动，并将外界输入功率传递给活塞组件。

7. 滑块

它是连接活塞杆与连杆的部件。它在导轨里做往复运动，并将连杆的动力传递给活塞部件。对滑块的基本要求是重量轻、耐磨并具有足够的强度。

图 4.11 所示为往复泵的工作示意。工作流程为：柱塞 7 由飞轮通过曲柄连杆机构来带动，当柱塞向右移动时，泵缸内造成低压，上端的压水阀 3 被压而关闭，下端的吸水阀 4 便被泵外大气压作用下的水压力推开，水由吸水管进入泵缸，完成了吸水过程。相反，当柱塞由右向左移动时，泵缸内造成高压，吸水阀被压而关闭，压水阀受压而开启，由此将水排出，进入压水管路，完成了压水过程。如此，周而复始，柱塞不断进行往复运行，水就间歇而不断地被吸入和排出。活塞或柱塞在泵缸内从一顶端位置移至另一顶端位置，这两顶端之间的距离 S 称为活塞行程长度(也称冲程)，两顶端叫做死点。活塞往复一次(即两冲程)，泵缸内只吸入一次和排出一次水，这种泵称为单动往复泵。单动往复泵的理论流量(不考虑渗漏时)Q_T 为：

$$Q_T = FSn = \frac{\pi D^2}{4}Sn \ (\text{m}^3/\text{min}) \tag{4-13}$$

式中：F——柱塞(或活塞)断面积(m^2)；

n——柱塞每分钟往复次数(次/min)；

S——冲程(m)。

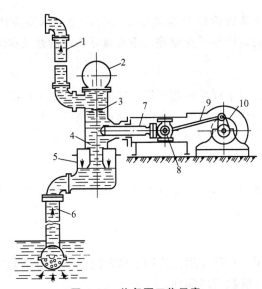

图 4.11 往复泵工作示意

1—压水管路；2—压水空气室；3—压水阀；4—吸水阀；
5—吸水空气室；6—吸水管路；7—柱塞；8—滑块；9—连杆；10—曲柄

实际上往复泵所排出液体的体积要比理论上计算的体积要小，往复泵在单位时间内所排出液体的量称为实际流量，以 Q 表示。表达式如下：

$$Q = \eta_V Q_T \ (\text{m}^3/\text{s}) \tag{4-14}$$

式中：η_V——容积效率。

实际流量和理论流量差别的原因有以下几方面。

(1) 由于排出阀和吸入阀开闭的迟缓所引起的。例如当活塞在吸入行程终了时，吸入阀处于开启状态，排出阀处于关闭状态，而当活塞开始做排出行程时，液缸体内的压力增加，但这时吸入阀并未及时关闭，有部分液体从液缸回到吸入管中。同样，在排出行程终了和吸入行程开始时，排出阀没有及时关闭，有部分液体从排出管路经排出阀漏回到液缸体中。

(2) 阀、活塞和液缸体、活塞杆和填料箱的不严密引起的泄漏。

(3) 在吸入管路中压力降低时，从吸入液体中分离出溶解在液体中的气体，以及少量空气通过吸入管路、填料箱等不严密处进入液缸体内，形成空气囊，这种空气囊在吸入行程中膨胀，在排出行程时被压缩，因而减少了流量。

(4) 当往复泵的工作压力较高时，就不能忽略液体的压缩性。

构造良好的大型往复泵容积效率 η_V 较高，小型往复泵的容积效率 η_V 较低，一般 η_V 约为 $85\% \sim 99\%$。

往复泵多采用曲柄连杆作传动机构，由理论力学可知当曲柄做等角速度旋转时，活塞或柱塞的速度变化为正弦曲线，活塞在两个死点时，速度为零，加速度达最大值，在中间位置时，速度最大，加速度为零。由于柱塞面积 F 为一常数，因此，泵供水量与柱塞速度变化的规律一样，也即按正弦曲线规律变化，如图 4.12(a) 所示。由图可知：单动往复泵的出水是极不稳定的。为了改善这种不均匀性，可将三个单动往复泵互成 120°，用一根曲轴连接起来，组成一台三动泵，当曲轴每转一圈，三个活塞（或柱塞）分别进行一次吸入和排出水体，其流量变化如图 4.12(c) 所示，出水比较均匀。

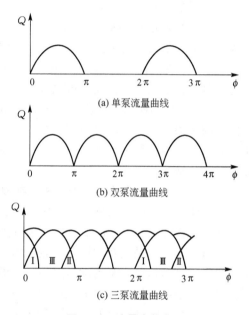

(a) 单泵流量曲线

(b) 双泵流量曲线

(c) 三泵流量曲线

图 4.12 流量变化曲线

图 4.13 所示为双作用往复泵，也称双动泵。在计算时要考虑到活塞杆的截面积 f 对流量的影响。在活塞每往复一次的时间内，双动泵的理论出水量为：

$$Q_T = (2F - f)sn \, (\text{m}^3/\text{min}) \quad (4-15)$$

其出水量变化曲线如图 4.12(b) 所示。为了尽可能使往复泵均匀地供水，以及减少管路内由于流速变化而造成液体的惯性力作用，一般常在压水及吸水管路上装设密封的空气室，借室内空气的压缩和膨胀作用，来达到缓冲调节的效果。

往复泵的扬程是依靠往复运动的活塞，将机械能以静压形式直接传给液体。因此，往复泵的扬程与流量无关，这是它与离心泵不同的地方。它的实际扬程仅取决于管路系统的需要

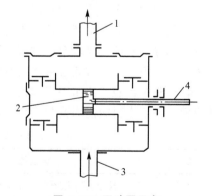

图 4.13 双动泵示意
1—出水管；2—活塞；
3—吸水管；4—活塞杆

119

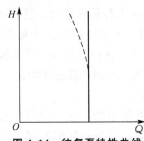

图 4.14 往复泵特性曲线

和泵的能力，即它应该包括水的静扬程高度 H_{ST}，吸、压水管中的水头损失之和（包括出口的流速水头）$\sum h$。

因此：
$$H = H_{ST} + \sum h \,(\text{m}) \qquad (4-16)$$

图 4.14 为往复泵的特性曲线图，其扬程与流量无关，理论上应是平行于纵坐标轴 H 的直线，但实际上因液体难免没有泄漏，且随泵的扬程增加，泄漏也越来越严重，所以，实际的特性曲线如图 4.14 中的虚线所示。

4.3.2 往复泵性能特点和应用

往复泵的性能特点可归结为：

（1）扬程取决于管路系统中的压力、原动机的功率及泵缸本身的机械强度，理论上可达无穷大值。供水量受泵缸容积的限制，因此，往复泵属于高扬程、小流量的容积式泵。

（2）必须在开闸下启动。如果按离心泵一样在压水闸关闭下启动泵，将使泵或原动机发生危险，传动机构有折断的可能。

（3）不能用闸阀来调节流量。因为关小闸阀非但不能达到减小流量的目的，反而会由于闸阀的阻力而增大原动机所消耗的功率。因此，管路上的闸阀只作检修时的隔离之用，平时须常年开闸运行。另外，由于流量与排出压力无关，因此，往复泵适宜输送粘度随温度而变化的液体。

（4）在给水排水泵站中，如果采用往复泵时，则必须有调节流量的设施，否则，当泵供水量大于用水量时，管网压力将突然快速增加，易引起炸管事故。

（5）具有自吸能力。往复泵是依靠活塞在泵缸中改变容积而吸入和排出液体的，运行时吸入口与排出口是相互间隔各不相通的，因此，泵在启动时，能把吸入管内的空气逐步抽升排走，因而，往复泵启动时可不必先灌泵引水，具有自吸能力。为了避免活塞在启动时与泵缸干磨，缩短启动时间且启动方便，也有在系统中装设底阀的。

（6）出水不均匀，严重时可能造成运转中产生振动和冲击现象。

在实践工程中，活塞泵主要用于给水，手动活塞泵是一种应用较广的家庭生活水泵。柱塞泵用于提供高压液源，如水压机的高压水供给，它和活塞泵都可作为石油矿场的钻井泥浆泵、抽油泵。隔膜泵特别适合于输送有剧毒、放射性、腐蚀性的液体，贵重液体和含有磨砾性固体的液体。隔膜泵和柱塞泵还可当作计量泵使用。

表 4-12 为往复泵与离心泵优缺点的比较。由表可以看出，虽然近代在城市给水排水工程中，往复泵已被离心泵趋于取代，但它在某些工业部门的锅炉给水方面，在输送特殊液体方面，在要求自吸能力高的场合下，仍有其独特的作用。

表 4-12 往复泵与离心泵比较

项目	往复泵	离心泵
流量	较小，一般不超过 $200\sim300\text{m}^3/\text{h}$	很大
扬程	很高	较低
转数（往复次数）	低，一般小于 400 次/min	很高，常用为 3000r/min

（续）

项目	往复泵	离心泵
效率	较高	较低
流量调节及计量	不易调节，流量一般为恒定值，可计量	流量调节容易，范围广，要用专门仪表计量
适宜输送液体介质	允许粘度较大液体、不宜含颗粒液体	不宜输送粘度较大液体，但可以输送污水等
流量均匀度	不均匀	基本均匀，脉动小
结构	较复杂，零件多	简单，零件少
体积、重量	体积大，重量大	体积小，重量轻
自吸能力	能自吸	一般不能自吸，需灌水
操作管理	操作管理不便	操作管理较方便
造价	较高	较低

4.4　螺　旋　泵

螺旋泵能够把水提升到实际需要的有限高度，且为无压出水。所以确切地说，螺旋泵应当称作螺旋提升器或阿基米德螺旋提升泵。近代的螺旋泵，在荷兰、丹麦等国应用较早，目前已推广到各国，广泛应用于灌溉、排涝，以及提升污水、污泥等方面。

4.4.1　螺旋泵的工作原理

螺旋泵的提水原理与我国古代的龙骨水车十分相似，可把它看作是一个移动的斗式提升机械。"斗"的容积由两道相邻叶片组成，导槽是"斗"的底，螺旋泵的轴管是"斗"的顶。当动力机械通过传动机构带动螺旋泵轴转动时，浸没在图 4.15 水平面 P 点下的叶片最下端将水带入第一个空"斗"Q 内。由于水的重力作用，水始终在螺旋泵轴的下半部。第一个空"斗"Q 内的水被两个相邻的叶片推入上面第二个空"斗"Q' 内。如此重复传送，直达最上面的一个空"斗"Q'' 中之后，靠其重力自动跌落入出流槽。在提水过程个，由于水总是维持水平面状态，因此每个斗的顶部都留有空间。相邻叶片靠得越近，水斗的留空越小，这样就能输送较多的液体。由于螺旋泵提升原理不同于离心泵和轴流泵，因此，它的转速十分缓慢，一般仅为 20～90r/min。

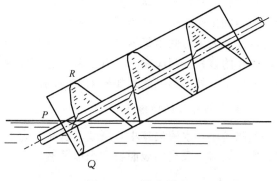

图 4.15　提水原理

4.4.2 螺旋泵装置

螺旋泵装置由电动机 1、变速装置 2、泵轴 3、叶片 4、轴承座 5 和泵外壳 6 等部分所组成，如图 4.16 所示。泵体连接着上下水池，泵壳仅包住泵轴及叶片的下半部，上半部只要安装小半截挡板，以防止污水外溅。泵壳与叶片间，既要保持一定的间隙，又要做到密贴，尽量减少液体侧流，以提高泵的效率，叶片与泵壳之间一般保持 1mm 左右间隙。大中型泵壳可用预制混凝土砌块拼成，小型泵壳一般采用金属材料卷焊制成，也可用玻璃钢等其他材料制作。

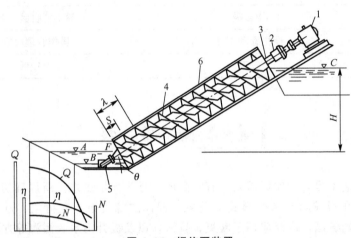

图 4.16 螺旋泵装置

1—电动机；2—变速装置；3—泵轴；4—叶片；5—轴承座；6—泵壳；

A—最佳进水位；B—最低进水位；C—正常出水位；H—扬程；θ—倾角；S—螺距

图 4.16 中的特性曲线表明：当进水水位升高到泵轴上边缘的 F 处，流量为最高值，假如水位继续上升，则泵的流量就不会再增加。不仅如此，由于进水水位增高，叶片在水中作无用的搅拌，螺旋泵的轴功率会加大，而效率会下降。

影响螺旋泵效率的参数主要有以下几个。

1. 倾角 (θ)

指螺旋泵轴对水平面的安装夹角。它直接影响泵的扬水能力。通过测试试验表明，泵的效率随倾角而变化，螺旋泵的安装倾角以 30° 为准，即作为 100% 考虑，小于这个倾角，能力增加，大于时倾角每增加一度，效率大约降低 3%。同时倾角增大时，两个相邻叶片之间水斗的容积会相应减小。对于单头螺旋叶片在均匀螺距时，当安装倾角大于 34° 时就不宜使用了。具体影响效果如图 4.17 所示。

2. 泵壳与叶片的间隙

间隙越小，水流失越小，泵效率越高。为了保持微量的间隙，要求螺旋叶片外圆的加工精密，同时，泵壳内表面要求光滑平整。

3. 转速 (n)

试验资料表明，螺旋泵的外径越大，转速宜越小，泵外径小于 400mm 时，其转速可

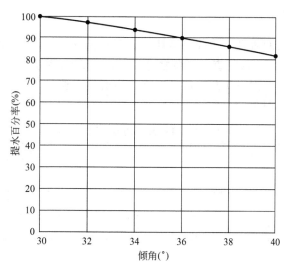

图 4.17 不同倾角的提水百分率

达 90r/min 左右；外径为 1m 时，转速以 50r/min 为宜；当泵外径达 4m 以上时，转速骤降至 20r/min 左右为宜。

4．扬程(H)

螺旋泵是低扬程泵。扬程低时，效率高。扬程太高时，泵轴过长，挠度大，对制造、运行都不利。螺旋泵扬程一般控制在 6～8m 以下。此外，扬程的增加，导致泵叶片的直径加大。扬程 8m 的螺旋泵的叶片直径为扬程 5m 的螺旋泵的叶片直径的 3 倍以上。表 4-13 为扬程与螺旋叶片直径的关系。

表 4－13 扬程与螺旋叶片直径的关系

螺旋叶片外径(mm)	扬程(m)
500	5
700	6
1500	7
>1500	8

为防止回流，净提升高度应比设计要求提升高度提高些，一般提高 0.05m 就够了。

螺旋泵放泄点到吐出点的距离还应增加：

$$P = 0.15D$$

式中：P——增加的提升高度 m；

D——直径 m。

因此，总提升高度：

$$H_总 = H_净 + P$$

式中：$H_净 = H_设 + 0.05\text{m}$。

5. 泵直径（D）

泵的流量取决于泵的直径。一般资料认为：泵直径越大，效率越高，螺旋泵直径与效率的具体关系见表 4-14。泵的直径与泵轴直径之比以 2∶1 为宜；如果比例不当，如叶片直径过大，轴径过小时，则由于泵在旋转时产生离心力，被螺旋泵带上的水反而不多；反之，盛水空间小，效率则很低。

表 4-14　螺旋泵直径与效率的关系

螺旋泵直径（mm）	效率（%）
700	70
1500	75
＞1500	80～82

6. 螺距（S）

沿螺旋叶片环绕泵轴呈螺旋形旋转 360° 所经轴向距离，即为一个螺旋导程 λ。螺距 S 和导程 λ 的关系为：

$$S=\frac{\lambda}{Z} \tag{4-17}$$

式中：Z——螺旋头数，也即叶片数，一般为 1 片、2 片至 4 片左右。当 $Z=1$ 时，导程就等于螺距（即 $S=\lambda$）。目前，大型螺旋泵一般采用 1 片；中型采用 1～2 片；小型采用 2～4 片。泵的直径 D 与螺距 S 之比的最佳值为 1，也就是说泵直径为 1m 时，其螺距也宜为 1m。

7. 流量（Q）

螺旋泵的流量与螺旋叶片外径 D、螺距 S、转速 n 和叶片的扬水断面率 α 有关，如下式：

$$Q=\frac{\pi}{4}(D^2-d^2)\alpha Sn(\text{m}^3/\text{min}) \tag{4-18}$$

式中：d——泵轴直径（m）；
　　　D——泵叶轮外径（m）；
　　　S——螺距（m）；
　　　n——转速（r/min）。

8. 轴功率（N）

$$N=\frac{\gamma QH}{102\eta}(\text{kW}) \tag{4-19}$$

4.4.3　螺旋泵的特点及用途

1. 优点

1）流量大、扬程低、省电
螺旋泵的提升水量与进水端直接相关，因此不必使用集水井和建造带有深集水井的泵站，节约土建费用。尤其在取水水位较高时，螺旋泵所需的集水坑可以比沟渠浅，并可取消一般泵站所必需的水管闸阀。

螺旋泵的提升高度可按照实际使用需要决定，量体裁衣，没有浪费。例如在自来水厂和污水处理厂中，经常需要使用低扬程、大流量的水泵来提取污泥、活性污泥和回流污泥。如果采用其他类型的水泵，往往会造成大马拉小车的现象，在扬程和功率方面都会有所浪费。若采用螺旋泵，即可弥补水泵系列中缺少这一类大流量、低扬程水泵的不足。我国有些污水处理厂已经使用提升水量为 $100m^3/h \sim 200m^3/h$，提升高度仅一米左右的螺旋泵，其所需功率只有 1kW 左右。

对于大中型水泵，螺旋泵也有一定的优点。沿海平原和低洼的地方，使用了螺旋泵对于节约用电、降低灌溉成本有着一定的意义。

2）简化泵站设施，节约土建和运行管理费用

离心泵、轴流泵等常用的水泵，都是利用高速转动，而在吸水管内造成真空抽吸高度来提水的。要是进水位很低，就会造成水抽空而损毁水泵。因此必须在泵站中设置集水井，以保持一定高度的水头。而螺旋泵只要叶片接触到水面就可把水提上来，按水面（即进水水位）的高度自行调节排水量，一台使用普通电机的螺旋泵输送范围能够从零至最大的流量，而不必频繁地开泵和停泵，水头损失很小。更不必设置集水井及封闭的管道，简化了泵站设施，节约土建费用。

表 4-15 从扬水原理、提水能力、水量调节、效率、传动功率、混入物、使用寿命、检修、辅助设备及提升高度等各个方面，具体比较与螺旋泵功能相似的混流泵的不同，显视其简化泵站设施，节约造价和减少运行管理费用的原因。

表 4-15 螺旋泵与混流泵的比较

比较项目	螺旋泵	混流泵
扬水原理	靠安装角 30° 左右的螺旋推力来提升水	靠离心力和轴向推力的混合作用来提升水
提水能力	随进水位的变化而自行调节，但当进水水位低于螺旋泵轴的根部时，提水能力降低	提水能力根据扬程而变化，受到气蚀问题的限制
水量调节	通过改变转速来调节，也可控制运转台数来调节	用阀门调节，也可根据台数调节
效率	最高效率仅为 75% 左右，但是在最佳设计能力以外的效率无明显降低	最高效率为 85% 左右，但是在最佳设计能力以外的效率有显著降低
传动功率	小	大
混入物	只要在进水和出水管渠内不沉淀的混入物均可排出	必须设置格栅或格网等预处理设备来防止混入物进入泵内

（续）

比较项目	螺旋泵	混流泵
使用寿命	转速很低，结构简单，磨损小，故使用寿命长	转速很高，易磨损，故使用寿命短
检修	螺旋叶片敞开布置，易于检修，但下支座在水中，需放空后检修	检修时虚拆卸泵体及泵壳，比螺旋泵困难
辅助设备	不需要真空泵及除污设备	需要除污设备。在不能自泄时，需要真空引水设备
提升高度	一般不大于6～8m	超过10m

3）运行安全可靠，对活性污泥的破坏较少

其他污水泵在泵前要设帘格，以去除碎片和纤维物质，防止堵塞泵。而螺旋泵因叶片间间隙大，不需要设帘格，可以直接提升杂粒、木块、碎布等污物。同时在污水处理厂输送活性污泥时有其独特的功效，离心泵由于转速高，将破坏活性污泥绒絮，而螺旋泵是缓慢地提升活性污泥，对绒絮破坏较少。

4）结构简单，制造容易

螺旋泵的转速很低，一般在40～90r/min左右，水流在泵体内的冲击损耗小，相应的机械磨损也小，因而可延长水泵的使用寿命。螺旋泵的螺旋部分一般敞开布置，维护和修理都很方便，运转时不需养护，便于实行遥控和在无人看管的泵站内使用。

2．缺点

螺旋泵因有其本身的缺陷，使它的应用具有一定的局限性。

1）提升高度有限

螺旋系的提升高度完全由泵轴的长度所决定。由于加工制造螺旋泵轴的车床有一定的长度限制，泵轴本身的挠度也不能过大，因而使螺旋泵的提升高度受到了限制。通常螺旋泵的提升高度限于10m以下，一般不超过6～8m。

2）进水水位变幅小

螺旋泵的提升水量直接与进水水位有关，所以不适用于进水水位变化较大的地方，也不能用于压力管道。

3）体积大，耗材多

螺旋泵必须斜装。故体积大，占地面积也大，耗钢量较多，使得螺旋泵的使用受到一定限制。如果导槽（即泵壳）采用钢筋混凝土代替钢结构，则可节约用钢量1/3左右。

4）逸出臭味

螺旋泵在敞开布置提升污水时，污水被叶片搅拌而有臭味逸出。故有些厂家相继开发了全封闭式螺旋泵和转鼓式螺旋泵替代敞开式的螺旋泵。

3．应用

根据螺旋泵的特点，螺旋泵的使用有一定的范围。经过数十年的改进，使用范围正在不断扩大，主要用于下述几个方面。

1）提升泵站

使用螺旋泵的提升泵站流量较大，但提升高度较低。给水厂和污水处理厂的进水和出水泵站，净水和污水的输送管路上的中途泵站，暴雨输送、排涝泵站等均可使用螺旋泵。

2）提升活性污泥和回流污泥

在污水的生化处理中，需要将沉淀池中的活性污泥送回曝气池去，以提高曝气池的生化处理效果。自来水厂中沉淀池沉淀下来的污泥若输送回反应池去，也可提高反应效率。

回流污泥泵的容量为进水量的 25％～75％，从理论上讲，一般取平均值的 50％，污泥稀时取上限，污泥浓时取下限。但在实际上，习惯按 25％运转。使用普通水泵时就把水量缩小一半而设置两台泵。如采用螺旋泵只需设置一台。根据螺旋泵的特性曲线，它能自行适应进水量的变化而继续保持高效率。

3）排泥除砂

螺旋泵用于排泥除砂的效果较好，适用于中小型的沉淀池和沉砂池。用于排泥除砂的大多数螺旋泵是水平放置的。

各种斜管（板）沉淀池等高效能沉淀沉砂池因泥砂集中，很适宜采用螺旋泵。螺旋叶片呈阿基米德螺旋线，泥砂顺着螺旋线输送时，还可起一定的浓缩作用。

这种排泥方法使刮泥和排泥相结合，而又连续排泥，不仅可减小泥渣室的容积，而且使泥渣不致板结，提高了沉淀效率，减少排泥时的耗水率。

螺旋泵安装在斜板区下面的泥渣室底部，槽底呈半圆形，槽壁坡角为 60°。

4）污泥浓缩

污泥浓缩用的螺旋泵类似于排泥除砂用的螺旋泵，其不同点是污泥浓缩用的螺旋泵的阿基米德螺旋线在中间断开，沿轴向插入一段搅拌桨板。它比排泥除砂用的螺旋泵具有更大的浓缩效果。其原理是桨板缓慢地将污泥沿着出口方向推进时，由于污泥颗粒在移动时的摩擦作用，释放出了污泥中因污泥腐化或脱氢而产生的气泡，防止了污泥膨胀，使污泥更加浓缩。供污泥浓缩用的螺旋泵的转速一般为 10～20r/min。

5）搅拌提升

在给水处理的混凝和反应过程中，常常使用垂直式螺旋泵。垂直式螺旋泵能同时起搅拌和提升作用，可代替各种桨叶状的搅拌器。

4.5 水环式真空泵

水环式真空泵，简称水环泵，是一种粗真空泵，它所能获得的极限真空为 2000～4000Pa，串联大气喷射器可达 270～670Pa。水环式真空泵也可用作压缩机，称为水环式压缩机，是属于低压的压缩机，其压力范围为 $(1\sim2)\times10^5$Pa 表压力。水环式真空泵可供抽吸空气或其他无腐蚀性、不溶于水、不含固体颗粒的气体的一种流体机械。其被广泛用于机械、石油、化工、制药、食品等工业及其他领域，特别适合于大型泵引水用。

它的主要部件有叶轮和壳体。叶轮由叶片和轮毂组成，叶片可以和轮毂体整铸出来，也可以将冲压的叶片焊接在轮毂上。叶片有径向直板状的，也有向前弯曲的（即向叶轮旋转方向弯曲的）。壳体由若干零件组成，不同形式的水环式真空泵，壳体的结构可能不同，但却有着共同的特点，即在壳体内部都要形成一个圆柱体空间，叶轮偏心地装在这个空间内，同时在壳体的适当位置上开有吸气口和排气口。

4.5.1　水环式真空泵的构造和工作原理

水环式真空泵按不同结构可分成如下几种类型。

（1）单级单作用水环式真空泵：单级是指只有一个叶轮，单作用是指叶轮每旋转一周，吸气、排气各进行一次。这种泵的极限真空较高，但抽速和效率较低。

（2）单级双作用水环式真空泵：单级是指只有一个叶轮，双作用是指叶轮每旋转一周，吸气、排气各进行两次。在相同的抽速条件下，双作用水环式真空泵比单作用水环式真空泵大大减小尺寸和重量。由于工作腔对称分布于泵轮毂两侧，改善了作用在转子上的荷载。此种泵的抽速较大，效率也较高，但极限真空较低。

（3）双级水环式真空泵：双级水环式真空泵大多是由单作用泵串联而成。实质上是两个单级单作用的水环式真空泵的叶轮共用一根心轴连接而成。它的主要特点是在较高真空度下，仍然具有较大的抽速，而且工作状况稳定。

（4）大气水环式真空泵：水环式真空泵实际上是大气喷射器串联水环式真空泵的机组。水环式真空泵前面串联大气泵是为了提高极限真空，扩大泵的使用范围。

水环式真空泵由泵体和泵盖组成圆形工作室，在工作室内偏心地装置一个有多个呈放射状均匀分布的叶片和叶轮毂组成的叶轮，如图 4.18 所示。水环式真空泵由星状叶轮 1，进气口 3，排气口 4 和水环 2 等组成。叶轮偏心安装于泵壳内。工作时要不断充入一定量的循环水，以保证真空泵工作。其工作原理：启动前，泵内灌入一定量的水，叶轮旋转时产生离心力，在离心力的作用下将水甩向四周而形成一个旋转的水环 2，水环上部的内表面与叶轮壳相切，沿顺时针方向旋转的叶轮，在图中右半部的过程中，水环的内表面渐渐离开轮壳，各叶片间形成的体积递增，压力随之降低，空气从进气口吸入。在图中左半部的过程中，水环的内表面渐渐又靠近轮壳，各叶片间形成的体积减小，压力随之升高，将吸入的空气经排气口排出。叶轮不断旋转，真空泵不断地吸气和排气。

4.5.2　水环式真空泵的性能

1. 流量

从水环式真空泵工作过程看，设旋转水环的内圆表面与工作叶轮的轮毂外圆相切。叶片在水环上部完全浸入液体，而叶片下部浸水深度为 a。单作用泵当每个叶间处于图 4.18 中最下部位置时的容积，即为每转的吸气容积。将全部各个叶间的吸气容积相加是一个环形空间容积，即为泵的每转理论排量。所以，水环泵理论流量可按下式计算。

$$Q_t = \{\pi[(D_k-a)^2 - D_c^2]/4 - z(l-a)\delta\}bn \quad (\text{m}^3/\text{min}) \tag{4-20}$$

式中：D_k——叶轮直径（m）；

$\quad\quad a$——叶片在水环下部的浸水深度（对于单作用泵，取 a 为 $0.01\sim0.03$m；对于双作用泵 a 取 $0.01\sim0.05$m）；

$\quad\quad D_c$——叶轮轮毂直径（m）；

z——叶片数；

l——叶片长度(m)；

δ——叶片厚度(m)；

b——叶片轴向宽度(m)；

n——泵转速(r/min)。

式(4-20)表明，水环式真空泵理论流量主要取决于泵转速和叶轮结构尺寸。

水环式真空泵的实际流量 $Q=\eta_v \cdot Q_t$。容积效率 $\eta_v=0.65\sim0.82$(尺寸大或压缩比小的泵取较大值)。水环式真空泵最大流量可达 $300 \text{m}^3/\text{min}$ 左右。

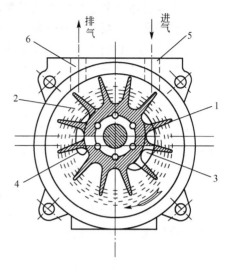

图 4.18　水环式真空泵构造图

1—星状叶轮；2—水环；3—进气口；
4—排气口；5—进气管；6—排气管

2. 排送气体的压缩比(或抽气造成的真空度)

水环式真空泵工作原理与叶片泵的不同在于，水环式真空泵中相当于叶片泵"定子"的是旋转水环，其中液体进出叶间，使叶间的工作腔室容积变化，而不是单靠刚性转子使工作腔室容积变化。旋转水环的主要作用是传递能量，叶轮给予的动能转换为被输送介质的压力能。此外，水环还具有密封工作腔室和吸收气体压缩热的作用。当水环式真空泵从一定真空度的空间吸入气体并将其压缩增压至大气压力下排出时，由于水环所具有的动能大小取决于叶轮转速和结构而存在一个限定值，因而水环式真空泵的压缩比(排出绝对压力与吸入绝对压力之比)x 也存在一个最大的临界值，称为临界压缩比 x_{kp}，其值取决于泵的转速和结构尺寸等。水环式真空泵的设计工况是 $x=x_{kp}$ 工况。

水环式真空泵工作时的压缩比 $x\leqslant x_{kp}$ 时，理论流量 Q，与吸排压差(压缩比)无关，实际流量 Q 则随吸排压差的增大而略有减小，是由于漏泄增加、容积效率 η_v 降低而造成的。这是容积泵的特点。当 $x>x_{kp}$ 时，水环泵的流量急剧下降，直至某一极限压缩比时流量减为零，这是因为泵内的水环中在吸入口一侧会出现一个随压缩比 x 增大而增加的回流死区，使叶间吸气量最终减为零。所以，水环式真空泵在关闭排出阀的封闭工况下，排出压力也不能升得很高，但会引起工作水发热。这一点又不同于容积式泵特性，而与后述的叶轮式泵(离心泵等)相似。

水环式真空泵作为抽气的真空泵时，最低吸气压力理论上可达到工作水温下的水的饱和压力当工作水温为 15℃ 时，单级水环真空泵可达到的最低极限吸入压力为 4kPa (30mmHg)，而采用双级时可达 2kPa(15mmHg)。

3. 效率

水环式真空泵的内部能量损失包括密封间隙处的漏泄损失、水的流动摩阻损失及机械损失等。水环式真空泵总效率很低，对于排送气体的水环真空泵，效率 η 一般为 30%～50%，最高不超过 55%。水环式真空泵作为排送液体的输液泵时，其效率 η 更低，不超过 20%，故通常不作为排送液体使用。

4. 特性

水环式真空泵和其他类型的机械真空泵相比有以下优点：

(1) 结构简单，制造精度要求不高，容易加工。

(2) 结构紧凑，泵的转速较高，一般可与电动机直联，无须减速装置。故用小的结构尺寸，可以获得大的排气量，占地面积也小。

(3) 压缩气体是等温的，即气体在压缩过程中温度变化很小。这样，在压缩易燃易爆的气体(加瓦斯、天然气、乙炔、氧气、氢气等)时，不会发生爆炸或燃烧事故。这个特点在化学工业的应用中显得极为重要。

(4) 由于泵腔内没有金属摩擦表面，无须对泵内进行润滑，而且磨损很小。转动件和固定件之间的密封可直接由水封来完成。

(5) 吸气均匀，工作平稳可靠，操作简单，维修方便。

其缺点主要是：

(1) 效率低，一般为30％左右，最高的达50％。

(2) 真空度低，这不仅是因为受到结构上的限制，更重要的是受工作液饱和蒸汽压的限制。

水环泵虽然效率低，但由于它具有很多优点，特别是等温压缩这个突出的优点，使它在低真空和低排气压力的范围内得到了广泛的应用。

泵站中常用的水环式真空泵主要有 SZ 型、SZB 型和 SZZ 型。其符号的意义，S—水环式；Z—真空泵；B—悬臂式。SZZ 型是电机与真空泵为直联式，这种泵体积小、重量轻、价格低。图 4.19 为 SZB 型真空泵性能曲线图。

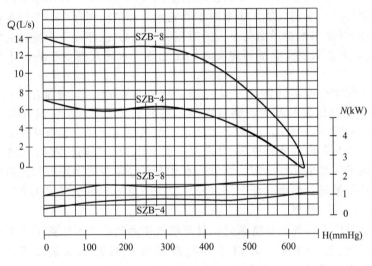

图 4.19　SZB 型真空泵性能曲线

4.5.3　水环式真空泵的选择

泵的类型主要由工作所需的气量、真空度或排气压力而定。水环式真空泵选择的基本原则包括以下两个方面：

(1) 尽可能要求在高效区内，也就是在临界真空度或临界排气压力的区域内运行。

(2) 应避免在最大真空度或最大排气压力附近运行。在此区域内运行，不仅效率极低，而且工作很不稳定，易产生振动和噪声。对于真空度较高的真空泵而言，在此区域之内运行，往往还会发生气蚀现象，产生这种现象的明显标志是泵内有噪声和振动。气蚀会导致泵体、叶轮等零件的损坏，以致泵无法工作。

故在选泵时采用的一般方法：当泵所需的真空度或气体压力不高时，可优先在单级泵中选取；当真空度或排气压力较高，单级泵往往不能满足要求，或者，要求泵在较高真空度情况下仍有较大气量，即要求性能曲线在较高真空度情况下较平坦时，可选用两级泵；当真空度要求在-710mmHg以上，可选用水环-大气泵或水环-罗茨真空机组作为抽真空装置。

当真空泵用于离心泵引水用时，抽气量按下式计算：

$$Q_V = K \frac{V_p + V_s}{T} (\text{m}^3/\text{min}) \qquad (4-21)$$

式中：Q_V——真空泵抽气量（m^3/min）；

K——漏气系数，一般取$1.05\sim1.10$；

V_p——泵站中最大一台泵泵壳容积（m^3），相当于泵吸水口面积乘以吸水口至泵出口压水管第一个阀门的距离；

V_s——从吸水池最低水位至泵吸水口的吸水管中的空气容积（m^3），可查表$4-16$；

T——泵的引水时间（min），一般小于5min。

最大真空值H_V，可由吸水池最低水位至泵最高点的垂直距离计算。如吸水池最低水位至泵最高点的垂直距离为4m，则$H_V = \frac{4000}{13.6} = 294(\text{mmHg})$。

表4-16 不同管径每米管长空气容积

D(mm)	200	250	300	350	400	500	600	800
V_s(m^3/m)	0.031	0.071	0.092	0.096	0.12	0.106	0.282	0.503

依据Q_V和H_V值查水环式真空泵产品样本，选择适宜的真空泵。一般一台工作，一台备用。

4.6 螺 杆 泵

螺杆泵是20世纪20年代中期由法国科学家穆瓦诺发明的。穆瓦诺的初始想法是设计一种旋转压缩机，在设计过程中创造出这种旋转机械，通过其转子与定子的相对运动产生一系列进动式型腔，改变流体压力，因此称它为进动式压缩机或型腔泵。它具有灵活可靠、抗磨蚀及容积效率高等特点。

螺杆泵按螺杆数量分为：

（1）单螺杆泵：单根螺杆在泵体的内螺纹槽中啮合转动的泵。

（2）双螺杆泵：由两个螺杆相互啮合输送液体的泵。

（3）多螺杆泵：由多个螺杆相互啮合输送液体的泵，其中以三螺杆泵和五螺杆泵应用较多，五螺杆泵又多应用于采油泵。

螺杆泵具有下列特点：

（1）结构简单紧凑。可与电动机直接连动，操作管理方便，具备离心泵的特点。

（2）流量大。一般流量范围广，最大流量可达 $2000m^3/h$，具有离心泵的特点。

（3）扬程高。排出压力可达 40MPa，常用在无缝钢管耐压强度内，具备往复泵优点。

（4）转速高。一般转速为 1450r/min 两种，尚有 10000r/min 以上者，为其他容积式泵所望尘莫及，可与离心泵媲美。

（5）效率高。一般为 80%～90%。

（6）工作平稳，流量均匀。流体在螺杆密封腔内无搅拌地、连续地做轴向移动，没有脉动和旋涡，接近离心泵的优点，为其他容积泵所不及。

（7）振动小，无噪声。主杆对从杆以液压传动，螺杆之间保持油膜，无扭矩，又具备离心泵的优点。

（8）有自吸能力，略低于往复泵，为一般离心泵所不及。

（9）流量随压力变化很小。在输送高度有变化时，能保持一定流量，具备容积式泵的优点。

4.6.1　螺杆泵的构造及工作原理

由于螺杆数的不同，螺杆泵的工作原理有所不同，下面按照杆数分别叙述。

1. 单螺杆泵的结构和作用原理

单螺杆泵于 1932 年由法国工程师莫诺发明，由法国 PCM 公司生产，又称莫诺泵。它可输送含固体颗粒的悬浮液体。单螺杆泵是单螺杆式水利机械的一种，是摆线内啮合螺旋齿轮副的一种应用，是由两个互相啮合的螺杆（转子）和衬套（定子）螺旋体组成，当螺杆在衬套的位置不同时，它们的接触点是不同的。螺杆和衬套副利用摆线的多等效动点效应在空间构成了空间密封线，从而在螺杆和衬套副之间形成封闭腔室，在螺杆泵的长度方向就会形成多个密封腔室。当螺杆和衬套做相对转动时，螺杆、衬套副中靠近吸入段的第一个腔室的容积增加，在它和吸入端的压力差作用下，油液便会进入第一个腔室，随着螺杆的连续转动，这个腔室开始封闭，并沿着螺杆泵轴向方向排出端推移，最后在排出端消失的同时，在吸入端又会形成新的密封腔室。由于密封腔室的不断形成、推移和消失，封闭腔室的轴向移动使油液通过多个密封腔室从吸入端推挤到排出端，形成了稳定的环空螺旋流动、实现了机械能和液体能的相互转化，从而实现举升，如图 4.20 所示。螺杆泵又有单头（或单线）螺杆泵和多头（或多线）螺杆泵之分。

由于空间啮合理论对于单螺杆式抽油泵所应用的螺杆泵线数均采用 $N/(N+1)$ 形式，即衬套的线数总是比螺杆的线数多一线，如果螺杆表面为单线螺旋面，则衬套橡胶衬套表面为双线螺旋面；如果螺杆表面为双线螺旋面，则衬套橡胶衬套内表面一定为三线螺旋面，依此类推。

螺杆泵的线型均为普通内摆线（属于短幅内摆线的特例）构成，即螺杆泵衬套端面线型由普通内摆线外等距线构成，而螺杆由其共轭曲线构成。

螺杆的任一断面都是半径为 R 的圆，如图 4.21 所示。整个螺杆的形状可以看作由很多半径为 R 的极薄圆盘组成，不过这些圆盘的中心 O_1 以偏心距 e 绕着螺杆本身的轴线 O_2-Z，一边旋转，一边按一定的螺距 t 向前移动。

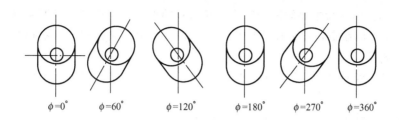

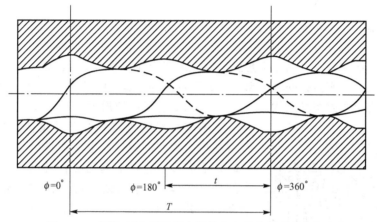

图 4.20 螺杆-衬套副沿衬套轴线方向的密封腔室变化图

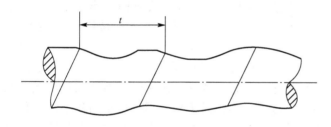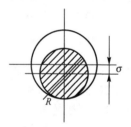

图 4.21 泵的螺杆

衬套的断面轮廓是由两个半径为 R(等于螺杆断面的半径)的半圆和两个长度为 $4e$ 的直线段组成的长圆形,如图 4.22 所示。衬套的双线内螺旋面就是由上述断面绕衬套的轴线 $O-Z$ 旋转的同时,按一定的导程 $T=2t$ 向前移动所形成的。

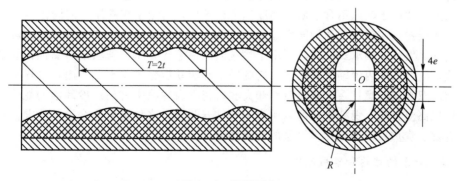

图 4.22 泵的衬套

单螺杆泵的工作寿命主要取决于定子衬套材料的性能。定子存在以下缺点：

（1）定子由橡胶制造，容易损坏导致寿命短，造成检泵次数多，每次检泵，必须起下管柱，增加了检泵费用；

（2）泵需要流体润滑，如果供液不足造成抽空，泵过热将会引起定子弹性体老化，甚至烧毁；

（3）定子的橡胶不耐高温，不适合于在注蒸汽井中应用。

2. 双螺杆泵的结构和作用原理

1890 年美国 Warren 公司发明了全球第一台双螺杆泵。1929 年荷兰 Houuttuin 公司发明了欧洲第一台双螺杆泵。1934 年德国 Bornemann 公司发明了世界第一台外置轴承双螺杆泵，又称鲍思曼泵。它可输送不含固体颗粒的润滑性和非润滑性液体（可气液混输）。双螺杆泵有密封式和不密封式两种类型，按介质从一端还是从两端进入啮合空间，双螺杆又被分为双吸式和单吸式两种结构。图 4.23 是双螺杆泵的结构图。

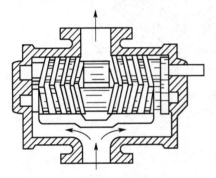

图 4.23　双螺杆泵

不密封双吸式双螺杆泵的泵体内装有两根左、右施单头螺纹的螺杆，主动螺杆由动力机驱动转动时，靠同步齿轮带动从动螺杆转动。两根螺杆以及螺杆与泵体之间存在着间隙，该间隙靠齿轮和轴承保证。其间隙大小，取决于液体粘度、工作压力等因素。由于每根螺杆两端螺纹的旋向相反，螺杆转动时，由螺杆啮合线形成泵的工作腔，从位于螺杆两端的吸入室，逐渐向位于螺杆中部的压出室移动。

不密封式螺杆泵，不完全满足上述的密封条件，它的高、低压工作腔没有严密地隔开，其容积效率要比密封式螺杆泵低。尤其在高压下，这种差别更为显著，故从经济性考虑，不密封螺杆泵不适用于高压范围。但用采取特殊螺杆型线的方法，可以有效地扩大它对压力的适用范围。而这种泵的螺杆与衬套不接触，螺杆与螺杆间也不严密地接触，适用于输送高粘度、非润滑的液体，或含有微小固相杂质的多相介质。因为此时不密封式泵的磨损程度比密封式螺杆泵小，使用寿命长。这正是不密封式双螺杆泵逐渐受到人们的重视，其生产数量和应用范围日益增大的主要原因。

密封式双螺杆泵只有两根螺杆，但却满足所有密封条件。它的构成与特性等，均与三螺杆泵相近，适用于输送不含杂质的洁净润滑性液体，可用于较高压力的场合。

双吸式结构，使螺杆上的轴向力能得以平衡。该泵的驱动齿轮和支承螺杆的轴承皆位于泵腔之外，属外置轴承式结构，可用于输送润滑性差的介质，若输送非腐蚀性和润滑性好的介质，则可采用内置轴承式结构，它的轴承和驱动齿轮皆位于泵腔内，这样可减少泵的轴封数。双吸式双螺杆泵，泵壳带冷却夹套，传动齿轮箱中有通过冷却液的蛇形管，它可用于输送高温介质。螺杆泵也可以用磁力联轴器驱动，这种泵可完全消除泄漏。它适用于输送有毒、贵重或对环境污染严重的润滑性液体。

3. 三螺杆泵的结构和作用原理

三螺杆泵于 1931 年由瑞典 1MO（依莫）公司发明并生产，又称 1MO 泵。它可输送不含固体颗粒的润滑性液体；改进设计后，也可气液混输。三螺杆泵主要是由固定在泵体中的衬套(泵缸)以及安插在泵缸中的主动螺杆和与其啮合的两根从动螺杆所组成。三根互相啮合的螺杆，在泵缸内按每个导程形成一个密封腔，造成吸排口之间的密封。

图 4.24 所示为摆线式三螺杆泵的结构，它主要由固定在泵体 6 中的衬套(泵缸)7、安插在衬套中的三根螺杆以及安全阀 16 等组成。主动螺杆 4 直接被电动机带动做逆时针方向回转，同它啮合的两根从动螺杆 3 和 5 也跟着一起动。主、从动螺杆转向相反。泵的吸、排口都设在泵体的中部，以保证衬套内部经常存有液体，避免螺杆因干转而导致损坏。

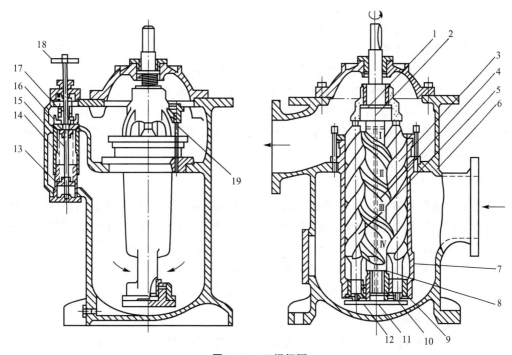

图 4.24 三螺杆泵

1、8—推力垫圈；2—平衡活塞；3、5—从动螺杆；4—主动螺杆；6—泵体；
7—衬套；9、10—平衡轴套；11—盖板；12—推力垫块；13—防转滑销；
14、17—弹簧；15—调节螺杆；16—安全阀；18—手轮；19—泄油管

泵工作时，由于两从动螺杆与主动螺杆左右对称啮合，故作用在主动螺杆上的径向力完全平衡，主动螺杆不承受弯曲负荷。从动螺杆所受径向力沿其整个长度都由泵缸衬套来支承，因此，不需要在外端另设轴承，基本上也不承受弯曲负荷。在运行中，螺杆外圆表面和泵缸内壁之间形成的一层液膜，可防止金属之间的直接接触，使螺杆齿面的磨损大大减少。

螺杆泵工作时，两端分别作用着液体的吸排压力，因此对螺杆要产生轴向推力。对于压差小于 10kgf/cm^2 $(1\text{kgf}=9.8\text{N})$ 的小型泵，可以采用止推轴承。此外，还通过主动螺杆的中央液孔将高压液体引入各螺杆轴套的底部，从而在螺杆下端产生一个与轴向推力方向相反的平衡推力。

螺杆泵和其他容积泵一样，当泵的排出口完全封闭时，泵内的压力就会上升到使泵损

坏或使电动机过载的危险程度。所以，在泵的吸排口处，就必须设置安全阀。

三螺杆泵的轴封，通常采用机械轴封，并可根据工作压力的高低采取不同的形式。

4.6.2　螺杆泵的选用

螺杆泵由于结构和工作特性，与活塞泵、离心泵、叶片泵、齿轮泵相比具有下列诸多优点。

（1）能输送高固体含量的介质。

（2）流量均匀压力稳定，低转速时更为明显。

（3）流量与泵的转速成正比，因而具有良好的变量调节性。

（4）一泵多用，可以输送不同粘度的介质。

（5）泵的安装位置可以任意倾斜。

（6）适合输送敏性物品和易受离心力等破坏的物品。

（7）体积小，重量轻，噪声低，结构简单，维修方便。

在污水处理厂中，螺杆泵广泛地被使用在输送水、湿污泥和絮凝剂药液方面。螺杆泵选用应遵循经济、合理、可靠的原则。如果在设计选型方面考虑不周，会给以后的使用、管理、维修带来麻烦。选用一台按生产实际需要、合理可靠的螺杆泵既能保证生产顺利进行，又可降低修理成本。

1. 螺杆泵的转速

螺杆泵的流量与转速呈线性关系，相对于低转速的螺杆泵，高转速的螺杆泵虽然增加了流量和扬程，但功率明显增大，高转速加速了转子与定子间的磨耗，必定使螺杆泵过早失效，而且高转速螺杆泵的定子和转子长度很短，极易磨损，因而缩短了螺杆泵的使用寿命。

通过减速机构或无级调速机构来降低转速，使其转速保持在 300r/min 以下较为合理的范围内，与高速运转的螺杆泵相比，使用寿命能延长几倍。

2. 螺杆泵的品质

目前市场上的螺杆泵的种类较多，相对而言，进口的螺杆泵设计合理，材质精良，但价格较高，配套服务不完善，配件价格高，订货周期长，可能影响生产的正常运行。

国内生产的大都仿制进口产品，产品质量良莠不齐，在选用国内生产的产品时要充分考虑性价比，选用低转速、长导程、传动量部件材质优良、额定寿命长的产品。

3. 确保杂物不进入泵体

湿污泥中混入的固体杂物会对螺杆泵的橡胶材质的定子造成损坏，所以确保杂物不进入泵的腔体是很重要的。很多污水处理厂在泵前加装了粉碎机，也有的安装格栅装置或滤网，阻挡杂物进入螺杆泵，对于格栅应及时清捞以免堵塞。

4. 避免断料

螺杆泵决不允许在断料的情形下运转，一经发生，橡胶定子由于干摩擦，会瞬间产生高温而烧坏。所以，粉碎机完好、格栅畅通是螺杆泵正常运转的必要条件之一。为此，有些螺杆泵还在泵身上安装了断料停机装置，当发生断料时，由于螺杆泵特有的自吸功能，腔体内会产生真空，真空装置会使螺杆泵停止运转。

5. 保持恒定的出口压力

螺杆泵是一种容积式回转泵，当出口端受阻以后，压力会逐渐升高，以至于超过预定的压力值。此时电机负荷急剧增加。传动机械相关零件的负载也会超出设计值，严重时会发生电机烧毁、传动零件断裂。为了避免螺杆泵损坏，一般会在螺杆泵出口处安装旁通溢流阀，用以稳定出口压力，保持泵的正常运转。

4.6.3 螺杆泵故障的常见原因及处理方法

螺杆泵在使用一段时间后会出现一定的故障，下面简单介绍一下常见原因及处理方法。

1. 泵体剧烈振动或产生噪声

1) 产生原因
(1) 螺杆泵安装不牢或螺杆泵安装过高；
(2) 电机滚珠轴承损坏；
(3) 螺杆泵主轴弯曲或与电机主轴不同心、不平行等。
2) 处理方法
(1) 装稳螺杆泵或降低螺杆泵的安装高度；
(2) 更换电机滚珠轴承；
(3) 矫正弯曲的螺杆泵主轴或调整好螺杆泵与电机的相对位置。

2. 传动轴或电机轴承过热

产生原因：缺少润滑油或轴承破裂等。
处理方法：加注润滑油或更换轴承。

3. 水泵不出水

1) 产生原因
(1) 泵体和吸水管没灌满引水；
(2) 动水位低于水泵滤水管；
(3) 吸水管破裂等。
2) 处理方法
(1) 排除底阀故障，灌满引水；
(2) 降低水泵的安装位置，使滤水管在动水位之下，或等动水位升过滤水管再抽水；
(3) 修补或更换吸水管。

本 章 小 结

本章主要讲述射流泵、气升泵、往复泵和螺旋泵的工作原理、基本构造、性能特点及适用场合。
本章的重点是射流泵、气升泵、往复泵和螺旋泵的工作原理。

习　题

1. 简述射流泵的工作原理。
2. 试从工作原理上，简述往复泵、射流泵的不同。
3. 简述水环式真空泵的工作原理。
4. 简述水环式真空泵选择的基本原则。
5. 简述螺旋泵的优点。
6. 简述气升泵的优点。

第**5**章
给 水 泵 站

本章主要介绍给水泵站的分类和特点；给水泵站内水泵的选型；机组布置及基础设计、站内工艺管道设计；给水泵站主要辅助设备中的计量设备、引水设备、起重设备、通风与采暖及其排水设施、泵站内的电气和安全设施；停泵水锤的计算与防护措施；泵站噪声防护措施；深井泵站与潜水泵站；给水泵站的土建特点；最后结合设计实例重点介绍了各类给水泵站工艺设计。通过本章学习，应达到以下目标：

(1) 熟悉各类给水泵站的特点；

(2) 掌握各类给水泵站内水泵的选型及计算；

(3) 掌握给水泵站内部机组布置与安装、基础设计、吸水和压水管道的敷设布置与设计；

(4) 了解给水泵站内主要辅助设施的选择与安装；

(5) 了解给水泵站停泵水锤产生的原因与特点，掌握停泵水锤的防护措施及停泵水锤的计算方法；

(6) 了解给水泵站噪声防护措施；

(7) 了解给水泵站的土建特点；

(8) 了解深井泵站与潜水泵站；

(9) 掌握给水泵站工艺设计。

教学要求

知识要点	能力要求	相关知识
给水泵站分类及特点	掌握各类给水泵站的特点	(1) 给水泵站的分类 (2) 各类给水泵站的特点
给水泵站水泵的选型	(1) 掌握选泵的基本原则 (2) 掌握选泵依据与选泵要点 (3) 掌握水泵选择方案与校核	(1) 选泵的基本原则 (2) 选泵依据与选泵要点 (3) 水泵选择程序与方案比较及校核
水泵机组布置与基础管道设计	(1) 掌握水泵机组布置基本要求 (2) 掌握水泵基础管道设计 (3) 掌握水泵吸水、压水管路的布置、敷设及其基本设计	(1) 水泵机组的布置 (2) 水泵基础 (3) 管道设计
给水泵站主要辅助设备	(1) 了解主要计量设备和引水设备 (2) 掌握起重设备的选择与布置 (3) 掌握泵房内通风与采暖设施 (4) 掌握泵房内给排水、消防与防雷等安全设施的布置与要求 (5) 掌握泵站电力负荷的选择、泵房变电所与变配电设施的基本布置	(1) 引水设备 (2) 计量设备 (3) 起重设备 (4) 通风与采暖 (5) 泵站内部给水与排水 (6) 泵站安全设施 (7) 泵站电气概述
停泵水锤特点及其防护	(1) 掌握停泵水锤产生的原因及特点 (2) 掌握停泵水锤的防护措施	(1) 停泵水锤 (2) 停泵水锤特点 (3) 停泵水锤防护措施
给水泵站噪声控制	(1) 了解给水泵站噪声来源 (2) 掌握泵站噪声防治措施	(1) 泵站噪声源 (2) 泵站噪声防治措施
给水泵站土建特点与要求	掌握各类给水泵站土建特点与要求	(1) 一级泵站 (2) 二级泵站 (3) 循环泵站
深井泵站与潜水泵站	掌握深井泵站与潜水泵站结构形式与基本设备、材料	深井泵站
给水泵站工艺设计	(1) 掌握各类给水泵站的工艺设计的步骤和方法 (2) 掌握给水泵站工艺设计	(1) 泵站工艺设计步骤和方法 (2) 取水泵站工艺设计举例

基本概念

取水泵站、送水泵站、加压泵站、循环泵站、电磁流量计、超声波流量计、插入式涡轮(涡街)流量计、均速管流量计、泵站噪声、作业面、桥式吊车、自然通风、机械通风、电力负荷、变电所、停泵水锤、水锤波、调压塔、缓冲阀、水锤消除器、止回阀、旁通管。

引例

给水泵站是城市给水系统重要的组成部分，在城市取水工程、输配水工程中都发挥着重要作用。本章从给水泵站工艺设计和运行管理的角度重点介绍水泵的选择、泵机组的布置、水泵的管路设计，同时对于保证泵站正常运行和维护所必需的辅助设施，如计量、引水、起重、排水、通风、采暖、泵站电气、水锤及噪声防治也必须有基本的了解和掌握。

5.1 给水泵站的分类和特点

给水泵站的分类，按照泵机组设置的位置与地面的相对标高关系，可分为地面式、地下式与半地下式泵站；按灌泵方式，可分为自灌式、抽吸式泵站；按照操作条件及方式，可分为人工手动控制、半自动化、全自动化和遥控泵站四类。在给水工程中，常见的分类是按泵站在给水系统中的作用进行分类，即可分为：取水泵站(一级泵站)、送水泵站(二级泵站或清水泵站)、加压泵站及循环泵站。

5.1.1 取水泵站

地面水取水泵站，将水源水送至净水厂混合井，一般由吸水井、泵房及闸阀井(又称切换井)3部分组成。其典型工艺流程如图5.1所示。取水泵站由于其具有靠江临水的特点，所以河道的水文、水运、地质及航道的变化等都会直接影响到取水泵站本身的埋深、结构形式以及工程造价等。我国西南、中南地区以及丘陵地区的河道，水位涨落悬殊，设计最大洪水位与设计最枯水位相差常达10～20m。

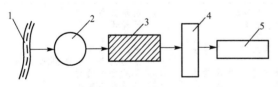

图 5.1 地面水取水泵房工艺流程图
1—水源；2—吸水井；3—取水泵房；
4—闸阀井（切换井）；5—净化场

为保证泵站能在最枯水位抽水的可能性，以及保证在最高洪水位时，泵房筒体不被淹没进水，整个泵房的高度常常很大，这是一般山区河道取水泵站的共同特点。对于这一类泵房，一般采用圆形钢筋混凝土结构。这类泵房平面面积的大小，对于整个泵站的工程造价影响甚大，所以在取水泵房的设计中，有"贵在平面"的说法。机组及各辅助设施的布置，应尽可能地充分利用泵房内的面积，泵机组及电动闸阀的控制可以集中在泵房顶层集中管理，底层尽可能做到无人值班，仅定期下去抽查。

对于采用地下水作为生活饮用水水源而水质又符合饮用水卫生标准时，取井水的泵站可直接将水送到用户。在工业企业中，有时同一泵站内可能安装有输水给净水构筑物的又有直接将水输送给某些车间的泵，其工艺流程如图5.2所示。

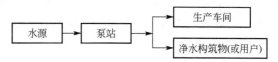

图 5.2　地下水取水泵房工艺流程

5.1.2　送水泵站

送水泵站通常建在水厂内，其基本工艺流程如图5.3所示，作用是将清水池的制成水送至管网，所以又称为清水泵站。由净化构筑物处理后的出厂水，由清水池流入吸水井，

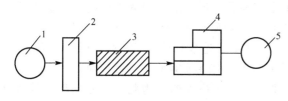

图 5.3　送水泵站工艺流程
1—清水池；2—吸水井；3—送水泵站；
4—管网；5—高地水池（水塔）

送水泵站中的泵从吸水井中吸水，通过输水干管将水输往管网。送水泵站的供水情况直接受用户用水情况的影响，其出厂流量与水压在一天内各个时段中是不断变化的。送水泵站的吸水井，它既有利于泵吸水管道布置，也有利于清水池的维修。吸水井形状取决于吸水管道的布置要求，送水泵房一般都呈长方形，吸水井一般也为长方形。

吸水井形式有分离式吸水井和池内式吸水井两种。分离式吸水井如图5.4所示，它是邻近泵房吸水管一侧设置的独立构筑物。平面布置一般分为独立的两格，中间隔墙上安装阀门，阀门口径应足以通过邻格最大的吸水流量，以便当进水管 A(或 B)切断时泵房内各机组仍能工作。分离式吸水井对提高泵站运行的安全度有利。池内式吸水井如图5.5所示，它是在清水池的一端用隔墙分出一部分容积作为吸水井。吸水井分成两格，图5.5(a)隔墙上装阀门，图5.5(b)隔墙上装闸板，两格均可独立工作。吸水井一端接入来自另一只清水池的旁通管。当主体清水池需清洗时，可关闭隔墙上的进水阀(或阀板)，吸水井暂由旁通管供水，使泵房仍能维持正常工作。

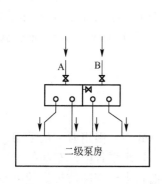

图 5.4　分离式吸水井

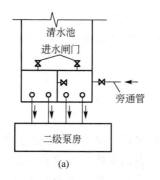

(a)

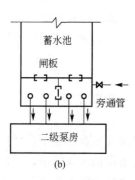

(b)

图 5.5　池内式吸水井

送水泵站吸水水位变化范围小，通常不超过 3~4m，因此泵站埋深较浅。一般可建成地面式或半地下式。送水泵站为了适应管网中用户水量和水压的变化，必须设置各种不同型号和台数的泵机组，从而导致泵站建筑面积增大，运行管理复杂。

5.1.3 加压泵站

城市给水管网中，可能输配水管线很长，或给水对象所在地的地势很高，采用统一给水方式势必要提高整个管网的供水压力，既造成能量的巨大浪费，又增加了爆管、卫生器具损坏的可能性，同时使漏损量增大。因此，采用分区分压供水是非常必要的，即在管道压力较低的地段或地面高程高的供水对象设置加压泵站，满足供水区域内用户对水量和水压的要求，保证供水系统压力正常，降低能耗，减少管道损坏和水量损失。在大中型城市给水系统中实行分区分压供水方式时，设置加压泵站已十分普遍。如上海、武汉等特大城市供水区域大，供水距离有的长达 20 多千米，为了保证远端用户的水压要求，在高峰供水时最远端的水头损失达 80m（按管道中平均水力坡降为 4‰ 计算），加上服务水头 20m，则要求出厂水压达 $100mH_2O$。这样，不仅能耗大，且造成邻近水厂地区管网中压力过高，管道漏失率高，卫生器具易损坏。而在非高峰季节，当用水量降为高峰流量的一半时，管道水头损失可降为 20m 左右，出厂水压只要求 $40mH_2O$ 左右。为此，在上海市先后增设了近 25 座加压泵站，使水厂的出厂水水压控制在 $35~55mH_2O$ 之间。因此，上海自来水公司的电耗平均为 $210kW \cdot h/1000m^3$，远远低于国内平均水平 $340kW \cdot h/1000m^3$，这是重要原因之一。加压泵站按加压所用的手段一般分为直接串联加压和清水池及泵站加压（水库泵站加压）两种方式，其工艺流程见图 5.6。直接串联加压运行时要求水厂内送水泵站和加压泵站同步工作，泵站直接从输水管或配水管网中抽水，一般用于水厂位置远离城市管网的长距离输水的场合。清水池加压泵站也称调节泵站，即水厂内送水泵站将水输入远离水厂、接近管网起端处的清水池内，再由加压泵站将水输入管网。

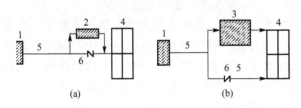

图 5.6 加压泵站供水方式
1—二级泵房；2—增压泵房；3—水库泵站；
4—配水管网；5—输水管；6—逆止阀

这种方式，城市中用水负荷可借助于加压泵站的清水池调节，从而使水厂的送水泵站工作制度比较均匀，有利于调度管理。此外，水厂送水泵站的出厂输水干管因时变化系数 K_h 降低或均匀输水，从而使输水干管管径可减小。当输水干管越长时，其经济效益就越可观。

5.1.4 循环泵站

在某些工业企业中，生产用水可以循环使用或经过简单处理后回用时一般采用循环泵站。在循环系统泵站中，一般设置输送冷、热水的两组泵，热水泵将生产车间排出的废热水压送到冷却构筑物进行降温，冷却后的水再由冷水泵抽送到生产车间使用。如果冷却构筑物的位置较高，冷却后的水可以自流进入生产车间供生产设备使用时，则可免去冷水泵。有时生产车间排出的废水温度并不高，但含有些机械杂质，需要把废水先送到净水构筑物进行处理，然后再用泵压回车间使用，这种情况一般就不设热水泵。有时生产车间排出的废水，既升高了温度又含有一定量的机械杂质，其处理工艺流程如图 5.7 所示。

一个大型工业企业中往往设有好几个循环给水系统。循环水泵站的工艺特点是其供水对象所要求的水压比较稳定，水量也仅随季节的气温改变而有所变化，但供水安全性要求一般都较高，因此，泵备用率较大，泵台数较多，有的一个循环泵站冷热水泵可达

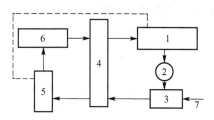

图 5.7 循环给水系统工艺流程

1—生产车间；2—净水构筑物；3—热水井；4—循环泵站；5—冷却构筑物；6—集水池；7—补充新鲜水

20～30 台。在确定泵数目和流量时，要考虑到一年中水温的变化，因此，可选用多台同型号泵，不同季节开动不同台数的泵来调节流量。循环泵站通常位于冷却构筑物或净水构筑物附近。

为了保证泵良好的吸水条件和管理方便，最好采用自灌式，即让泵顶的标高低于吸水井的最低水位，因此循环泵站大多是半地下式的。

5.2 水泵的选择

5.2.1 选泵基本原则

水泵的选择是指根据流量、扬程和它们的变化规律，确定水泵的型号、规格和台数。水泵的选择对泵站工程投资、能源消耗、运营成本、设备利用率和泵站的稳定安全运行等都具有很大的影响。因此，在泵站的规划和设计中选泵应遵循以下基本原则：

（1）应满足给水泵站设计流量、设计扬程及不同时期给水要求，并要求泵站在整个运行范围内，机组安全、稳定，具有最高的平均效率；

（2）所选水泵在平均扬程时，应在高效段运行，在最高和最低扬程时，应能安全、稳定运行；

（3）多种水泵综合比选时，应从水力性能、运行调度的灵活性、可靠性、工程投资和运行费用等因素综合分析确定；

（4）便于安装、运行管理和检修；

（5）留有发展余地。

5.2.2 选泵主要依据

选泵的主要依据是所需的流量、扬程以及其变化规律。

1. 取水泵站

从地表水源取水输送至净水构筑物的取水泵站，为了减小取水构筑物、输水管道和净

水构筑物的尺寸，节约基建投资，一般要求一级泵站均匀工作，及均匀供水方式。因此，泵站的设计流量应为：

$$Q_r = \frac{\alpha Q_d}{T}(\text{m}^3/\text{h}) \qquad (5-1)$$

式中：Q_r——取水泵站的设计流量（m^3/s）；

   Q_d——供水对象最高日流量（m^3/d）；

   α——计及输水管漏损和净水构筑物自身用水而加的系数，一般取 $\alpha=1.05\sim1.1$；

   T——取水泵站在一昼夜内工作小时数。

取地下水输送到集水池的一泵站，如果水质符合饮用水水质标准，则可以省去净水构筑物。在这种情况下，实际上是起二级泵站的作用，此时泵站的流量为：

$$Q_r = \frac{\beta Q_d}{T}(\text{m}^3/\text{h}) \qquad (5-2)$$

式中：β——给水系统中自身用水系数，一般 $\beta=1.01\sim1.02$。

对于供应工厂生产用水的一级泵站，其中泵的流量应视工厂生产给水系统的性能而定，如为直流给水系统，则泵站的流量变化时，可采取开动不同台数泵的方法予以调节。对于循环给水系统，泵站的设计流量（即补充新鲜水量）可按平均日用水量计算。如图 5.8 所示为一级泵站供水到净水构筑物的流程。

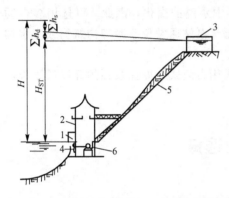

图 5.8　一级泵站供水到净水构筑物的流程
1—吸水井；2—泵站；3—净水构筑物；
4—吸水管路；5—压水管路；6—泵

取水泵站中泵的扬程是根据所采用的给水系统的工作条件来决定的。当泵站送水至净化构筑物时，泵站设计扬程按下式计算：

$$H = H_{ST} + \sum h_s + \sum h_d + H_C \qquad (5-3)$$

式中：H——泵站的扬程（m）；

   H_{ST}——静扬程，采用吸水井的最枯水位（或最低动水位）与净化构筑物进口水面标高差（m）；

   $\sum h_s$——吸压水管路的水头损失（m）；

   $\sum h_d$——输水管路的水头损失（m）；

   H_C——安全水头，一般 $1\sim2\text{m}$。

当直接向用户供水时，例如用深井泵抽取深层地下水供城市居民或工厂生活饮用水或生产冷却用水时，则泵的扬程为：

$$H = H'_{ST} + H_{sev} + \sum h \qquad (5-4)$$

式中：H'_{ST}——水源井中枯水位（或最低动水位）与给水管网中控制点的地面标高差（m）；

   $\sum h$——管路中的总水头损失（mH_2O）；

   H_{sev}——给水管网中控制点所要求的最小自由水压，也叫服务水头（mH_2O）。

2. 送水泵站

送水泵站直接向用户供水，用户用水量随机变化，因此，送水泵站应根据用户用水量的变化进行相应的调节，即送水泵站一般按最大日逐时用水变化曲线来确定各时段中泵的分级供水线。

（1）水泵加调节构筑物供水方式。对于中小城市由于用水量不大，泵站采用均匀供水方式，用高位水池或水塔调节水量。此种工作方式调节构筑物容积占全日供水量的比重较大，但其绝对值不大。用水高峰期，由送水泵站和调节构筑物联合供水，用水低峰时，则由泵站向调节构筑物补水，泵站的设计流量为最高日平均时用水量。

（2）分级供水方式。对于大城市的给水系统，由于用水量很大，多采取无水塔、多水源、分散供水系统，因此宜采取泵站分级供水方式，即泵站的设计流量按最高日最高时用水量计算，而运用多台同型号或不同型号的泵的组合来适应用水量的变化。一般按最高日逐时用水量变化曲线确定各时段水泵的供水量，如最大时用水量、最高日平均时用水量、平均日平均时用水量采用多泵并联运行供水。为了减少调度和实际操作的工作量，送水泵站供水分级以不超过4级为宜。

（3）定速泵与调速泵并联供水方式。对于用水量变化的给水系统，采用定速泵与调速泵并联运行，保证水泵能在高效段运行，同时提高扬程利用率。现代水厂调速泵主要通过变频实现，即平滑地改变异步电动机的供电频率 f 时，即可改变电动机转子的转速 n，从而实现变频水泵供水。譬如变频恒压供水通过自动控制装置以变频方式工作，水泵电机以软启动方式启动后开始运转，由远传压力表检测供水管网实际压力，管网实际压力与设定压力经过比较后输出偏差信号，由偏差信号控制调整变频器输出的电源频率，改变水泵转速，使管网压力不断向设定压力趋近。这个闭环控制系统通过不断检测、不断调整的反复过程实现管网压力恒定，从而使水泵根据需水量自动调节供水量，达到节能节水的目的。

对于送水泵站的设计扬程，应根据给水管网中有无高位水池（或水塔）及高位水池在管网中的位置，通过管网平差后计算确定，基本计算公式为：

$$H = H_{ST} + H_{sev} + \sum h + H_C \qquad (5-5)$$

式中：H——泵站所需扬程（m）；

H_{ST}——吸水井的最枯水位（或最低动水位）与给水管网控制点地面高程差（m）；

H_{sev}——给水系统服务水头（m）；

$\sum h$——从吸压水管路算起至控制点管道总水头损失（m）；

H_C——安全水头，一般1～2m。

5.2.3　选泵要点

选泵就是要确定泵的型号和台数。对于各种不同功能的泵站，选泵时考虑问题的侧重点也有所不同，一般可归纳如下。

1. 大小兼顾，调配灵活

众所周知，给水系统中的用水量通常是逐年、逐日、逐时地变化的，给水管道中水头损失又与用水量大小有关，因而所需的水压也是相应地变化的（对于取水泵站来说，泵所需的扬程还将随着水源水位的涨落而变化）。选泵时不能仅仅只满足最大流量和最高水压时的要求，还必须全面顾及用水量的变化。例如某泵站通过一条3000m长、500mm直径的钢管向某用水区供水，吸水井最低水位与用水区地面高差为1m，供水最不利点所需的服务水头为6m，泵站至最不利点的水头损失9.3m。用水区的用水量从最大为795m³/h到最小为396m³/h，逐时变化。按最大工况时的要求选泵，则泵的流量为795m³/h，由式(5-4)可得扬程：$H=1+6+9.3+2+1.5=19.8$(m)。其中站内管道水头损失估计为2m，安全水头为1.5m。

如果选用一台12SH-19型泵(流量为795m³/h，扬程为20m)，即可满足要求，但是，就全年供水来说，最大用水量出现的概率并不很多，往往只占百分之几，绝大部分时间，用水量和所需扬程均小于最大工况。因此，按上述方法选泵，将使泵站在长期运行中造成很大的能量浪费。

在图5.9上作出12SH-19泵的Q-H曲线和管路特性曲线。在最大用水量时，泵效率较高为$\eta=82\%$，流量满足要求，扬程也没有浪费。但是在最少用水量(396m³/h)时，管路中所需水压从20m减小到12m，而这时泵的扬程却从20m增加至26m，泵效率也下降到$\eta=63\%$，即泵实际消耗的能量大大超过管网所需的能量，造成很大的浪费。

设用水量的变化是均匀的，则图5.9中斜线画的面积可以表示浪费的能量。实际上由于最大用水量在整个设计期限内出现的概率极低，因此，浪费的能量远较图中斜线部分面积大。

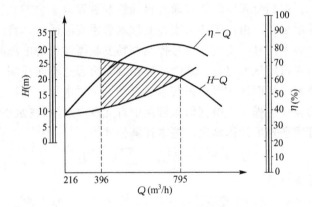

图5.9　12SH-19型泵特性曲线

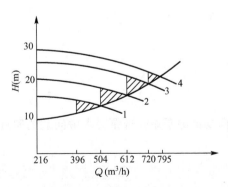

图5.10　四台不同型号泵的Q-H曲线

在上例中，如果选用几台不同型号的泵来供水，如图5.10所示，图中曲线1、2、3、4代表四台性能不同的泵的Q-H曲线。用水量从336～504m³/h，用泵1工作；用水量从504～612m³/h，用泵2工作；用水量从612～720m³/h，用泵3工作；用水量从720～795m³/h，用泵4工作。图中的斜线部分面积表示用水量为均匀变化时的能量浪费。显然，选用几台不同型号的泵比只用一台泵工作的情况浪费的能量少得多。

由此可见，在用水量和所需的水压变化较大的情况下，选用性能不同的泵的台数越多，越能适应用水量变化的要求，浪费的能量越少。例如管网中无调节水量构筑物，扬程中水头损失占相当大比重的二级泵站，其供水压力随用水量的变化而明显地变化。为了节省动力费用，就应根据管网用水量与相应的水压变化情况，合理地选择不同性能的泵，做到大小泵兼顾，在运行中可灵活调度，以求得最经济的效果。这类泵站的工作泵台数往往较多，一般为 3～6 台，甚至更多。当采用 3 台工作泵时，各泵间的设计流量比可采用 1∶2∶2。这样配置的 3 台工作泵可应付 5 种不同的流量变化。当采用 6 台工作泵时，各泵间的设计流量比可采用 1∶1∶2.5∶2.5∶2.5∶2.5。这样配置的 6 台工作泵可应付 14 种不同的流量变化。例如长沙市第三水厂日供水量 20 万 m³ 的送水泵房就是采用这种比例配置，效果甚好。实践表明，泵站的经常运行费用（主要是电费）占水厂制水成本约 50% 左右，甚至更大。根据上海自来水公司的统计，其所属水厂中的 5 个水厂 30 余年的电费支出，即相当于全市自来水企业的大部分投资。

2. 型号整齐，互为备用

从泵站运行管理与维护检修的角变来看，如果泵的型号太多则不便于管理。一般希望能选择同型号的泵并联工作，这样无论是电机、电器设备的配套与储备，还是管道配件的安装与制作，均会带来很大的方便。对于水源水位变化不大的取水泵站，管网中设有足够调节容量的网前水塔（或高地水池）的送水泵站以及流量与扬程比较稳定的循环泵站，均可在选泵中采用本要点给予侧重考虑。当全日均匀供水时，泵站可以选 2～3 台同型号的泵并联运行。

上述 2 个要点，形式上似乎有矛盾，但在实际工程中往往可以统一在选泵过程中。例如选用 5 台泵的泵站，其流量比一般不会采用 1∶2∶3∶4∶5，这样配置的泵，虽然它可应付 15 种工况变化，但是，泵站内泵大小各异，运行管理必然是复杂而不受人欢迎的。如果我们采用 1∶2∶3∶3∶3，这样配置的泵可应付 12 种工况变化，它便将上述两个要点融合在了一起。

3. 合理地用尽各泵的高效段

单级双吸式离心泵是给水工程中常用的一种离心泵（如 SH 型、SA 型）。它们的经济工作范围（即高效段），一般在 $0.85Q_P \sim 1.15Q_P$ 之间（Q_P 为泵铭牌上的额定流量值）。选泵时应充分利用各泵的高效段。

例如：某市已获得的最大日用水量逐时变化曲线如图 5.11 所示。该市管网中无水量调节构筑物，送水泵站向无水塔管网供水。可按下述方式选泵：

（1）按最大日平均小时流量的 70%（即 $0.7Q_{日/平均时}$）选泵。该选出泵的经济工作范围为：

$$\begin{cases} 0.7Q_{日/平均时} \times 0.85 = 0.59Q_{日/平均时} \\ 0.7Q_{日/平均时} \times 1.15 = 0.81Q_{日/平均时} \end{cases}$$

由于平均时的流量占全日流量的 4.17%，则上述的经济工作范围可折算为：

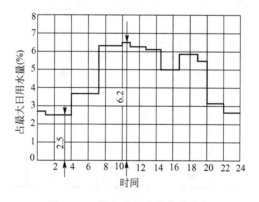

图 5.11 最大日用水量变化曲线

$$\begin{cases} 0.59 \times 4.17\% \times Q_日 = 2.46\%Q_日 \\ 0.81 \times 4.17\% \times Q_日 = 3.38\%Q_日 \end{cases}$$

（2）按最大日平均时流量的 100%（即 $1.0Q_{日/平均时}$）选泵，可得经济工作范围为（3.54%$Q_日$～4.6%$Q_日$）；

（3）按最大日平均小时流量的 130%（即 $1.3Q_{日/平均时}$）选泵，可得经济工作范围为

$(4.58\%Q_日\sim6.25\%Q_日)$。

把上述(1)、(2)、(3)种情况选出的泵，总体来观察可知：选出的泵可以在$(2.46\sim6.25)\%Q_日$范围内经济地工作。

(4) 近远期相结合的观点在选泵过程应给予相当的重视。特别是在经济发展活跃的地区和年代，以及扩建比较困难的取水泵站中，可考虑近期用小泵大基础的办法，近期发展采用换大泵轮以增大水量，远期采用换大泵的措施。

(5) 大中型泵站需作选泵方案比较。

5.2.4 水泵选择

1. 选择程序

1) 根据泵站设计流量、设计扬程、泵房的埋深和吸水水位等因素选择水泵型号

由于离心泵特性曲线相对平缓，具有高效区范围宽、能在扬程变化较大的情况下运行的特点，因此，通常情况下，设计扬程大于25m时宜选用离心泵。对于低扬程大流量的大型泵站，特别是扬程小于10m的场合，可以选用轴流泵，但应注意轴流泵的功率曲线为陡降，扬程的微小变化都会引起功率和效率的大幅度变化，因此，对于扬程变化大的泵站而言常采用全调节轴流泵，水泵结构复杂，辅助设备多，维修管理麻烦。对于扬程在6~25m的泵站，可以选择混流泵，混流泵功率曲线平坦，工作高效区范围小于离心泵但大于轴流泵，扬程变化对功率影响较小，同时混流泵抗气蚀性能较好。

2) 确定水泵台数

根据水量的变化情况的供水方式，确定同型号水泵台数或大小不同型号水泵组合搭配方式。当采取均匀供水时，可选择相同规格的水泵，当采用分级供水时，可选择不同规格的水泵混合搭配。为了维修、运行管理、调度方便，水泵的规格台数也不宜太多。对于送水泵房，确定水泵台数时，可参考表5-1。

表 5-1 按水厂规模确定水泵台数

水厂规模 (万 m³/d)	各泵流量比例 (大泵：小泵)	水泵台数			
		工作泵	备用泵	总数	水泵组合数
1 以下	2:1	2	1	3	3
1~5	2:2:1	2~3	1	3~4	5
5~10	2:2:2:1	3~4	1	4~5	7
10~30	2.5:2.5:2.5:1:1	4~5	1	5~6	11

3) 确定水泵规格

根据泵站设计流量和设计扬程及确定的工作泵的数量和流量比例，计算单个水泵的出水流量，根据水泵的特性曲线选择水泵的规格，计算水泵的效率和扬程利用率。所选择的水泵流量和扬程必须满足最高日最高时用水量要求，然而一天中最大时用水量历时不长，一年中最高日用水天数也不多，因此，水泵在最大供水量工况点时，不必要求效率和扬程利用率最高，而应该是最高日平均时、平均日平均时用水量范围内水泵效率和扬程利用率最高。

2. 备用泵设置

为了保证机组正常检修或发生事故时泵站仍能满足设计流量的要求，应该设置一定数量的备用泵。备用机组的设置不宜采用备用容量备用，而应采用备用台数备用。备用机组的数量应根据供水重要性，并满足机组正常检修要求进行确定。在不允许减少供水量的情况下（例如冶金工厂的高炉与平炉车间的供水），应有两套备用机组；允许短时间内减少供水量的情况下，备用泵只保证供应事故用水量；允许短时间内中断供水时，可只设一台备用泵。城市给水系统中的泵站，一般也只设一台备用泵。通常备用泵的型号可以和泵站中最大的工作泵相同。当管网中无水塔且泵站内机组较多时，也可考虑增设一台备用泵，它的型号和最常运行的工作泵相同。如果给水系统中具有足够大容积的高地水池或水塔时，可以部分或全部代替泵站进行短时间供水，则泵站中可不设备用泵，仅在仓库中贮存一套备用机组即可。

3. 近远期结合

给水工程应按远期规划、近远期结合、以近期为主的原则进行设计。对于土建困难的取水泵房，在考虑近期工程时必须为远期扩建作出妥当安排。通常采用在泵房内预留机组位置、小泵换大泵、预留机组位置与小泵换大泵相结合等方式。为充分利用现有泵房和设备，选配的远期水泵不宜大于近期水泵中最大水泵的输水能力，不能小于近期水泵中最小允许吸上真空高度。如果选配的远期水泵难以符合上述要求时，则泵房的平面尺寸、起重设备等均需按远期的最大水泵的要求进行设计。

5.2.5 方案比较与校核

1. 方案比较

满足水量和水压的水泵组合方式可能有多种，从工程投资、运行费用、维修管理等角度分析必然有最优者，因此在选泵完成之后应该对水泵组合方案进行比较分析。

【例5-1】 根据给水管网设计资料，已知最高日最高时用水量为920L/s，时变化系数 K_h 为1.7，日变化系数 K_d 为1.3，管网最大用水时水头损失为11.5m，输水管水头损失为1.5m，泵站吸水井最低水位到管网中最不利点地形高差为2m，用水区建筑物层数为3层，试进行送水泵站泵的选型设计。

【解】 （1）泵站设计流量和设计扬程。

采用分级供水方式，则泵站设计流量按最高日最高时用水进行确定，即为920L/s。

控制点服务水头为16m，假设用水量最大时泵站内水头损失为2m，考虑2m的安全水头，则泵站的最大扬程为：

$$H=2+16+1.5+11.5+2+2=35(m)$$

（2）选择水泵型号。

选择单级双吸卧式离心泵，初定为SH型。

（3）确定工作水泵台数。

选择3台工作泵，各泵流量分配按2:2:1。

149

（4）确定水泵规格并计算水量、扬程。

选择流量为 $Q=30$L/s 时，泵站内水头损失甚小，此时输水管和配水管网中水头损失也较小，今假定三者之和为 2m，则所需泵的扬程应为：

$$H=2+16+2+2=22(\text{m})$$

在 SH 型水泵型谱图上选择最大用水量工况点 a（920，35）和流量较小工况点 b（30，22）连线，见图 5.12。确定分级供水时，与扬程线 35m、22m 有交点及夹在两线间的水泵均可用于供水系统，但从 ab 线跨越高效段的情况及水泵流量分配比例来看，12SH－13、14SH－13、20SH－13 较为合适。

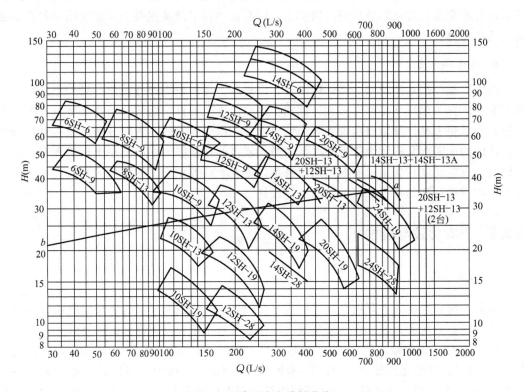

图 5.12　选泵参考特性曲线

（5）选泵方案及比较。

方案一：两台 12SH－13 和一台 20SH－13 组合，扬程 35m 时，12SH－13 和 20SH－13 出水量约为 200L/s、550L/s，三者并联出水量约为 950L/s，满足最大时用水量及水泵高效段工作范围的要求，同时扬程利用率较高。当用水量降低时，对水泵进行并联组合同样能满足用水量变化和水泵高效运行、扬程利用率高的要求。组合特性见图 5.13。

方案二：一台 14SH－13、一台 14SH－13A 及一台 12SH－13 组合，扬程 35m 时，出水量分别约为 410L/s、310L/s、200L/s，三泵并联总出水量满足最大时用水量及水泵高效段工作范围要求，同样进行水泵组合可以满足用水量变化要求和水泵在高效段、扬程利用率较高的要求。组合特性见图 5.14。

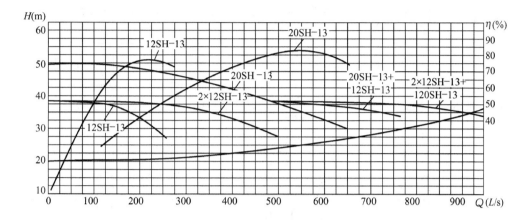

图 5.13 选泵方案一

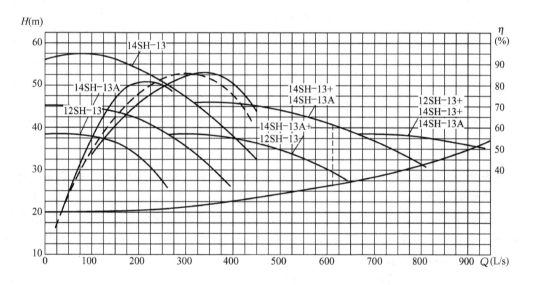

图 5.14 选泵方案二

根据水泵并联特性计算不同组合时，水泵供水量、效率和扬程利用率，计算结果见表 5 - 2。从出现频率较大的用水量变化范围 370～750L/s（接近于平均日平均时用水量460L/s）来看，方案一能量浪费较少，且同样三台工作泵规格较方案二少，故采用方案一。

（6）方案的复算。

上述方案是在假定泵站内水头损失的基础上得到的，在进行机组布置、管路设计之后，还应按泵站内最不利管段计算管道系统特性，重新复核工况，若所选的水泵能满足用水量变化和水压要求，水泵在高效区运行、扬程利用较高，则所选方案可行，否则需重新选泵。

表 5-2　选泵方案比较

方案编号	用水变化范围 (L/s)	运行泵及其 台数	泵扬程 (m)	所需扬程 (m)	扬程利用率 (%)	泵效率 (%)
方案一选用 一台 20SH-13 两台 12SH-13	750~920	一台 20SH-13 两台 12SH-13	40~35	34~35	82~100	80~88 78~82
	600~750	一台 20SH-13 一台 12SH-13	39~34	33~34	81~100	82~88 79~86
	460~600	一台 20SH-13	38~33	31~33	77~100	82~87
	240~460	两台 12SH-13	42~33	28~31	50~100	69~84
	<240	一台 12SH-13	>28	<28		<83
方案二选用 一台 14SH-13 一台 14SH-13A 一台 12SH-13	760~920	一台 14SH-13 一台 14SH-13A 一台 12SH-13	40~35	34~35	82~100	83~75 82~84 78~85
	570~760	一台 14SH-13 一台 14SH-13A	40~34	32~34	81~100	83~74 82~83
	370~570	一台 14SH-13A 一台 12SH-13	42~32	30~32	71~100	76~82 69~84
	240~370	一台 14SH-13A	42~30	28~30	80~100	76~78
	<240	一台 12SH-13	>28	<28		<83

2. 选泵校核

在泵站中泵选好之后，还必须按照发生火灾时的供水情况，校核泵站的流量和扬程是否满足消防时的要求。

就消防用水来说，一级泵站的任务只是在规定的时间内向清水池中补充必要的消防储备用水。由于供水强度小，一般可以不另设专用的消防泵，而是在补充消防贮备用水时间内，开动备用泵以加强泵站的工作。

因此，备用泵的流量可用下式进行校核：

$$Q = \frac{2a(Q_f + Q') - 2Q_r}{t_f} \qquad (5-6)$$

式中：Q_f——设计的消防用水（m^3/h）；

Q'——最高用水日连续最大 2h 平均用水量（m^3/h）；

Q_r——一级泵站正常运行时的流量（m^3/h）；

t_f——补充消防用水的时间，从 24~48h，由用户的性质和消防用水量的大小决定，见建筑设计防火规范；

a——计及净水构筑物本身用水的系数。

就二级泵站来说，消防属于紧急情况。消防用水其总量一般占整个城市或工厂的供水量的比例虽然不大，但因消防期间供水强度大，使整个给水系统负担突然加重。因此，应作为一种特殊情况在泵站中加以考虑。

例如，10 万人口的城镇，某二层混合建筑，其生活用水按 100L/(人·d)计，平均秒流量 q=116L/s，设工业生产用水按生活用水量的 30% 计算，为 $Q'=0.3\times116=35(L/s)$，合计 $\sum Q=151L/s$。消防时，按两处同时着火计，q_t=60L/s。可见，几乎使泵站负荷增加 40%。

因此，虽然城市给水系统常采用低压消防制，消防给水扬程要求不高，但由于消防用水的供水强度大，即使开动备用泵有时也满足不了消防时所需的流量。在这种情况下，可增加一台泵。如果因为扬程不足，那么泵站中正常运行的泵，在消防时都将不能使用，这时将另选适合消防时扬程的泵，而流量将为消防流量与最高时用水量之和。这样势必使泵站容量大大增加。在低压制条件下，这是不合理的。对于这种情况，最好适当调整管网中个别管段的直径，而不使消防时泵站扬程过高。

5.3 水泵机组的布置与基础

5.3.1 泵机组的布置

泵机组的排列是泵站内布置的重要内容，它决定泵房建筑面积的大小。机组间距以不妨碍操作和维修的需要为原则。机组布置应保证运行安全，装卸、维修和管理方便，管道总长度最短、接头配件最小、水头损失最小，并应考虑泵站有扩建的余地。机组排列形式有以下几种。

1. 纵向排列

纵向排列时水泵各机组轴线平行，如图 5.15 所示。纵向排列结构紧凑，电动机抽轴方便，建筑面积小，但泵房跨度大，管件多，水力条件较差，一般需要桥式吊车吊装。纵向排列适用于如 IS 型单级单吸悬臂式离心泵。因为悬臂式泵系顶端进水，采用纵向排列能使吸水管保持顺直状态(如图 5.15 中的泵 1)。如果泵房中兼有侧向进水和侧向出水的离心泵(如图 5.15 中泵 2 均系 SH 型泵或 SA 型泵)，则纵向排列的方案就值得商榷。如果 SH 型泵占多数时，纵向排列方案就不可取。例如 20SH-9 型泵，纵向排列时，泵宽加上吸压水口的大小头和两个 90°弯头长度共计 3.9m(图 5.16)。如果作横向排列，则泵宽为 4.1m，其宽度并不比纵排增加多少，但进出口的水力条件却大为改善，在长期运行中可以节省大量电耗。

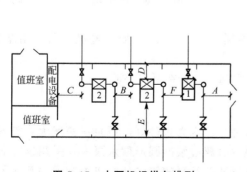

图 5.15 水泵机组纵向排列

1—IS 型水泵；2—SH 型水泵

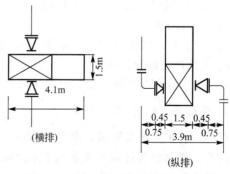

图 5.16 纵排与横排比较(20SH-9 型)

机组之间各部分尺寸应符合下列要求。

（1）泵房大门口要求通畅，既能容纳最大的设备（泵或电机），又有操作余地。其场地宽度一般用管外壁和墙壁的净距 A 表示。A 等于最大设备的宽度加 1m，但不得小于 2m。

（2）管与管之间的净距 B 应大于 0.7m，以保证工作人员能较为方便地通过。

（3）管外壁与配电设备应保持一定的安全操作距离 C。当为低压配电设备时 C 值不小于 1.5m，为高压配电设备时 C 值不小于 2m。

（4）泵外形凸出部分与墙壁的净距 D，须满足管道配件安装的要求，但是，为了便于就地检修泵，D 值不宜小于 1m。如泵外形不凸出基础，D 值则表示基础与墙壁的距离。

（5）电机外形凸出部分与墙壁的净距 E，应保证电机转子在检修时能拆卸，并适当留有余地。E 值一般为电机轴长加 0.5m，但不宜小于 3m，如电机外形不凸出基础，则 E 值表示基础与墙壁的净距。

（6）管外壁与相邻机组的突出部分的净距 F 应不小于 0.7m。如电机容量大于 55kW 时，F 应不小于 1m。

2．横向排列

横向排列时水泵轴线在一条直线上，如图 5.17 所示。

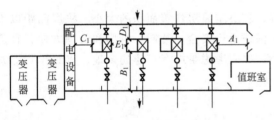

图 5.17　泵机组横向排列

横向排列泵房跨度较小，进出水管顺直，水力条件较好，吊装设备采用单轨吊车梁接口。但泵房较长，管件拆装不太方便。横向排列主要适用于侧向进、出水的泵，如单级双吸卧式离心泵 SH 型、SA 型水泵的布置。横向排列的各部分尺寸应符合下列要求。

（1）泵凸出部分到墙壁的净距 A_1 与上述纵向排列的第一条要求相同，如泵外形不凸出基础，则 A_1 表示基础与墙壁的净距。

（2）出水侧泵基础与墙壁的净距 B_1 应按水管配件安装的需要确定。但是，考虑到泵出水侧是管理操作的主要通道，故 B_1 不宜小于 3m。

（3）进水侧泵基础与墙壁的净距 D_1，也应根据管道配件的安装要求决定，但不小于 1m。

（4）电机凸出部分与配电设备的净距，应保证电机转子在检修时能拆卸，并保持一定安全距离，其值要求为：C_1＝电机轴长＋0.5m。但是，低压配电设备应 $C_1 \geqslant 1.5$；高压配电设备 $C_1 \geqslant 2.0m$。

（5）泵基础之间的净距 E_1 值与 C_1 要求相同，即 $E_1 = C_1$。如果电机和泵凸出基础，E_1 值表示为凸出部分的净距。

（6）为了减小泵房的跨度，也可考虑将吸水阀门设置在泵房外面。

3．横向双行排列（图 5.18）

横向双行排列布置紧凑，泵房面积小，管件少，水力条件好，但泵房跨度大，需安装桥式吊车。横向双行排列主要适用于采用单级双吸离心泵的圆形取水泵房，采用这种布置可节省较多的基建造价。应该指出，这种布置形式两行泵的转向从电机方向看去是彼此相反的，因此，在泵订货时应向水泵厂特别说明，以便水泵厂配置不同转向的轴套止锁装置。各部分尺寸要求，可参考横向单行排列的有关规定。

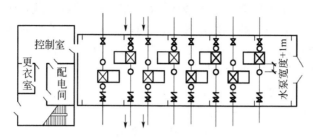

图 5.18　横向双行排列(倒、顺转)

5.3.2　泵机组的基础

　　水泵基础的作用是支承并固定机组，使它运行平稳，不发生剧烈振动，防止沉陷。因而要求基础有足够的强度和一定的重量满足刚度要求，对基础的要求是：①坚实牢固，除能承受机组的静荷载外，还能承受机械的振动荷载；②要浇筑在较坚实的地基上，不宜浇筑在松软地基或新填土上，以免发生基础下沉或不均匀沉陷。

　　卧式泵均为块式基础，其尺寸大小一般均按所选泵的安装尺寸所提供的数据确定。如无上述资料，对带底座的小型泵可选取：

　　基础长度 L＝底座长度 L_1＋(0.15～0.20)(m)

　　基础宽度 B＝底座螺孔间距(在宽度方向上)b_1＋(0.15～0.20)(m)

　　基础高度 H＝底座地脚螺钉的埋入深度＋(0.15～0.20)(m)

　　地脚螺钉的埋入深度一般为 $20d+4d$(d 为螺栓直径、$4d$ 为叉尾或弯钩高度)

　　对于不带底座的大、中型泵的基础尺寸，可根据泵或电动机(取其宽者)地脚螺孔的间距加上 0.4～0.5m，以确定其长度和宽度。基础高度确定方法同上。

　　确定基础的高度后还应根据重量要求进行复核。基础重量应大于机组总重量的 2.5～4.0 倍。在已知基础平面尺寸和混凝土容重的条件下，可计算出基础需要高度，基础高度一般应不小于 50～70cm。基础高度应高出室内地坪约 10～20cm。基础附近有管沟时，基础在地坪以下的深度不得小于管沟深度。由于水能促进振动的传播，基础的底应在地下水位以上，否则应将泵房底板做成整体的连续钢筋混凝土板，再将基础浇筑在底板上，此时可将底板的部分厚度计入基础厚度。

　　对于大型的立式泵机组的水泵、电机基础应分筑，设计原则与卧式水泵基础大体相同。特殊之处在于计算机组重量和考虑基础强度时应考虑下面的因素：对于立式水泵，从切线方向出水产生偏心力矩，靠水泵的自重不能平衡，以剪应力形式传给地脚螺栓，当闭闸启动时，产生的推力反作用于水泵，因而大功率立式水泵机组的电机基础负载，除电机自重外还需加上水泵叶轮、传动轴重量和轴向拉力。

　　为了保证泵站工作可靠、运行安全和管理方便，在布置机组时，应遵照以下规定。

　　(1) 相邻机组的基础之间应有一定宽度的过道，以便工作人员通行。电动机容量不大于 55kW 时，净距应不小于 0.8m；电动机容量大于 55kW 时，净距不小于 1.2m。电动机容量小于 20kW 时，过道宽度可适当减小。但在任何情况下，设备的突出部分之间或突出部件与墙之间应不小于 0.7m，如电动机容量大于 55kW 时，则不得小于 1.0m。

（2）对于非水平接缝的泵，在检修时，往往要将泵轴和叶轮沿轴线方向取出，因此在设计泵房时，要考虑这个方向有一定的余地，即泵离开墙壁或其他机组的距离应大于泵轴长度加上 0.25m，为了从电动机中取出转子，应同样地留出适当的距离。

（3）装有大型机组的泵站内，应留出适当的面积作为检修机组之用。其尺寸应保持在被检修机组的周围有 0.7～1.0m 的过道。

（4）泵站内主要通道宽度应不小于 1.2m。

（5）辅助泵（排水泵、真空泵）通常安置于泵房内的适当地方，尽可能不增大泵房尺寸。辅助泵可靠墙安装，只需一边留出过道。必要时，真空泵可安置于托架上。

5.4 管道设计

吸水管路和压水管路是泵站的重要组成部分，正确设计、合理布置与安装吸、压水管路，对于保证泵站的安全运行、节省投资、减少电耗影响很大。泵站内管道设计是指确定管道管径、管件设置、管线设置及管道敷设方式。

5.4.1 吸水管路的基本要求与布置

1. 基本要求

对吸水管路的基本要求是：不漏气、不集气、不吸气；管路短、管件少；有正确的吸水条件；便于安装、运行管理。

（1）管材多采用钢管或铸铁管。采用钢管时，接口可采用焊接或盘接，能有效地减少漏气的可能性，同时即使发生漏气也容易修复。

（2）泵吸水管内真空值达到一定值时，水中溶解气体就会因管路内压力减小而不断逸出，如果吸水管路的设计考虑欠妥时，就会在吸水管道的某段（或某处）上出现积气，形成气囊，影响过水能力，严重时会破坏真空吸水。为了使泵能及时排出吸水管路内的空气，吸水管应有沿水流方向连续上升的坡度 i，一般大于 0.005，以免形成气囊（图 5.19）。由图可见，为了避免产生气囊，应使沿吸水管线的最高点在泵吸入口的顶端。

（3）为减小吸水管路的水头损失，吸水管路断面积一般大于水泵吸入口断面积，吸水管路与水泵吸入口之间的连接管采用偏心渐缩管（偏心大小头），保证大小头的上部水平，以免在此处集气并使吸水线的最高点在水泵入口的顶端，如图 5.19 所示。

（4）在吸水井中吸水管末端应有一定的淹没深度、悬高和间距。为防止池中产生旋流和涡旋破坏水泵的吸水条件（吸入空气），吸水管进口应遵循以下规定：淹没深度 h（喇叭口下缘在最低水位下的深度）不得小于 0.5～1.0m，当淹没深度不够时应加设水平挡板，见图 5.20。为了防止泵吸入井底的沉渣，并使泵工作时有良好的水力条件，吸水管的进口高于井底不小于 0.8D（D 为吸水管喇叭口或底阀扩大部分的直径，通常取 D 为吸水管直径的 1.3～1.5 倍）；吸水管喇叭口边缘距离井壁不小于（0.75～1.0）D；在同一井中安装有几根吸水管时，吸水喇叭口之间的距离不小于（1.5～2.0）D。具体布置见图 5.21。

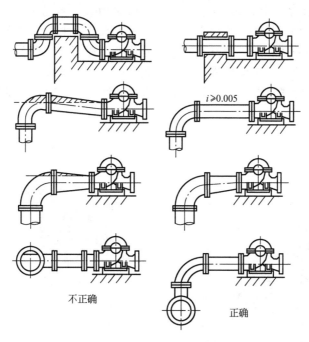

图 5.19　正确和不正确的吸水管安装

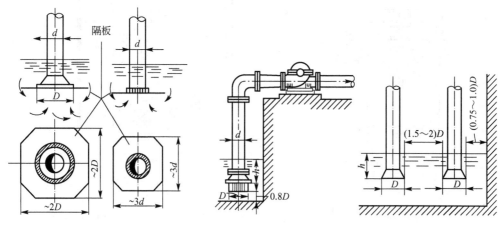

图 5.20　吸水管末端的隔板装置　　　　图 5.21　吸水管在吸水井中的位置

（5）每台水泵需有单独的吸水管。为保证正确的吸水条件，减小吸水管的水头损失，要求吸水管路管件少、管路短，每台水泵设置单独的吸水管。如果条件限制难以保证时，应保证每台工作泵有一条吸水管。

（6）采用自灌式工作的水泵，应在吸水管路上设置隔离闸阀，以便水泵检修时断水。

（7）为减少吸水管进口处的水头损失和改善吸水井的水流状态，吸水管进口通常采用喇叭口形式。当水泵采用自灌式工作或真空设备引水时，不设底阀；水泵采用压水管压力水灌泵时，应设底阀。如水中有较大的悬游杂质时，喇叭口外面还需加设滤网，以防水中杂物进入泵内。

底阀是一种止回阀，型号较多，它的作用是水只能吸入泵，而不能从吸水喇叭口流出。普通底阀结构示意如图 5.22 所示。底阀水流阻力大，容易卡涩、磨损，导致漏水，因此，需经常更换。底阀过去一般用水下式，装于吸水管的末端，在泵停车时，碟形阀门在吸水管中水压力及自重作用下落座，使水不能从吸水管逆流。现多采用水上式底阀，水上式底阀有使用效果良好、安装检修方便等优点。使用水上式底阀时，应保证底阀至泵吸入口间的水平管段有足够的长度，以保证泵充水启动后，管中能产生足够的真空值，具体见图 5.23。

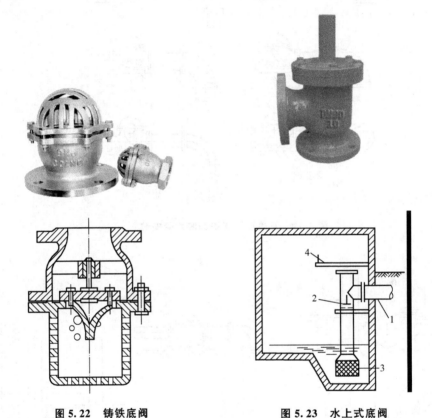

图 5.22　铸铁底阀　　　　　　　图 5.23　水上式底阀

1—吸水管；2—底阀；3—滤罩；4—工作台

　　(8) 水泵吸水管流速宜采用下述值：吸水管直径小于 250mm 时，流速宜为 1.0～1.2m/s；管径在 250～1000mm 时，流速宜为 1.2～1.6m/s；直径大于 1000mm 时，流速宜为 1.5～2.0m/s。

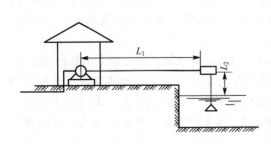

图 5.24　水上式底阀计算示意图

【例 5-2】　设泵安装高度为 4m，底阀距离吸水池中最低水位为 3.5m。试计算该水上式底阀正常工作所需的吸水管水平段 L_1 的长度(m)，如图 5.24 所示。

【解】　设泵启动前 L_1 段内的压力为 P_1，空气容积为 V_1，垂直段 L_2 内压力为 P_2，空气容积为 V_2。开始启动后，管段 L_1 与 L_2 中的压力为 P。按波义耳定律：$P(V_1+V_2)=P_2 \cdot V_2$。

假设忽略水头损失，则因泵的安装高度 $H_{ss}=4$m，得：$P=0.6$atm。又因底阀前后的吸水管径相同，故 V_1 及 V_2 可以用 L_1 及 L_2 来替代。因此：$0.6(L_1+3.5)=1\times3.5$，得：$L_1=2.33$m。

考虑到水管内的水头损失和泵填料盒漏气及经过水上式底阀本身的水头损失等，还须乘以修正系数 K，其值见表 5-3。

因此，L_1 段水管长度应为：

$$L_1=2.5\times2.33=5.8(m)（取 6m）$$

表 5-3   修正系数 K

安装高 H_{ss}(m)	2	3	4	5	6
K 值	1.9	2.1	2.5	3.0	3.7

2. 吸水管路布置

泵站采用一台水泵一条吸水管的布置，一般不设联络管，如果因为某种原因，必须减少泵吸水管的条数而设置联络管时，则在其上应设置必要数量的闸阀，以保证泵站的正常工作。但是这种情况应尽量避免，因为，在泵为吸入式工作时，管路上设置的闸阀越多，出事的可能性也越大。

图 5.25(a)所示为三台泵(其中一台备用)非自灌式工作水泵工作各设一条吸水管路的情况。泵轴线高于吸水井中最高水位，所以吸水管路上不设闸阀。

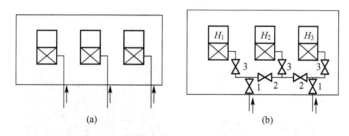

图 5.25   吸水管路的布置

图 5.25(b)所示为三台泵(其中一台备用)采用两条吸水管路的布置。在每条吸水管路上装设一个闸阀 1，在公共吸水管上装设两个闸阀 2，在每台泵附近装设一个闸阀 3。当两个闸阀 2 都关闭的时候，水分别由两条吸水管路引向泵 H_1 和 H_3。其他情况运转时(H_1 和 H_2 或 H_2 和 H_3)，要开启两个闸阀 2 中的一个。如果闸阀 1 中有一个要修理，则一条吸水管将供应两台泵吸水。

设置公共的吸水管路，虽然缩短了管线的总长度，但却增加了闸阀的数量和横联络管，所以它只适用于吸水管路很长而又不能设吸水井的情况。

5.4.2   压水管路的基本要求与布置

1. 压水管路的基本要求

对压水管的基本要求是：不漏水，不损管，管件少，安装、检修方便。

（1）泵站内的压水管路经常承受高压（尤其是发生水锤时），所以要求坚固而不漏水，通常采用钢管，并尽量采用焊接接口。但为便于拆装与检修，在适当地点可设法兰接口。

（2）为了安装检修方便和避免管路上的应力（如由于自重、受温度变化或水锤作用所产生的应力）传至泵，一般应在吸水管路和压水管路上需设置伸缩节或可曲挠的橡胶接头。水泵、管道、阀门等与管道连接时通过螺栓把它们连接起来，使其成为整体，并有一定的位移量，方便安装，并可承受管线的轴向压力。对泵、阀门等管道设备起保护作用。给水排水工程中常用的挠性接头为单（双）球型避振喉，如图5.26所示。双球体挠性接头是一个双法兰橡胶球形波纹短管，既能承受一定压力又具有一定的伸缩性。一般设置于水泵的进出口，此时，挠性接头具有除应力和隔振的双重作用。

（3）在管道弯头、三通等形成推力的部位应设置支墩或拉杆，在水泵进出口闸阀等处应设置座墩。

（4）在不允许水倒流的给水系统中，应在泵压水管上设置止回阀。一般在以下情况应设置止回阀：

① 井群给水系统；

② 输水管路较长，突然停电后，无法立即关闭操作闸阀的送水泵站（或取水泵站）；

③ 吸入式启动的泵站，管道放空以后，再抽真空比较困难；

④ 遥控泵站无法关闸；

⑤ 多水源、多泵站系统；

⑥ 管网布置位置高于泵站，如无止回阀时，在管网内可能出现负压。

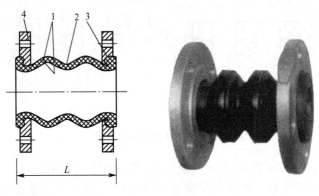

图 5.26　可曲挠双球体橡胶接头
1—主体；2—内衬；3—骨架；4—法兰

止回阀通常装于泵与压水闸阀之间，因为止回阀经常损坏，所以当需要检修、更换止回阀时，可用闸阀把它与压水管路隔开，以免水倒流入泵站内。这样装的另一个优点是，泵每次启动时，阀板两边受力均衡便于开启；缺点是压水闸阀要检修时，必须将压水管路中的水放空，造成浪费。因此也有的泵站，将此阀放在压水闸阀的后面。这样布置的缺点是当止回阀外壳因发生水锤而损坏时，水流迅速倒灌入泵站，有可能使泵站被淹。故只适用于水锤不严重的地面式泵站，或者将止回阀装设于泵站外特设的切换井中。

止回阀按结构形式分类可分为升降式止回阀、旋启式止回阀和蝶式止回阀三种。图5.27所示为法兰连接的旋启式止回阀，通常用于200~600mm的管路中。这种旋启式止回阀的最大缺点是没有缓开和缓闭功能，不能轻载启动泵和消除水锤，水泵和阀门常常容易出现事故。

(5) 为保证不中断供水和检修时断水，在压水管路上应设置必要的切换或隔离闸阀，因为承受高压，所以启闭都比较困难。当直径 $D \geqslant 400$mm 时，大都采用电动或水力闸阀。

(6) 泵站内压水管路采用的设计流速可比吸水管路大些，因为压水管路允许的水头损失较大。又因为压水管路上管件较多，减少了管件的直径，就可减小它们的质量、造价和缩小泵房的建筑面积。压水管路的设计流速为：

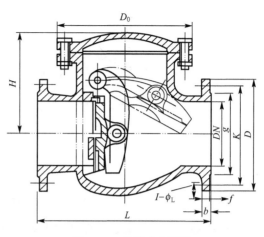

图 5.27 旋启式止回阀

① 管径小于 250mm 时，为 $1.5 \sim 2.0$m/s；

② 管径在 $250 \sim 1000$mm 时，为 $2.0 \sim 2.5$m/s；

③ 管径大于 1000mm 时候，为 $2.0 \sim 3.0$m/s。

2. 压水管道布置

压水管道布置时，应满足下列要求：

(1) 在泵站不中断供水而且出水减少量最小的条件下，能隔离任何一台水泵、阀门进行检修；

(2) 为保证供水的可靠性，泵站一般采用双输水管输水，每台泵应能供水至任意一条输水管；

(3) 在泵站范围内应是压水管路的水头损失最小。

泵站内水泵台数在 $2 \sim 3$ 台以上时，一般情况下设置两条输水管，一条联络管，若干阀门，以满足上述要求。

送水泵站通常在站外输水管路上设一检修闸阀，或每台泵均加设一个检修闸阀，即每台泵出口设两个闸阀。这种闸阀经常是处于开启状态的，只有当修理泵或水管上的闸阀时才关闭。这样布置，可大大地减少压水总联络管上的大闸阀个数，因而是较安全又经济的办法。

检修闸阀和联络管路上的闸阀，因使用机会很少，不易损坏，一般不再考虑修理时的备用问题，但是，所有常开闸阀，也应定期进行开闭的操作和加油保护，以保持其工作的可靠性。

压水管路及管路上闸阀布置方式的不同，与泵站的节能效果及供水安全性均有紧密联系。如图 5.28 所示的三台泵（两用一备）、两条输水管的两种不同方式布置中可看出，这两种布置共同的特点是，当压水管上任一闸阀 1 需要检修时，允许有一台泵及一条输水管停用，两台泵的流量由一条输水管送出。当修理任一闸阀 2 时，将停用两台泵及一条输水管。这两种方式布置的不同点在于，图中 5.28(a) 布置可省两个 90°弯头的配件，并且泵 Ⅰ、泵 Ⅱ 作为经常工作泵，水头损失甚小（水流通过三通时其阻力系数 $\zeta = 0.1$），它与图 5.28(b) 布置相比较具有明显的节能效果。

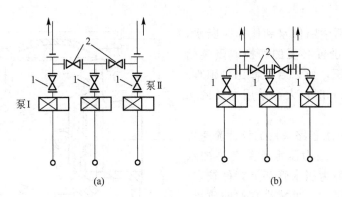

图 5.28　压水管不同方式布置比较

上述这种情况，如果必须保证有两台泵向一条输水管送水时，则应在联络母管 a—b 上增设两个双闸阀，如图 5.29(b)所示。有时为了缩小泵房的跨度，可将闸阀 1 装在联络母管 a—b 的延长线上，如图 5.29(c)所示。由此可看出，压水管上闸阀的设置，主要是取决于供水对象对于供水安全性的要求，不同要求应有不同的布置方式。

图 5.30 所示为 4 台泵向两条总压水管供水的布置图，其中一台为备用泵。当闸阀 2 之一要修理时，泵站还有两台泵及一条压水总管可供水，水量下降不多。假设只装一个闸阀 2，则当修理它时，整个泵站将停止工作。

有时为了减小泵房的跨度，将联络管置于墙外的管廊中或将联络管设在站外，而把联络管上的闸阀置于闸阀井中，如图 5.31 所示。

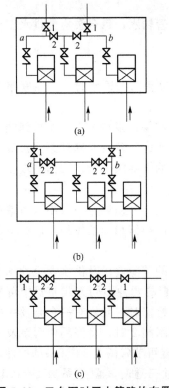

(a)

(b)

(c)

图 5.29　三台泵时压水管路的布置

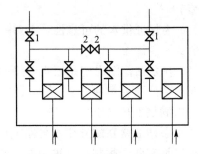

图 5.30　4 台泵的压水
管路布置

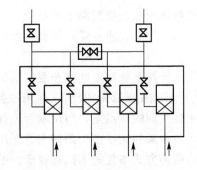

图 5.31　联络管在站外
的压水管路布置

5.4.3 吸水、压水管道敷设

吸水管路与压水管路的平、立面敷设(设计)应满足管路的基本要求。因此，管道敷设应遵循以下规定。

(1) 管路及其附件的布置和敷设应当保证使用和修理上的便利。敷设互相平行的管路时，应使管道外壁相距 0.4~0.5m，以便维修人员能无阻地拆装接头和配件。

(2) 为了承受管路中压力所造成的推力，应在必要的地方(如弯头、三通、泵进出口等处)装置支墩、拉杆、座墩、伸缩接头、挠性接头，以免将推力、应力传给水泵。

(3) 管道的适当位置应设排水口、放气孔，便于运行时放气和检修时放空。

(4) 泵站内的水管不能直接埋于土中，视具体情况可以选择如下敷设方式。

① 管槽式。即把管道置于砖或混凝土筑成的地沟中。地面式泵房或地下部分不深的泵房，广泛采用这种敷设。管道直径在 500mm 以下，建议敷设在地沟中或将两者之一敷设在地沟中，以利于泵站内的交通。直径大于 500mm 的水管，因不适于安装过多的弯头，宜直进直出，可连同泵一起安装在泵站机器间的地板上，泵吸、压水管安装呈一直线，不设弯头，可节约电耗。当水管敷设在泵站地板上时，应修建跨过管道并能走近机组和闸阀的便桥和梯子。在机组为数不多(不多于 2~3 套)和管路不很长的个别场合，直径大于 500mm 的水管也可以敷设于地沟中。

为便于检修和不妨碍交通，地沟上应有能承受设备负荷的活动盖板，为了便于安装和检修，从沟底到下管壁的距离不应小于 350mm，从管壁到沟的顶盖的距离应不小于 100~200mm。直径在 200mm 以下的水管应敷设在地沟的中间，沟壁与水管侧面的距离应不小于 350mm。直径为 250mm 或更大的水管应不对称地敷设于沟中，管壁到沟壁的距离，在一侧不应小于 350mm，而另一侧应不小于 450mm。沟底应有向集水坑或排水口倾斜的坡度 i，一般为 0.01。

② 夹层式。管道敷设于机器间下面的地下室中。专设的地下室空间高度不低于 1.8m，并有良好的通风及排水条件，顶板应有吊装孔并能承受最大设备的重量。此种布置方式土建造价高，只适用于有特殊要求的大型泵房。

③ 平台式。管道置于泵房的地板上，一般适用于泵埋深较大的大中型泵房，管道直径大于 500mm 的管道敷设。为便于交通和操作，一般在出水管一侧筑成平台或走道板。平台或走道板的高度以能穿越管道为标准，边缘与水泵基础应保证安装距离，在适当位置设置能下到水泵间的便梯。

④ 架空式。泵站内管道一般不宜架空安装。但地下深度较大的泵房，为了与室外管路连接，有时不得不做架空管道。管道架空安装时，应做好支架或支柱，但不应阻碍通行，更不能妨碍泵机组的吊装及检修工作。不允许将管道架设在电气设备的上方，以免管道漏水或凝露时，影响下面电气设备的安全工作。

(5) 吸、压水管在引出泵房之后，必须埋设在冰冻线以下，并应有必要的防腐防震措施。如管道位于泵站施工工作坑范围内，则管道底部应做基础处理，以免回填土发生过大的沉陷。

5.4.4 泵房室外出水管道敷设

1. 泵房室外出水管道敷设要求

泵房外出水管道的布置应根据泵站总体布置要求，结合地形、地质条件确定。管道敷设应力求短而直，避免曲折和转弯且方便施工和运行管理。

（1）为减小局部水头损失，出水管道的转弯角度宜小于 60°，转弯半径宜大于 2 倍管径。当管道在平面和立面上均需转弯，且位置相近时，宜合并成一个空间转角，以节省镇墩工程量。

（2）如管道立面有较大的向下转弯，为防止水倒流时出现的弥合水锤，要求将弯管管顶线布置在最低压力线以下，具体见第 5.7 节停泵水锤内容。

（3）出水管道应避开地质不良地段，不能避开时，应采取安全可靠的工程措施。敷设在填土上方的管道，填土应压实处理，并做好排水设施。管道跨越山洪沟渠时，应设置排洪建筑物。

（4）敷设在斜坡上的管道必须符合稳定要求。管道纵向敷设的角度不应超过地基土壤的内摩擦角。一般无锚固结构的管道敷设坡度可参考表 5-4。有锚固结构的管道可以任意选择纵向坡度，但不应使敷设坡度（m）小于 2，以免引起坍坡、水管下滑和镇墩过大等现象。

表 5-4　无锚固结构管道敷设坡度表

f	0.20	0.25	0.30	0.35	0.40	0.45	0.50	0.55	0.60
m	6.25	5.00	4.25	3.50	3.25	2.75	2.50	2.25	2.25

注：表中 f 为管壁与地基土壤在含水状态下的摩擦系数；m 为管道纵向敷设坡度（纵横比）。

2. 敷设方式

管道敷设方式通常分为明式敷设和暗式敷设。

1）明式敷设

明式敷设便于检修、养护，管内无水期管壁受温度影响较大，主要适用于采用法兰盘连接的较大管径的钢管。明式敷设应满足下列要求。

（1）为防止管道产生位移，管道转折处必须设置镇墩，镇墩间距不宜超过 100m。为避免管道的纵向伸缩变形，两个镇墩之间的管段必须设置伸缩节。

（2）管道支墩的形式和间距应经过技术经济比较分析确定。除伸缩节附近，其他各支墩宜采用等间距布置。支墩的高度以便于管道进行衔接为准，与管道的接触角应大于 90°。一般每根管段均应设一支墩，对于连续焊接的钢管，支墩的间距可以大些。

（3）管间净距不应小于 0.8m，钢管底部应高出管槽地面 0.6m。

（4）管坡的两侧及其挖方的上侧应设排水沟及截流沟，并采取防冲、防渗措施。管道两侧土坡应设置防护工程和水土保持工程。当管槽纵坡较陡时，应设人形阶梯便道，其宽度不宜小于 1m。

（5）当管径大于等于 1m 时且管道较长，应设管道检查孔，每条管道的检查孔不宜少于 2 个。

(6) 严寒地区冬季运行的管道，可根据需要采取防冻保护措施。

2) 暗式敷设

暗式敷设常用于管径小于 1400mm 的连续焊接钢管和钢筋混凝土管的敷设，受温度影响小，但检修困难。暗式敷设应满足以下要求。

(1) 管顶最小埋深应在最大冻土深度以下，回填土顶面应设置横向和纵向排水沟。

(2) 埋管宜采用连续垫座，垫座的包角为 90°～135°。

(3) 管间间距不应小于 0.8m。

(4) 埋入地下的钢管应做防腐处理；当地下水对钢管有侵蚀作用时，应采取防侵蚀措施。

(5) 埋管应设检查井，每条管的检查孔数量不宜少于 2 个。

5.5 给水泵站的主要辅助设备

5.5.1 引水设备

根据水泵的工作方式可以分为抽吸式和自灌式两类。大型泵站、供水安全要求高的泵站宜采用自灌式工作，自灌式工作的水泵，泵外壳顶点应低于吸水井最低水位，自灌式工作的水泵无需引水设备。对于抽吸式水泵，水泵启动前应充水（灌泵），引水方式可以分为吸水管带有底阀和吸水管不带底阀两类。

1. 吸水管带有底阀

(1) 人工灌泵引水：将水从泵顶的引水孔灌入泵内，同时打开排气阀。人工灌泵引水适用于临时性供水且为小型水泵的场合。

(2) 用压水管中的水倒灌引水：当压水管内经常有水，且水压不大而无止回阀时，直接打开压水管上的闸阀，将水倒灌入泵内。如压水管中的水压较大且在泵后装有止回阀时，直接打开送水闸阀引水就不行了，而需在送水闸阀后装设一旁通管引水入泵壳内，如图 5.32 所示。旁通管上设有闸阀，引水时开启闸阀，水充满泵后，关闭闸阀。此法设备简单，一般中、小型泵（吸水管直径在 300mm 以内时）多被采用。

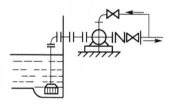

图 5.32 离心泵从压水管引水

2. 吸水管上不装底阀

吸水管不带底阀时，水泵只能真空引水。常用的抽真空设备有真空泵和水射器。

1) 真空泵引水

真空泵引水在泵站中采用较为普遍，其优点是泵启动快，运行可靠，易于实现自动化。目前使用最多的是水环式真空泵，常用型号有 S、SZ、SZB 等。其构造和工作原理详见第 4.5 节。

真空泵的排气量可近似地按下式计算：

$$Q_v = K \frac{(W_P + W_s) H_a}{T(H_a - H_{ss})} \qquad (5-7)$$

式中：Q_v——真空泵的排气量(m^3/h)；

W_P——泵站中最大一台泵壳内空气容积(m^3)，相当于泵吸入口面积乘以吸入口到出水闸阀间的距离；

W_s——从吸水井最低水位算起的吸水管中空气容积(m^3)，根据吸水管直径和长度计算，一般可查表5-5求得；

H_a——大气压的水柱高度，取10.33m；

H_{ss}——离心泵的安装高度(m)；

T——泵引水时间(h)，一般应小于5min，消防泵不得超过3min；

K——漏气系数，一般取1.05～1.10。

最大真空值 H_{vmax} 可由吸水井最低水位到泵最高点间的垂直距离计算。例如此距离为 4m，则：$H_{vmax} = 4 \times \dfrac{760}{10.33} = 284(mmHg)$。

表5-5　水管直径与空气容积的关系

D (mm)	100	125	150	200	250	300	350	400	450	500	600	700	800	900	1000
W_s (m^3/m)	0.008	0.012	0.018	0.031	0.071	0.092	0.096	0.120	0.159	0.196	0.282	0.385	0.503	0.636	0.785

根据 Q_v 和 H_{vmax} 查真空泵产品规格便可选择真空泵。

图5.33为泵站内真空引水设备布置示意图，系统由气水分离器、循环水箱、真空泵及相应的管道组成。气水分离器的作用是为了避免泵中的水和杂质进入真空泵内，影响真空泵的正常工作。对于输送清水的泵站也可以不用气水分离器。水环式真空泵在运行时，应有少量的水流不断地循环，以保持一定容积的水环及时带走由于叶轮旋转而产生的热量，避免真空泵因温升过高而损坏，为此，在管路上装设了循环水箱。但是，真空泵运行

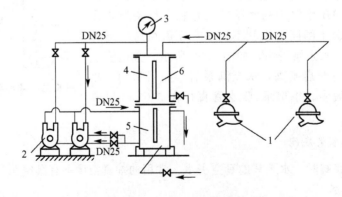

图5.33　真空泵引水管路系统

1—离心泵；2—水环式真空泵；3—真空表；4—气水分离器；5—循环水箱；6—玻璃水位计

时，吸入的水量不宜过多，否则将影响其容积效率，减少排气量。真空管路直径，根据泵大小，采用直径为 $d=25\sim50$mm。泵站内真空泵通常设置两台，一台工作一台备用。两台真空泵可共用一个气水分离器。

2）水射器引水

水射器的基本构造和工作原理详见第 4.1 节的内容。水射器引水装置示意图见图 5.34。由于水射器是利用压力水通过水射器喷嘴处产生高速水流，使喉管进口处形成真空，将泵内的气体抽走，因此，必须供给压力水作为动力。水射器应连接至泵的最高点处，在开动水射器前，要把泵压水管上的闸阀关闭，水射器开始带出被吸的水时，就可启动泵。

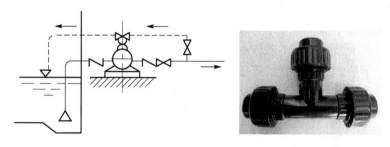

图 5.34 水射器引水

水射器具有结构简单、占地少、安装容易、工作可靠、维护方便等优点，是一种常用的引水设备。其缺点是效率低，需供给大量的高压水。

5.5.2 计量设备

为了有效地调度泵站的工作，并进行经济核算，泵站内必须设置计量设施。本章节从工艺设计的的角度，介绍一些常用的计量设备及其安装条件、工作环境和选用注意事项。

1. 电磁流量计

电磁流量计是利用法拉第电磁感应定律制成的流量计，当被测的导电液体，在测量管内以平均速度 v 切割磁力线时，便产生感应电势。感应电势的大小与磁力线密度和导体运动速度成正比，即：

而流量为

$$Q=\frac{\pi}{4}D^2v$$

可得：

$$Q=\frac{\pi}{4}\frac{E}{kB}D \tag{5-8}$$

式中：E——产生的电动势(V)；

$\quad\quad B$——磁力线密度(gs)；

$\quad\quad k$——系数；

$\quad\quad v$——液体通过测量管的平均流速(m/s)；

$\quad\quad D$——测量管内径(m)。

所以当磁力线密度一定时，流量将与产生的电动势成正比。测出电动势，即可算出流量。目前我国常用的型号为 LD 型。

电磁流量计的主要特点是：

（1）其传感器结构简单，工作可靠；

（2）水头损失小，仅是测量管内的沿程水头损失，且不易堵塞，电耗少；

（3）无机械惯性，反应灵敏，可以测量脉动流量，流量测量范围大，低负荷也可测量，输出信号与流量呈线性关系，测量精度约为±1.5%；

（4）安装方便，且与其他大部分流量计相比，前置直管段要求较低；

（5）重量轻，体积小，占地少；

（6）价格较高，怕潮、怕水浸。

电磁流量计的安装条件和安装环境如下。

（1）为了保证测量精度，电磁流量计上游要有一定长度的直管段，从电极中心算起上游 $5D$ 范围内、下游 $2D$（D 为管道直径）不得安装扰动水流的管件。

（2）尽量远离大电器设备，如电动机、变压器等，以免引起电磁场干扰。

（3）应选择周围环境温度为 $-25 \sim 60℃$ 范围内，相对湿度在 $10\% \sim 90\%$ 范围内。应尽量避免阳光直射和高温的场所。

（4）对于地下埋设的管道，电磁流量计的传感器应装在钢筋混凝土水表井内。井内有泄水管，井上有盖板，防止雨水的浸淹。

（5）电磁流量计的电源线和信号线，分别穿在两根不同套管内敷设，信号线所用的套管必须采用有接地保护的钢管，以避免信号干扰，提高仪表的可靠性和稳定性。

（6）为了便于在管道继续流动和传感器停止流动时检查、调整和清洗内壁，传感器最好装在旁路管；如果管径大于 $1.5 \sim 1.6m$，则应在电磁流量计附近管道上，预置人孔，以便于清洗内壁。在流量计的下游侧安装伸缩接头，以便于仪表的拆装。

（7）电磁流量计与管道连接时常采用法兰连接，选用的电磁流量计口径可等于或小于工艺管道直径，流量计的测量量程应比设计流量大，一般正常工艺流量为量程的 $65\% \sim 80\%$，而最大流量仍不超过量程。

2. 超声波流量计

超声波流量计是利用超声波在流体中传播时就载上流体流速的信息，通过接收到超声波就可检测流体的流速，从而计算出流量。根据不同的检测原理分类有：①传播时间法；②多普勒效应法；③波束偏移法；④相关法；⑤噪声法。目前实际运用最多的是传播时间法和多普勒效应法。

超声波流量计一般较多应用于送水泵站的计量，用于取水泵站时，则要认真分析原水水质状况以及选用的超声波流量计的性能指标。一般适用于原水中的固体悬浮物含量小于 $10000mg/L$，悬浮物含量过高时会影响测量精度。超声波流量计的收发器（探头）应安装在专门设置的井中，流量计上游离水泵 $50D$（D 为管径），离流量控制阀 $30D$ 以上，上游直管段 $10D$ 以上、下游直管段 $5D$ 以上。收发器应安装在管道的正侧面，收发探头的中心距离 L 应按样本规定要求。收发单元应安装在探头附近，传到讯号的导线应用屏蔽线，传输距离在 $50m$ 以内。

超声波流量计可用于多种流体输送的计量，如 LCD 系列用于浆体、污水、重油等的计量。LCZ 系列可用于水、化工液体的计量。LCM 主要用于明渠流的计量。

3．插入式涡轮流量计

插入式涡轮流量计主要利用流体流过管道时，推动涡轮头中的叶轮旋转，在较宽的流量范围内，叶轮的旋转速度与流量成正比。

插入式涡轮流量计的主要特点：

（1）高精度，一般为±0.5％～±1％，在所有流量计中最为精确；重复性好，短期重复性可达 0.05％～0.2％。

（2）输出脉冲频率信号，适于总量计量及与计算机连接，无零点漂移，抗干扰能力强。

（3）结构紧凑轻巧，安装维护方便，流通能力力大。

（4）压力损失较小，价格低，可制成不断流取出型。

（5）由于有活动部件，难以长期保持校准特性，需要定期校验。

（6）对被测流体的清洁度要求较高，虽可安装过滤器，但会带来投资加大、压损增大和维护量增大的问题。

插入式涡轮流量计主要适用于原水杂质含量较少的液体介质的计量，主要用于送水泵站。插入式涡轮流量计的传感器应安装在便于维修，管道无振动、无强电磁干扰与热辐射影响的场所，安装于室外时要有防雨和防晒措施。安装位置一般上游直管段长度不小于 $20D$，下游直管段长度不小于 $5D$。管道内水流的流速范围为 $0.5\sim2.5\mathrm{m/s}$。

4．插入式涡街流量计

涡街流量计又称卡门涡街流量计，是根据漩涡现象研制的测流装置，也是 20 世纪 70 年代在流量计领域里崛起的一种新型流量仪表。

涡街流量计具有结构简单牢固、安装维护方便、价格低廉等特点，但其应用于较大管径时测量精度有待提高，目前较多用于 DN300 以下的管道。

为保证测量元件产生的稳定涡街不受水流扰动的影响，保证测量精度，传感器安装点的上下游应有一定长度的直管和不装扰动水流的管件。

5．均速管流量计

均速管流量计是基于早期毕托管测速原理而研制的一种新型流量计。研究始于 20 世纪 60 年代末期，国外称为"阿纽巴"流量计。它主要由双法兰短管、测量体铜棒、导压管、差压变送器、开方器及流量显示、记录仪表等组合而成。

均速管流量计具有结构简单、制造成本低、安装维护方便、对上游直管段要求低等特点。选用时要根据管道条件和工艺参数严格计算，安装时只有根据实际条件合理装配，才能保证测量精度。

5.5.3 起重设备

泵房内，水泵、电动机、阀门及管道等设备的安装和检修，都需要起重设备。常用的起重设备移动吊架(手拉葫芦配三脚架)、单轨吊车和桥式行车(包括悬挂式起重机)三种，除移动吊架为手动外，其余两种既可手动，也可电动。

1．起重设备的选择

起重设备的选择，既要考虑最重设备的质量，也要顾及泵房内机组的台数。对设备可拆卸起吊(一般以 10t 为限)的，则按设备的最重部件考虑。表 5－6 及表 5－7 为参照规范给出的起重量与可采用的起重设备类型，可作为设计时的基本依据。对于泵房内水泵台数多的，可按高等级的选择。

表 5－6　泵房内起重设备选定

起重量(t)	可采用起重设备形式	起重量(t)	可采用起重设备形式
＜0.5	移动吊架或固定吊钩	2.0～5.0	手动或电动桥式行车
0.5～2.0	手动或电动单轨吊车	＞5.0	电动桥式行车

表 5－7　按起重量定的转弯半径

电动葫芦起重量(t) (CD$_1$ 型及 MD$_1$ 型)	最大半径 R(m)	电动葫芦起重量(t) (CD$_1$ 型及 MD$_1$ 型)	最大半径 R(m)
＜0.5	1.0	3	2.5
1～2	1.5	5	4.0

　　单轨吊车构造简单，价格低廉，对泵房的高度、宽度及结构要求都比起重机要小。由于泵房内起重设备仅仅用于安装和检修，利用率不高，因此有些泵房虽其设备最大质量超过了 5t，仍然采用单轨吊车的，即当起重量较大时，可用两个单轨吊车同时起吊同一部件。这种单轨吊车便于自制。图 5.35 为 1～10t 的 SDX 型手动单轨吊车的外形图。泵站起重设备选型时可根据起重量、行车跨度要求，参照有关样本选择合适的产品即可。

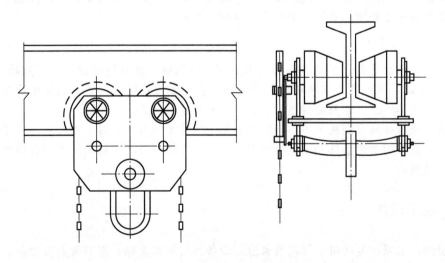

图 5.35　SDX 型手动单轨吊车外形图

2. 起重设备布置

起重设备布置需要考虑起重机的设置高度和作业面。起重设备形式不同，其作业范围与安装方式也不一样，要求的泵房高度也不一样。从泵房的墙壁至吊车的突出部分应不小于 0.1m。

1) 吊车形式与作业面

所谓作业面是指起重设备吊钩的服务范围。

固定吊钩、移动吊架的葫芦吊钩只能做垂直运动，因而只能为一台机组服务。

单轨梁吊车：吊钩做垂直运动，又能沿轨道做前后运动，吊钩的服务范围为一条直线，与吊车梁的布置有关。横向排列的机组，对应于机组轴线的上空布置吊车梁；纵向排列的机组，单轨则应设置在水泵和电机的上空。为了扩大单轨吊车的服务范围，可采用如图 5.36 所示的 U 形布置方式。轨道转弯半径 R 按起重量确定，并与电动葫芦的型号有关。

U 形轨布置具有选择性。由于水泵出水阀门操作频繁，容易损坏，检修机会多，所以一般选择出水阀门为吊运对象，并将单轨弯向出口阀门上方(要求一列式布置)。在轨道转弯处，应与墙壁或电气设备保持一定的安全距离。

桥式吊车：吊钩做垂直运动，小车沿梁做左右运动，大车沿轨道做前后运动，因此，桥式吊车服务范围为一个面。桥式吊车适用于任何排列的泵房。由于吊钩落点离泵房墙壁有一定距离，故沿壁四周形成一环状区域(图 5.37)的行车工作死角区。一般在闸阀布置中，吸水闸阀平时极少启闭，不易损坏，可允许放在死角区。当泵房为半地下式时，可以利用死角区域修筑平台或走道，为使设备能起吊，应向前延伸足够的尺寸，以便将设备直接置于汽车上。对于圆形泵房，死角区的大小通常与桥式行车的布置有关。

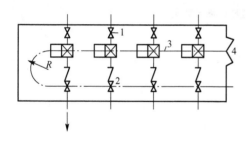

图 5.36　U 形单轨吊车梁布置图
1—进水阀门；2—出水阀门；
3—单轨吊车梁；4—大门

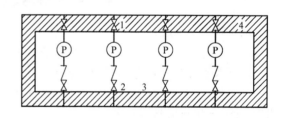

图 5.37　桥式行车工作范围内
1—进水阀门；2—出水阀门；
3—吊车边缘工作点轨迹；4—死角区

2) 吊车形式与泵房高度

泵房高度要满足起重设备安装高度的要求。吊车形式不同，所需要的高度也不一样，因而泵房高度也不一样。在计算吊车安装高度时，应保证：

(1) 泵房顶棚至吊车最上部距离不应小于 0.1m，从泵房的墙壁至吊车的突出部分应不小于 0.1m；

(2) 吊起重物后，能在机器间内的最高机组或设备顶上越过；

(3) 在地下式泵站中，应能将重物吊至运出口；

(4) 考虑汽车开进机器间时，则应能将重物吊到汽车上。

无起重设备时，泵房高度不得小于 3m(进口处室内地坪或平台至屋顶梁底的距离)；有吊起设备时，泵房高度应通过计算确定。图 5.38 为单轨梁吊车泵房高度计算示意图。

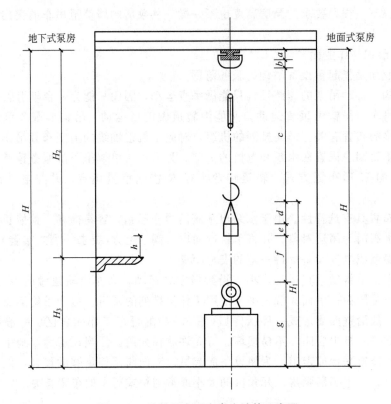

图 5.38　单轨吊车泵房高度计算示意图

地面式泵房高度：

$$H=a+b+c+d+e+f+g \qquad (5-9)$$

地下式泵房高度，当 $H_3 > f+g$ 时：

$$H=H_2+H_3 \qquad (5-10)$$

式中：a——单轨梁吊车高度；

　　　b——单轨吊车滑车高度；

　　　c——起重葫芦在钢丝绳绷紧状态下的长度；

　　　d——接挂绳高度(水泵为 $0.85x$，电机为 $1.2x$，x 为起重部件宽度)；

　　　e——最大一台水泵或电机高度；

　　　f——吊起物底部与最高一台机组顶部的距离，不小于 $0.5m$；

　　　g——最高一台机组顶部至室内地坪的高度；

　　　h——吊起物底部至室内平台(或室外地坪)的高度，不小于 $0.2m$。

其他辅助房间的高度可采用 3m。

深井泵房的高度须考虑下列因素：

(1) 井内扬水管的每节长度；

(2) 电动机和扬水管的提取高度；

(3) 不使检修三脚架跨度过大；

(4) 通风的要求。

深井泵房内的起重设备一般用可拆卸的屋顶式三脚架，检修时装于屋顶，适用于手拉链式葫芦设备。屋顶设置的检修孔，一般为 1.0m×1.0m。

5.5.4 通风与采暖

由于电动机等电气设备，及其在运行期间太阳的辐射而散发出大量的热量，往往造成夏季泵房室内温度很高，从而影响工作人员身体健康，降低电动机的工作效率，加快电动机的绝缘老化。实测资料表明，当电动机周围温度达到 50℃时，其功率降低 25％。

泵房通风方式可分为自然通风和机械通风两种。

机械通风根据进、排风方式的不同又可分为机械送风、自然排风，自然进风、机械排风及机械送风、机械排风等几种。选择泵房的通风方式，应根据当地的气象条件、泵房的结构形式及对空气参数的要求，并力求经济实用，有利于泵房设备布置和便于通风设备的运行维护。

1. 自然通风

泵房内一般采用自然通风。地面式泵房为了改善自然通风条件，往往设有高低窗，并且保证足够的开窗面积。

造成自然通风的空气对流的压差可能在两种情况下形成：由于冷热两部分空气自身重力，使空气产生对流的为热压通风；外界风力的作用，使空气产生对流的风压叫风压通风。风压通风随季节、时间而变，无风时则不能保证。因此，在计算时，往往只作热压通风计算。

当泵房内的空气温度比泵房外高时，室内的空气容重比室外的小，因而在建筑物的下部，泵房外的空气柱所形成的压力大，于是在这种由温度差而形成的压力差作用下，泵房外的低温空气就会从建筑物的下部窗口流入泵房内，同时泵房内温度高的空气的空气上升，在热力作用下就会从建筑物的上部窗口排至泵房外，这样泵房内外就形成了空气的自然对流。

1）自然通风计算任务

根据泵房的散热量或内外温差来计算通风所需的空气量，或根据泵房内外温差来计算泵房所需的进、出风口面积。将计算出的面积与实际所开门窗面积相比较，如果需要的面积小于实际所开门窗的面积，则自然通风能满足要求；否则，要调整门窗面积和高度，或者增设机械通风。

2）自然通风计算

（1）泵房热源散失热量。

泵房中主要热源是电动机，其他设备的散热量及太阳辐射等，可以按电机热量散失热量的 10％计算。则泵房总的散热量为：

$$Q = 1.1\beta \frac{1-\eta}{\eta} PZ \qquad (5-11)$$

式中：Q——泵房内的散热量（kJ/h）；

β——热工当量 ［3610kJ/(kW·h)］；

η——电动机效率；

P——电动机输出的最大功率，即水泵工作可能出现的最大轴功率（kW）；

Z——电动机同时运行的最多台数。

（2）通风量所需的空气量。

进入泵房的冷空气带入室内的热量与泵房内的散热量之和，应等于排出的热空气中所带走的热量，即：

$$Gct_c + Q = Gct_j \qquad (5-12)$$

$$G = \frac{Q}{c\Delta t} \qquad (5-13)$$

式中：G——通风所需空气量（kg/h）；

C——空气比热[kJ/(kg·℃)]；

Δt——泵房室内外温差，一般采用 3~5℃。

（3）进、出风口所需面积。

进风口面积：

$$F_1 = \frac{G}{3600\mu_1}\sqrt{\frac{1}{2gh_1\rho_1(\rho_1 - \rho_2)}} \qquad (5-14)$$

排风口面积：

$$F_2 = \frac{G}{3600\mu_2}\sqrt{\frac{1}{2gh_2\rho_2(\rho_1 - \rho_2)}} \qquad (5-15)$$

式中：μ_1、μ_2——进风口、排风口流量系数；

ρ_1、ρ_2——进风口、排风口空气密度（kg/m²）；

h_1、h_2——进风口、排风口中心至等压面的距离（m）。

计算一般采用试算的方法，先初步假定进风口、排风口的面积比为 1：2~1：3，然后确定等压面的位置，即：

$$\frac{h_1}{h_2} = \left(\frac{F_2}{F_1}\right)^2 \qquad (5-16)$$

2. 机械通风

当泵房为地下式或电动机功率较大，自然通风不够时，特别是南方地区，夏季气温较高，为使室内温度不超过 35℃，以保证操作人员有良好的工作环境，并改善电动机的工作条件，宜采用机械通风。

1）通风方式

（1）管道机械排风、自然进风。将风机安装在泵房上层窗户的顶上，通过接到电动机排风口的风道，将热风抽至室外，冷空气靠自然补给。当风道内的风压损失在 2mmH₂O 以内时，可直接利用泵房电动机本身的风扇自动排风，否则必须加设通风机排风。

（2）机械排风、自然进风。在泵房电动机附近安装风机，将电动机散发的热气，通过风道排至室外，冷空气也靠自然补给。

（3）对于埋入地下很深的泵房，当机组容量大，散热较多时，只采取排出热空气，自然补充冷空气的方法，其运行效果不够理想时，可采用进出两套机械通风系统。即除上述通风系统外，还可加设将室外冷空气直接送入电动机下方、热空气自然排除或风机排出的另一套通风系统。

2）机械通风计算

泵房通风设计主要是布置风道系统与选择风机。选择风机的依据是风量和风压。

（1）风量计算。

① 按泵房每小时换气 8～10 次所需通风空气量计算：为此须求出泵房的总建筑容积。设泵房总建筑容积为 $V(\mathrm{m}^3)$，则风机的排风量应为 $8～10V(\mathrm{m}^3/\mathrm{h})$。

② 按消除室内余热的通风空气量计算，其计算方法与自然通风相同。

另外，电动机样本中，一般都给出了电动机的冷却空气量，可与计算所得通风空气量进行比较，选用其中大者。

（2）风压计算。

通风所需风压，实际上就是计算空气在风道中流动的阻力损失，根据计算来选择风机型号。在设计风道时，可初选风道截面，根据需要的排风量，计算空气流速。工业建筑中常取 4～12m/s，离风机最远的一段风道正常风速 1～4m/s，离风机最近的一段采用 6～12m/s。然后再根据风道布置情况分别计算沿程和局部阻力损失。

沿程损失：

$$h_\mathrm{f}=l\cdot i(\mathrm{mmH_2O})\tag{5-17}$$

式中：l——风管的长度（m）；

　　　i——单位长度风管的损失，根据管道内通过的风量和风速，由通风设计手册查得。

局部损失：

$$h_\mathrm{f}=\sum\zeta\frac{v^2\gamma}{2g}(\mathrm{mmH_2O})\tag{5-18}$$

式中：ζ——为局部阻力系数，查通风设计手册求得；

　　　v——风速（m/s）；

　　　γ——空气的容重，当 $t=30℃$ 时，$\gamma=1.12\mathrm{kg/m^3}$。

所以风管中的全部阻力损失为：

$$H=h_\mathrm{f}+h_l\tag{5-19}$$

通风机根据所产生的风压大小，分为低压风机（全风压在 $100\mathrm{mmH_2O}$ 以下），中压风机（全风压在 $100～300\mathrm{mmH_2O}$ 之间）和高压风机（全风压在 $300\mathrm{mmH_2O}$ 以上）。

泵房通风一般要求的风压不大，故大多采用低压风机，即轴流式风机便可满足要求。

一般说来，轴流式风机应装在圆筒形外壳内，并且叶轮的末端与机壳内表面之间的空隙不得大于叶轮长度的 1.5%。如果吸气侧没有风管，则在圆筒形外壳的进风口处需装置边缘平滑的喇叭口。

3. 采暖

我国各地区的气温差别很大，需根据各地的实际情况及设备的要求，合理选择采暖方式。

在寒冷地区，泵房应考虑采暖设备。泵房采暖温度：对于自动化泵站，机器间为5℃；非自动化泵站，机器间为16℃。在计算大型泵房采暖时，应考虑电动机所散发的热量，但也应考虑冬季天冷停机时可能出现的低温。辅助房间室内温度在18℃以上。对于小型泵站可用火炉取暖，我国南方地区多用此法，大中型泵站中也可考虑采取集中采暖方法。

5.5.5　泵房内部给水与排水

泵站内部给水系统是指为泵站生产、生活服务的供水系统，给水系统包括技术供水、消防供水和生活供水。供给生产上的用水称作技术供水，主要是供给主机组和某些辅助设备的冷却润滑水，如大型电动机的空气冷却器用水、轴承油冷却器的冷却用水、橡胶轴承的润滑用水、水环式真空泵的工作用水和水冷式空气压缩机的冷却用水等。技术供水是泵站供水的主体，其供水量占全部供水量的 85% 左右。

供水系统设计应符合下列规定：

(1) 供水系统应满足用水对象对水质、水压和流量的要求。水源含沙量较大或水质不满足要求时，应进行净化处理，或采用其他水源。生活饮用水应符合现行国家标准《生活饮用水卫生标准》(GB 5740—2006) 的规定。

各种用途技术供水量计算见表 5-8，其供水总量为表列各部分用水量的总和。当电动机容量在 3000kW 以下，采用机械通风方式时，则不计空气冷却器的用水量。

大型泵站常用大型电动机冷却用水量和大型轴流泵润滑用水量分别如表 5-9、表 5-10 所示。水冷式空压机冷却用水量和水环式真空泵供水量与抽气量的关系分别如表 5-11、表 5-12 所示。

(2) 自流供水时，可直接从水泵出水管取水；采用水泵供水时，应设能自动投入工作的备用泵。供水泵进水管内的流速宜按 1.5～2.0m/s 选取，出水管内的流速宜按 2～3m/s 选取。

(3) 采用水塔(池)集中供水时，其有效容积应满足：

① 轴流或混流泵站取全站 15min 的用水量；

② 离心泵站取全站 2～4h 的用水量；

③ 满足停机期间全站生活需水量的要求。

(4) 每台供水泵应有单独的进水管，管口应有拦污设施，并易于清污；水源污物较多时，宜设备用进水管。

(5) 沉淀池或水塔应有排沙清污设施，在寒冷地区还应有防冻保温措施。

表 5-8 技术供水量计算

序号	用途	用水量计算公式	参数意义及单位
1	空气冷却器用水 Q_1(m³/s)	$Q_1 = \dfrac{3.6 \times 10^6 \Delta P_m}{\rho c \Delta t}$ $\Delta P_m = P_m \dfrac{1-\eta_m}{\eta_m}$	ΔP_m——电动机损耗功率(kW)； P_m——电动机额定功率(kW)； η_m——电动机效率； c——水的比热，取 $c=4186.8$J/(kg·℃)； ρ——水的密度(kg/m³)； Δt——空冷器进、出口水温差，一般取 $\Delta t = 3\sim5$℃
2	推力轴承冷却器用水 Q_2(m³/s)	$Q_1 = \dfrac{3.6 \times 10^6 \Delta P_{tb}}{\rho c \Delta t}$ $\Delta P_{tb} = Pfv/1000$	ΔP_{ab}——推力轴承损耗功率(kW)； P——轴向总推力，为轴向水推力和机组转子部分重力之和(N)； f——推力轴承镜板与轴瓦间的摩擦系数，运转时一般取 $f=0.002\sim0.001$，油温在 40～50℃时，取 $f=0.003\sim0.004$； v——推力轴瓦上 2/3 直径处的圆周速度(m/s)

（续）

序号	用途	用水量计算公式	参数意义及单位
3	上、下导轴承油冷却器用水 Q_3（m^3/s）	$Q_3=(0.1\sim0.2)Q_2$	
4	水泵橡胶导轴承润滑用水 Q_4（L/s）	$Q_4=\dfrac{9.8BlD_p v^{3/2}}{\rho c\Delta t}$ 初步估算时，可采用下式估算： $Q_4=(1\sim2)Hd^3$	B——与主轴圆周速度有关的系数，一般取 0.18 左右； l——轴瓦高度（cm）； D_p——橡胶导轴承内径（cm）； v——主轴圆周速度（m/s）； ρ——水的密度（kg/m^3）； Δt——润滑水温升，一般取 $\Delta t=3\sim5℃$； c——水的比热，取 $c=4186.8J/(kg\cdot℃)$； H——导轴承入口处的水压力，应大于或等于水泵的最大扬程（mH_2O）； d——导轴承处的轴颈直径（m）
5	水冷式空压机冷却用水	按厂家资料确定	

表 5-9　大型电动机冷却用水量

电动机型号	上轴承油槽冷却用水量	下轴承油槽冷却用水量	空气冷却器冷却用水量
TL 800-24/2150	10		无
TL 1600-40-3250	17		无
TDL 325/56-40	17		无
TL 3000-40/3250	15.5	1.0	无
TDL 535/60-56	15	1.3	100
TDL 550/45-60	7	0.5	200
TL 7000-80-7400	2.5	40	184

表 5-10　大型轴流泵润滑用水量

水泵型号	64ZLB-50 16CJ80	28CJ56	ZL30-7	28CJ90	40CJ95	45CJ70
填料密封及水泵导轴承密封润滑用水		1.8		7.2	3.6	

表 5 - 11　水冷式空气压缩机冷却用水量

型号	规格	排气量 （m³/min）	排气压力 （×10⁵Pa）	冷却用水量 （m³/h）
A - 0.6/7	立式单级双缸单动水冷式	0.6	7	0.9
A - 0.9/7	立式单级双缸单动水冷式	0.9	7	0.9
V - 3/8 - 1	V 形两级双缸单动水冷式	3	8	≤0.9
V - 6/8 - 1	V 形两级四缸单动水冷式	6	8	≤1.8
1 - 0.433/60	立式两级双缸单动水冷式	0.433	60	0.5
CZ - 60/30	立式两缸单动单动水冷式	1	30	1

表 5 - 12　水环式真空泵抽气量与供水量的关系

抽气量 （m³/min）	0.1	0.22	0.35	0.63	1.00	1.40	2.24	3.15	4.0	5.0	7.1	9.0
供水量 （L/min）	2	3.6	5	8	11	15	21	28	34	34	51	60

（6）供水系统应装设滤水器，在密封水和润滑水管路上还应加设细网滤水器，滤水器清污时供水不应中断。

泵房工艺间应有防火、安全设施。如大容量油断路器应置于封闭间内，设置防火墙、防火门。泵站内外应设置消火栓和其他灭火器材，但要注意到电气设备不能用消火枪和一般湿式灭火器材灭火。

（7）泵房室内消防用水量宜按 2 支水枪同时使用计算，每支水枪用水量不应小于2.5L/s。消防设施的设置应符合下列规定。

① 同一建筑物内应采用同一规格的消火栓、水枪和水带，每根水带的长度不应超过 25m。

② 一组消防水泵的进水管不应少于 2 条，其中一条损坏时，其余的进水管应能通过全部用水量。消防水泵宜用自灌式充水。

③ 室内消火栓应设于明显的易于取用的地点，栓口离地面高度应为 1.1m，其出水方向与墙面应成 90°。室内消火栓的布置，应保证有 2 支水枪的充实水柱同时到达室内任何部位。

④ 主泵房电机层应设室内消火栓，其间距不宜超过 30m。

⑤ 单台储油量超过 5t 的电力变压器、油库、油处理室应设水喷雾灭火设备。

（8）室外消防给水管道直径不应小于 100mm；室外消火栓的保护半径不宜超过 150m，消火栓距离路边不应大于 2.0m，距离房屋外墙不宜小于 5m。

泵站在运行和检修过程中，需要及时排除泵房内的各种渗漏水、回水和积水。其中除一部分可以自流排出泵房外，大部分需借助排水机械设备予以排出。

排水系统设计应符合下列规定。

（1）泵站应设机组检修及泵房渗漏水的排水系统，泵站有调相要求时，应兼顾调相运行排水。检修排水与其他排水合成一个系统时，应有防止外水倒灌的措施，并宜采用自流排水方式。

（2）排水泵不应少于2台，其流量确定应满足下列要求：

① 无调相运行的泵站，排水泵可按4～6h排除单泵流道积水和上、下游闸门漏水量之和确定；

② 采用叶轮脱水方式作调相运行的泵站，按一台机组检修，其余机组按调相的排水要求确定，调相运行时流道内的水位应低于叶轮下缘0.3～0.5m；

③ 渗漏排水自成系统时，可按15～20min排除集水井积水确定，并设一台备用排水泵。

（3）排水泵管道出口上缘应低于进水池最低运行水位，并在管口装设拍门。

（4）采用积水廊道时，其尺寸应满足人工清淤的要求，廊道出口不应少于2个；采用集水井时，井的有效容积按6～8h的漏水量确定。

（5）渗漏排水和调相排水应按水位变化实现自动操作，检修排水可采用手动操作。

（6）在主泵进、出水管道的最低点或出水室的底部，应设放空管；排水管道应有防止水生生物堵塞的措施。

（7）蓄电池室含酸污水及生活污水的排放，应符合环境保护的有关规定。

5.5.6　泵房安全设施

泵房中防火主要是防止用电起火以及雷击起火两种。起火的可能是用电设备过负荷超载运行、导线接头接触不良、电阻过大发热使导线的绝缘物或沉积在电气设备上的粉尘自燃、短路的电弧能使充油设备爆炸等。在江河边的取水泵房，常常设置在雷击较多的地区，泵房上如果没有可靠的防雷保护设施，便有可能发生雷击起火。

泵站中防雷保护设施常用的是避雷针、避雷线及避雷器3种。

避雷针是由镀锌铁针、电杆、连接线和接地装置所组成（图5.39）。落雷时，由于避雷针高于被保护的各种设备，它把雷电流引向自身，承受雷电流的袭击，于是雷电先落在避雷针上，然后通过针上的连接线流入大地使设备免受雷电流的侵袭，起到保护作用。

避雷线作用类同于避雷针，避雷针用以保护各种电气设备，而避雷线则用在35kV以上的高压输电架空线路上，如图5.40所示。

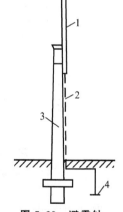

图5.39　避雷针
1—镀锌铁针；2—连接线；
3—电杆；4—接地装置

避雷器的作用不同于避雷针(线)，它是防止设备受到雷电的电磁作用而产生感应过电压的保护装置。如图5.41所示为阀型避雷器外形。其主要组成有两部分：一是由若干放电间隙串联而成的放电间隙部分，通常叫火花间隙，一是用特种碳化硅做成的阀电阻元件，外部用瓷质外壳加以保护，外壳上部有引出的接线端头，用来连接线路。避雷器一般是专为保护变压器和变电所的电气设备而设置的。

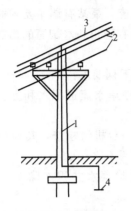

图 5.40　避雷线
1—避雷线；2—高压线；
3—连接线；4—接地装置

图 5.41　阀型避雷器
1—接线端头；2—瓷质
外壳；3—支持夹

泵站安全设施中除了防雷保护外，还有接地保护和灭火器材的使用。

接地保护是接地线和接地体的总称。当电线设备绝缘破损，外壳接触漏了电，接地线便把电流导入大地，从而消除危险，保证安全(图 5.42)。图 5.43 所示为电器的保护接零。它是指电气设备带有中性零线的装置，把中性零线与设备外壳用金属线与接地体连接起来。它可以防止变压器高低压线圈间的绝缘破坏时而引起高压电加于用电设备，危及人身安全的危险。330V/200V 或 220V/127V，中性线直接接地的三相四线制系统中的设备外壳，均应采用保护接零。三相三线制系统中的电气设备外壳也均应采用保护接地设施。

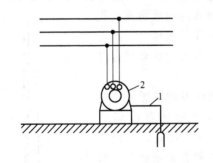

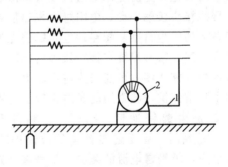

图 5.42　保护接地
1—接地线；2—电动机外壳

图 5.43　保护接零
1—零线；2—设备外壳

泵站中常用的电气灭火器材有四氯化碳灭火器、二氧化碳灭火器、干式灭火器等。

5.6　给水泵站电气概述

给水泵站中的变配电设施基本上相同于一般工矿企业的变配电设施，但在一些具体问题上，有其本身的特点。

5.6.1　变配电系统中负荷等级及电压选择

1. 负荷等级

电力负荷的等级，是根据用电设备对供电可靠性的要求来决定的。电力负荷一般分为三级。

（1）一级负荷是指突然停电将造成人身伤亡危险，或重大设备损坏且长期难以修复，因而给国民经济带来重大损失的电力负荷。大中城市的水厂、钢铁厂及炼油厂等重要工业企业的净水厂均应按一级电力负荷考虑。一级负荷的供电方式，应有两个独立的电源供电，按生产需要与允许停电时间，采用双电源自动或手动切换的接线或双电源对多台一级用电设备分组同时供电的接线。独立电源是指若干电源中，任一电源故障或停止供电时，不影响其他电源继续供电。同时，具备下列两个条件的发电厂、变电站的不同母线段均属独立电源：①每段母线的电源来自不同的发电机；②母线段之间无联系，或虽有联系，但在其中一段发生故障时，能自动断开而不影响另一段母线继续供电。

（2）二级负荷是指突然停电产生大量废品、大量原材料报废或将发生主要设备破坏事故，但采用适当措施后能够避免的电力负荷。对有些城市水厂而言，则应是允许短时断水，经采取适当措施能恢复供水，利用管网紧急调度等手段可以避免用水单位造成重大损失者属于这种负荷。例如有一个以上水厂的多水源联网供水的系统或备用蓄水池的泵站，或有大容量高地水池的城市水厂。二级负荷的供电方式，应由两回路供电，当取得两回路线路有困难时，允许由一回路专用线路供电。

（3）三级负荷指所有不属一级及二级负荷的电力负荷。例如，村镇水厂，只供生活用水的小型水厂等。其供电方式，无特殊要求。

2. 电压选择

水厂中泵站的变配电系统，随供电电压等级的不同而异。电压大小的选定，与泵站的规模（即负荷容量）和供电距离有关。目前，电压等级有下列几种：380V、220V、10kV、35kV等。对于总功率小于100kW的水厂，供电电压一般为380V。对于大多数中小型净水厂，供电电压以10kV居多。对于大型水厂，大多供电电压为35kV。

一般由380V电压供电的小型水厂，往往只可能有一个电源。因此，不能确保不间断供水。由10kV电压供电的中型水厂，需视其重要程度可由两个独立电源同时供电，或由一个常用电源和一个备用电源供电。10kV电源可直接配给泵站中的高压电机。水厂内其他低压用电设备可通过变压器将电压降至380V。10kV级的高压电机产品型号，近年来已开始逐步增多。

5.6.2　泵站中常用的变配电系统

变配电设备是泵站中的重要组成之一。工艺工程师掌握有关变配电知识就能够向电气设计人员提出明确的要求和资料，使整个设计更臻完善。图5.44所示为10kV总变电所（双电源）的接线图。总变电所设有两台主变压器，两台厂变压器。主变压器将10kV电压降为6kV后进行配电。厂变压器将10kV降为380V后进行配电。变压器容量均按6kV

(或380kV)全负荷的75%～100%考虑。图中每个油开关前后均设置隔离开关。隔离开关主要是在油开关需要检修时起切断电路的作用。在高压电路中，隔离开关只能在断路情况下动作，以免带负荷拉闸造成强电弧烧损隔离开关的刀口或烧伤操作人员。泵站中如配用的是10kV的高压电机，则可直接连接。

图5.45为6～10kV变电所常用接线图。图中5.45(a)适用于一个常用电源、一个备用电源，可以自动切换，中间的隔离开关作检修时切断之用。图中5.45(b)适用于备用电源允许手动切换，切换时可以短时间停电的场合。对于中小型水厂一般均由6kV或10kV电压以双回路供电，经降压为380V后进行配电使用。水厂泵站中应设置变电所，安装两台变压器，每台变压器容量可按水厂最大计算容量的75%的备用量选择。

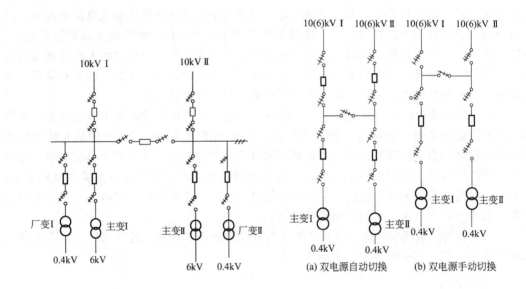

图5.44　10kV总变电所接线图　　　　图5.45　6～10kV变电所常用结线

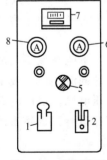

图5.46　常用高压配电屏

图5.46所示为常用的高压配电屏的外形与接线图。图中的油开关是操作用的开关，开关盒内装有变压器油，在接通与断开瞬间，油可起灭弧作用。图中的隔离开关仅起隔离作用。因此在泵闭闸启动过程，应先推上隔离开关(此时电路仍未接通)，然后再推上油开关(电路接通)，电机开始旋转。在泵闭闸停车过程则相反，先拉下油开关(电路拉断)，然后拉下隔离开关。图中4为电流互感器，它串联于线路上，由于电机是三相平衡荷载，一般串接两个电流互感器。图中3为电压互感器，并联于主线路上。图5.47所示为低压配电屏的接线图，图中电流的量测仍是通过串结的电流互感器来进行的。由于是低压，因此可采用普通的闸刀开关1来作为隔离开关。

　　无论是高压配电还是低压配电，现代都采用由电器开关厂生产的成套设备。成套设备一般称配电屏(又称开关柜)。由专门工厂成批生产的定型产品，是根据不同需要按一定的组合和线路将有关的配电设备(如开关、母线、互感器、测量仪表、保护装置和操作机构等)分别安装在一个铁框里，铁框具有一定的规格尺寸。

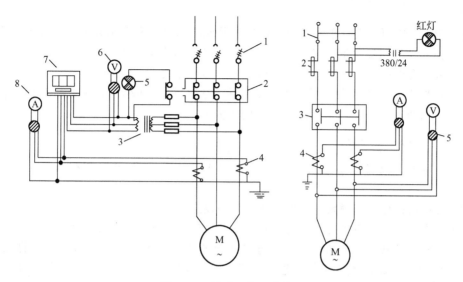

图 5.47　低压配电屏结线图

采用成套配电装置有很多优点,工作安全可靠,维护方便,施工安装简单,便于移动。而且设备安装紧凑,缩小了建筑体积,各柜的尺寸一致,增加了室内的整洁美观。

开关柜的布置应遵守以下的规定。

(1)开关柜前面的过道宽度应不小于下列数值:

低压柜为 1.5m,高压柜为 3.0m。

(2)背后检修的开关柜与墙壁的净距不宜小于 0.8m。

高压配电室长度超过 7m 时应开两个门,对于 GG-10 型高压开关柜,门宽 1.5m,门高 2.5~2.8m。当架空出线时,架空线至室外地坪高度为 4.5m,高压配电室高度为 5m,当在开关柜顶上装有母线联络用的隔离开关时,室内净高应为 4.5m。

低压配电室的门宽为 1.0m,并应考虑以下情况确定其数目:

(1)由低压配电室到泵房要方便;

(2)由低压配电室到高压配电室、变压器室要方便;

(3)要考虑操作的路线,值班人员上下班进出方便。

5.6.3　变电所

变电所的变配电设备是用来接受、变换和分配电能的电气装置,它由变压器、开关设备、保护电器、测量仪表、连接母线和电缆等组成。

1. 变电所的类型选择

变电所大体有以下几种类型:

(1)独立变电所。设置于距泵房 15~20m 范围内单独的场地或建筑物内。其优点是便于处理变电所和泵房建筑上的关系,离开人流较多的地方,比较安全。若附近有两个以上的泵房,或有其他容量较大的用电设备,应选用这种形式,其缺点是离泵房内的电机较远,线路长,浪费有色金属,消耗电能,且维护管理不便,故在给水排水工程中,一般不宜采用。

（2）附设变电所。设置于泵房外，但有一面或两面墙壁和泵房相连。这种形式采用较多。其优点是使变压器尽量靠近了用电设备，同时并不给建筑结构方面带来困难。

（3）室内变电所。此种变电所是全部或部分地设置于泵房内部，但位于泵房的一侧，此外变电所应有单独的通向室外的大门。这种类型和第二种相近，只是建筑处理复杂一些，但维护管理却较方便。采用这种形式也较多。

2. 变电所的位置和数目

（1）变电所的位置应尽量位于用电负荷中心，以最大限度地节约有色金属，减少电耗。

（2）变电所的位置应考虑周围的环境，比如设置在锅炉的上风等。

（3）变电所的位置应考虑布线是否合理，变压器的运输是否方便等因素。

（4）变电所的数目由负荷的大小及分散情况所决定，如负荷大，数量少，且集中时，则变电所应集中设置，建造一个变电所即可，如一级泵房、二级泵房等即是。如负荷小，数量大，且分散时，则变电所也应该分散布置，即应建筑若干个变电所。如深井泵房，井数多，距离远，每个泵站一般只有一台泵，故必要时只好在每个深井泵房旁边设置一套配电设备。

（5）根据泵站的发展应考虑变电所有发展的余地。

3. 变电所的布置方案

变电所和泵房的组合布置可以从下述几方面考虑：变电所应尽量靠近电源，低压配电室应尽量靠近泵房；线路应顺直，并尽量短；泵房应可以方便地通向高、低压配电室和变压器室；建筑上应注意与周围环境协调。图 5.48 所示为几种组合布置方案，可供参考。

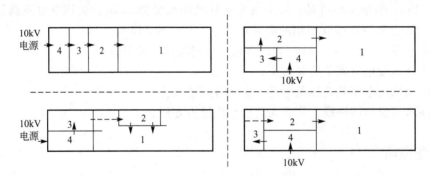

图 5.48　变电所与泵房的组合布置
1—泵房；2—低压配电室（包括值班室）；3—变压器室；4—高压配电室

5.6.4　电动机的选择

配套电动机选择是确定电动机的型号电荷规格，即确定电机类型、额定功率、额定电压和转速、防护形式。水泵配套电机的选择原则是：投资少、运行方便、维修管理方便。

电动机从电网获得电能，带动泵运转，同时又处于一定的外界环境和条件下工作。因此，正确地选择电动机，必须解决好电动机与泵，电动机与电网，电动机与工作环境间的各种矛盾，并且尽量使投资节省、设备简单、运行安全、管理方便。一般应综合考虑以下四个方面的因素。

（1）根据所要求的最大功率、转矩和转速选用电动机。

电动机的额定功率要稍大于泵的设计轴功率。电动机的启动转矩要大于泵的启动转矩，电动机的转数应和泵的设计转速基本一致。

（2）根据电动机的功率大小，参考外电网的电压决定电动机的电压。

通常可以参照以下原则，按电动机的功率选择电压：

① 功率在 100kW 以下的，选用 380V/220V 或 220/127V 的三相交流电；

② 功率在 200kW 以上的，选用 10kV 的三相交流电；

③ 功率在 100～200kW 的，则视泵站内电机配置情况而定，多数电动机为高压，则用高压，多数电动机为低压，则用低压。

如果外电网是 10kV 的高压，而电动机功率又较大时，则应尽量用高压电动机。

（3）根据工作环境和条件决定电动机的外形和构造形式。

不潮湿、无灰尘、无有害气体的场合，如地面式送水泵站，可选用一般防护式电动机；多灰尘或水土飞溅的场合，或有潮气、滴水之处，如较深的地下式地表水取水泵站中，宜选用封闭自扇冷式电动机；防潮式电动机一般用于暂时或永久的露天泵站中。

一般卧式泵配用卧式电动机，立式泵配用立式电动机。

（4）根据投资少，效率高，运行简便等条件，确定所选电动机的类型。

在给水排水泵站中，广泛采用三相交流异步电动机(包括鼠笼型和绕线型)，有时也采用同步电动机。

鼠笼型电动机，结构简单，价格便宜，工作可靠，维护比较方便，且易于实现自动控制或遥控，因此使用最多。其缺点是启动电流大，可达到额定电流的 4～7 倍。但是，由于离心泵是低负荷启动，需要的启动转矩较小，这种电动机。一般均能满足要求，在一般情况下，可不装降压启动器，直接启动。对于轴流泵，只要是负载启动，启动转矩也能满足要求。在供电的电力网容量足够大时，采用鼠笼型电动机是合适的。过去常用的型号是 JO_2 系列和 JS 系列，目前，基本以 Y 系列取而代之。

绕线型电动机，适用于启动转矩较大和功率较大或者需要调速的条件下，但它的控制系统比较复杂。绕线型电动机能用变阻器减小启动电流。过去常用的有 JR 或 JRQ 系列，目前，基本以 YR 系列取而代之。

同步电动机价格昂贵，设备维护及启动复杂，但它具有很高的功率因数，对于节约电耗，改善整个电网的工作条件作用很大，因此功率在 300kW 以上的大型机组，利用同步电动机具有很大的经济意义。

5.7 停泵水锤

在压力管道中，由于流速的急剧变化引起的一系列的压力交替升降的水力冲击现象，称为水锤。离心泵装置在正常启动、停车和流量变化时，都会引起水流动量的急剧变化，因而会在管道中产生一个相应的冲量，并使管道的压力产生急剧变化。单位时间内动量变化量越大，由这一冲量所产生的冲击力也越大。

按水锤成因的外部条件，可以分为启动水锤、关阀水锤和停泵水锤三种。启动水锤常在压水管没有充满水而压水阀开启过快的启动情况下发生，由于在管路中存有空气的管段，加之水泵扬程和转速又都是变值，所以启动水泵时，在水泵装置中常会发生流速变化和流体撞击，从而造成水锤危害。关阀水锤是在阀门关闭过程中发生的水锤现象，通常按正常程序关闭阀门，不会引起很大的水锤压力变化，但是，如果违反操作程序或管道被异物堵塞，以及平行的双板阀门发生阀板掉落等意外事故时，泵站将出现不同程度的关阀水锤。停泵水锤是由于泵站工作人员操作失误、外电网事故跳闸及自然灾害(雷击、大风等)等原因，致使水泵机组突然断电而造成开阀停车时，在水泵装置发生的水锤现象。根据调查统计，在城市供水和工业企业的给水泵站中，大部分水锤都是属于停泵水锤。

离心泵本身供水均匀、正常运行时在泵和管路系统中不会产生水锤危害。一般的操作规程规定，在停泵前需将压水阀门关闭，因而正常停泵也不会引起水锤。

所谓停泵水锤是指泵机组因突然失电或其他原因，造成开阀停车时，在泵及管路中水流速度发生递变而引起的压力递变现象。

发生突然停泵的原因可能有：

(1) 由于电力系统或电气设备突然发生故障，人为的误操作等致使电力供应突然中断。

(2) 雨天雷电引起突然断电。

(3) 泵机组突然发生机械故障，如联轴器断开，泵密封环被咬住，致使电机过载，由于保护装置的作用而将电机切除。

(4) 在自动化泵站中由于维护管理不善，也可能导致机组突然停电。

5.7.1 停泵水锤特点

停泵水锤的主要特点是：突然停电(泵)后，泵工作特性开始进入水力暂态(过渡)过程，其第 I 阶段为泵工况阶段。在此阶段中，由于停电主驱动力矩消失，机组失去正常运行时的力矩平衡状态，由于惯性作用仍继续正转，但转速降低(机组惯性大时降得慢，反之则降得快)。机组转速的突然降低导致流量减少、压力降低，所以先在泵站处产生压力降低。这点和水力学中叙述的关阀水锤显然不同。此压力降以波(直接波或初生波)的方式由泵站及管路首端向末端的高位水池传播，并在高位水池处引起升压波(反射波)，此反射波由水池向管路首端及泵站传播。由此可见，停泵水锤与关阀水锤的主要区别就在于产生水锤的技术(边界)条件不同，而水锤波在管路中的传播、反射与相互作用等，则和关阀水锤中的情况完全相同。

压力水管中的水，在断电后的最初瞬间，主要靠惯性作用，以逐渐减慢的速度，继续向高位水池方向流动，然后使其流速降至零，但这种状态是不稳定的。在重力水头的作用下，管路中的水又开始向泵站倒流，速度又由零逐渐增大，以后的技术特点，应视在泵出口处有无普通止回阀而分别出现下述三种情况。

1. 在泵出口处有止回阀的停泵水锤

水泵出口装有止回阀开阀突然停车后，瞬间由于机组贮能的释放和水流的惯性，水泵仍按原方向转动，但转速、流量和压力越来越小，水泵转速降为零以前，水流已停止流动，管道中的水在重力作用下开始向水泵倒流，水泵在水流作用下迅速制动到转速为零，同时止回阀阀板回落。当管路中的水流倒流速度达到一定程度时，止回阀很快关闭，流速陡降为零，因而引起很大的压力上升。而且当泵机组惯性小，供水地形高差大时，压力升高也大。这种带有冲击性的水压突然升高能击毁管路或其他设备，国内外大量的实践证明，停泵水锤的危害主要是因为泵出口普通止回阀的突然关闭所引起的。

突然停泵后，流量 Q、压头 H、转速 n 和转矩 M 等随时间变化的曲线，称为停泵暂态过程线。图 5.49 是泵出口处设有止回阀的某泵站的停泵暂态过程线。从图中可以看出，水锤增压还是很大的，最高压力几乎达到正常压力的 200%；另一方面，各基本工作参数皆为正值。

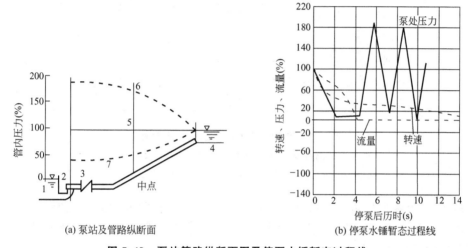

图 5.49 泵站管路纵断面图及停泵水锤暂态过程线

1—吸水池；2—立式泵；3—普通止回阀；4—压水池(高位水池)；5—正常运行
时水头(压力)线(不计摩阻)；6—最高水头(压力线)；7—最低水头(压力)线

2. 在泵出口处无止回阀的停泵水锤

在泵突然断电后的泵工况阶段中，虽然各基本工作参数，如流量 Q、水头 H、转速 n 及转矩 M 都是正值，但它们都是随时间而减小，见图 5.50。由图可知，从开始停泵至流量降到零为泵工况阶段(图 5.50 中第 I 阶段)，随后，管路中水又向泵站方向倒流，其流速绝对值由零逐渐增大，但流速的符号是"负"，故流速的代数值是逐渐减小的。由流量等于零至转速降到零这一阶段，称为制动(耗能)工况阶段，即图 5.50 第 II 阶段。因为在泵出口处不设普通止回阀，故水池及管路中的水，能持续不断地倒流并对正向转动的泵叶轮施加反向制动力矩，使泵的正向转速不断减小，最后降到零，在此阶段内水倒流，流量为负值，而泵是依惯性做正向转动，故也称为耗能工况阶段。转动的泵叶轮可视为一个局部阻力(它的阻力系数是变化的)，因此在泵工况时降低了的压力，在制动工况时又开始回升，但其最大的升压值要比有普通止回阀的情况小得多，这也是近代泵站中不设普通止回阀的重要原因之一。

制动工况结束，泵进入第 III 阶段，即水轮机工况阶段。在此阶段初期，倒流流量仍在增大，机组反向的转速也很快增大，最后达到最大反向转速——最大飞逸转速 n_{max}。在此阶段中机组的工作好像空载的水轮机机组，故也称此阶段为逸转水轮机工况阶段。机组达最大飞逸转速时，机轴上转矩 M 为零。在此时刻之前，由于通过泵的倒流流量减少，因而在泵及管路中又引起了压力升高，但升压速率较小，最大升压值也不高，在本图中为 $1.28H$。从图可概略地看出：转矩 M、水头 H、倒流流量及反向转速等的极大值均发生在水轮机工况阶段。

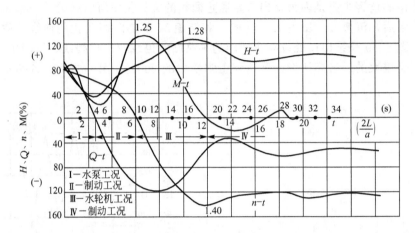

图 5.50 停泵水锤暂态过程线（无止回阀）
注：立式单级离心泵：额定转速 $n_0=400$r/min；$H_0=94.6$m；
$Q_0=6.1$m³/s；压力管长 $L=669$m；比转速 $n_s=115$

由转矩 M 为零时刻起泵工作进入第Ⅳ阶段，即另一种状况的制动工况阶段，之后，泵工作的水力暂态（过渡）过程并没有停息，只是由于各种阻尼的影响，使水头的振荡和流速的变化等逐渐衰减下来。

如果管路末端无水池或水池很小，当水倒流时，水管会被泄空，这时泵机组要在变水头（逐渐减小）情况下反转。

如果泵机组惯性很弱，在反向水流到达泵站前，泵机组已停止转动，这时，就不存在制动工况阶段，但应注意，这是指第Ⅲ阶段的制动工况。

3. 泵管路系统中的水柱分离现象和断流（弥合）水锤

不管泵出口处有无止回阀，突然停泵后在泵站及管路内恒发生压力降落。若此时管路中某处的压强小于相应温度下的饱和蒸汽压时，则在该处水将发生汽化，破坏了水流的连续性，造成水柱分离（又叫水柱拉断），而在该处形成"空腔段"。当分离开的水柱重新弥合时或"空腔段"重新被水充满时，由于两股水柱间的剧烈碰撞会产生压力很高的"断流（弥合）水锤"。断流弥合水锤的升压值比一般水流连续时水锤的升压要大，危害性也大。对于弥合水锤计算，必须先判断是否会产生水柱分离现象及其可能发生的地点。图 5.51 中给出了两种布管方式及它们的最低压力线 EFR。靠近泵站处压力降较大，而在压水池附近压力降较小。在 $AB'C$ 的布管方式中最低压力线 EFR 标高恒高于管线标高，即在管路内水压力恒大于大气压，而在 ABC 的布管方式中，有很大一段管线标高高于最低压力线标高，即在"1—2"管段内出现了真空，而最大真空值发生在管路膝部 B 点。

"水柱分离"不一定都发生在如图 5.51 所示的陡转点 B 点，在平缓的管路中，由于正常流速过大，机组惯性又小，突然停电后，也可能发生水柱分离现象和断流水锤。

图 5.52 所示为一水柱分离发生在管路首端的初速 V_0 较小时的断流弥合水锤暂态过程线，它是通过专门试验装置测得的。在该试验装置中，静扬程 $H_{ST}=28.0\mathrm{m}$，用突然关阀代替突然停泵以造成管路中的水柱分离现象。图中示出：在时刻 A 水柱开始分离，出现真空；在时刻 B "空腔段"完全弥合并开始产生断流弥合水锤升压，而最大的水锤升压值 Δh_2 明显地大于最大的降压值 Δh_1，此时最高水头值超过 $3H_{ST}$。

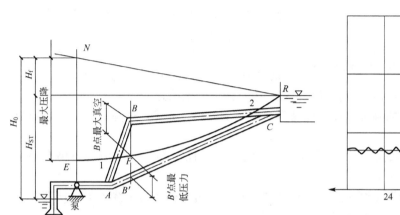

图 5.51 两种布管方式（ABC 及 $AB'C$）
注：NR—正常运行时压力线；EFR—发生水锤时最低压力线

图 5.52 断流弥合水锤暂态过程线

5.7.2 停泵水锤防护措施

对于停泵水锤，应在下列情况下考虑防护措施：
（1）单管供水，供水地形高差相差较大时；
（2）水泵总扬程过大；
（3）输水管流速过大；
（4）输水管道长，且地形变化大；
（5）自动化泵站中阀门关闭过快。

停泵水锤是由压降开始，目前的防护措施主要是从解决降压波的发生和传播开始的水锤升压，其出发点多数是建立在对停泵水锤危害的早期防治，并可以归纳为以下四种类型。

1. 注水（补水）或注入空气（缓冲）稳压

控制系统中的水锤压力振荡，防止了真空和断流空腔再弥合水锤过高的升压。属于这种类型的有双向调压塔、单向调压塔、空气罐、注空气（缓冲）阀等。

1）双向调压塔

对于输水干管而言，双向调压塔是一种兼具注水与排水缓冲式的水锤防护设备，其主要设置目的是：防止压力输水管中产生负压，一旦管道中压力降低，调压塔迅速向管道补水，以防止管道中产生负压，当管道中水锤压力升高时，高压水流进入调压塔中，从而起到缓冲水锤升压的作用。双向调压塔结构简单，工作安全可靠，维护工作少，一般用于大流量、低扬程的长距离输水系统，也可结合地形应用于压水管垂直上升的取水泵房中。

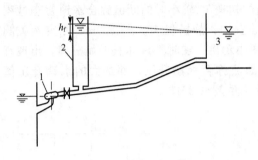

图 5.53　双向调压塔
1—水泵；2—双向调压塔；3—高位水池

双向调压塔构造如图 5.53 所示，其安装位置设于输水干管上易发生水柱分离的高点或转折处，而且该处水头线超出地面不高。当突然发生事故停泵时，向管路中补水，防止水柱分离，可有效消减弥合水锤。采用调压塔防止负压时，应注意：

（1）调压塔应有足够的断面积，停泵或启动水泵中，维持塔内水位波动不大；

（2）为了防止负压，调压塔应设置在可能产生负压的管道附近；

（3）调压塔应有足够的高度，在调压过程中不产生溢流，如无法避免时，应考虑溢流排水措施；

（4）调压塔应有足够的容积，防止空气进入管道，确保在补水过程中塔内仍有一定水量；

（5）由于调压塔一般设于泵站附近，事故停泵时水泵出口侧压力下降不大，但存在立刻产生倒流和水泵机组反转和倒泄流量大的缺点。

2）单向调压塔

单向调压塔是防止产生负压和消减断流弥合水锤经济有效、稳妥可靠的停泵水锤防护设备，其基本构造如图 5.54 所示。

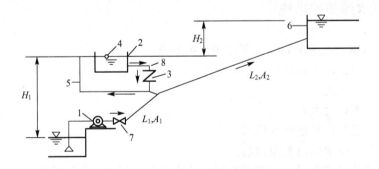

图 5.54　单向调压塔及其组成
1—水泵；2—单向调压塔；3—止回阀；4—浮球阀；5—满水管；
6—高位水池；7—出口阀；8—注水管

单向调压塔应设于输水管道上容易产生负压和水柱分离处，通过注水管上带有的止回阀（单向阀），只允许塔中水流注入输水管中实现补水调压。如图 5.55 所示，水泵正常运行时，注水管上的止回阀处于关闭状态，如果调压塔水箱水位不够，则通过满水管向水箱补水；当水箱水位达到设计水位时，浮球阀关闭，并保持水位恒定。事故停泵后，当输水管道的水压降低到设计数值时，注水管上止回阀迅速开启，利用势能差将足够的水注入输水管中，从而防止负压并控制水锤振荡。

单向调压塔中设计水位无需达到水泵正常工作时的水力坡度线，因此，其安装高度和水箱容积可降低很多，主要用于长距离输水工程。

3）注空气（缓冲）阀

注空气是指在停泵水锤过程中，当管路上某处的压强值低于当地大气压时，大气中的空气就经过特制的注气阀吸入管路内，从而进一步防止真空的升高。当回流水及升压波返回时，阀门自动关死，空腔中的空气受到一定的压缩并使回冲流速减小（空气垫作用），从而对弥合水锤起缓冲和降低作用。

注入空气（缓冲）法的主要特点如下。

（1）构造简单，安装方便。

（2）在某些不能注水的工业管道系统中，为防止真空及水柱分离的危害，就必

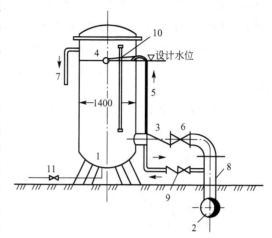

图5.55 单向调压塔构造
1—水箱；干管；3—止回阀；4—浮球；
5—满水管；6—闸阀；7—溢流管；8—注水管；
9—满水管上止回阀；10—水位计；11—排空管

须装设空气（缓冲）阀。例如，在汽轮机冷凝器（冷却水出口）的顶端就装有真空破坏阀，水锤过后，为防止启动水锤，在冷凝器的顶端设有排气阀。

（3）在需要注入相当大水量的场合，可以考虑采用注空气（缓冲）阀。

（4）注入管路中的空气应能尽快自然排出，不能积存于管路中，如果空气排除不及时，而水泵启动迅速，则容易产生启动水锤，在地形变化大的长距离输水工程中不适宜采取注入空气阀。

（5）只有在安装空气阀背压（静水压头）相当小时（15～20m），空气缓冲才能使水锤升压有明显的下降。

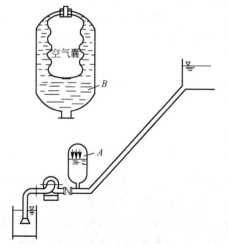

图5.56 空气罐
A—没有气囊；B—有气囊

4）空气罐（图5.56）

空气罐为一种内部充有一定压缩空气的金属罐装置，一般直接安装在水泵出口附近的管路上，它利用气体体积与压力成反比的原理，当发生水锤，管内压力升高时，空气被压缩，起气垫消能作用；而当管内形成负压，甚至发生水柱分离时，利用压缩空气膨胀向管道补水，可以有效地消减停泵水锤的危害。

空气罐按空气是否与水接触分为非分离型空气罐和分离型空气罐。非分离型空气罐一般空气占总容积的20%～30%，由于压缩空气直接与水接触，空气逐渐地溶于水中，空气罐的缓冲能力随之减小。同时增加了管路中的溶气量，气体有可能在管网低压处逸出，形成气囊。

分离型空气罐通过罐内橡胶气囊实现水与空

气的间接接触。气囊中一般存有水泵正常工作压力 90％左右的惰性气体，当水泵正常工作时，管路中压力水可通过罐底部常开的阀板进入空气罐内，气囊在水中呈起浮状态，当突然停泵管路中压力下降时，气囊膨胀将罐内水压入管路低压段，起补水稳压的作用。同时，当反射正压波达到时，气囊压缩，从而起到气垫消能作用，缓和升压过程。

空气罐通常适应于设备流量小、扬程高、控制压力变化范围较广的情况。

2. 泄水降压，避免压力陡升

1）停泵水锤消除器

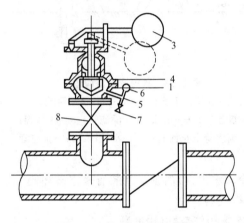

图 5.57　下开式水锤消除器

1—阀板；2—分水锥；3—重锤；4—排水口；
5—三通管；6—压力表；7—放气门；8—闸阀

（1）设下开式水锤消除器，如图 5.57 所示。泵正常工作时，管道内水压作用在闸板 1 上的向上托力大于重锤 3 和阀板 1 向下的压力，阀板与阀体密合，水锤消除器处于关闭状态。突然停泵时，管道内压力下降，作用于阀板的下压力大于上托力，重锤下落，阀板落于分水锥 2 中(图中虚线所示位置)，从而使管道与排水口 4 相连通。当管道内水流倒流冲闭止回阀致使管道内压力回升时，由排水口泄出一部分水量，从而水锤压力将大大减弱，使管道及配件得到了保护。

此种水锤消除器的优点是管路中压力降低时发生动作，能够在水锤升压发生之前，打开放水，因而能比较有效地消除水锤的破坏作用。

此外，它的动作灵敏，结构简单，加工容易，造价低，工作可靠。其缺点是消除器打开后不能自动复位，且在进行复位操作时，容易发生误操作。

消除器的复位工作应先关闸阀把重锤从杆上拿下来，拾起杠杆，插上横销，再加上重锤，开闸阀复位后，还要拔下横销，下次发生突然停电时，消除器才能再打开。否则，在下次发生突然停电时，消除器将不动作。另外，如果没有关闸阀就把立杆和阀板 1 抬起，往往容易形成二次水锤。

下开式水锤消除器的直径 d 和数目可参考表 5-13 选用，也可利用下述经验公式确定：

$$d=0.25D$$

式中：D——为输水管直径(mm)。

下开式水锤消除器安装注意事项：①必须安装在止回阀下游(以正常水流方向)，离止回阀越近越好；②在排水口上应安装比消除器直径大一号的排水管，排水管上最好没有弯头，如有弯头时，最好用法兰弯头，并必须设置支墩；③消除器及其排水管道必须注意防冻；④消除器重锤下面，必须设置支墩，托住重锤，支墩上表面覆以厚木板，以缓冲重锤向下冲击力，重锤下落时杠杆不能直接压在消除器连杆帽上，以免发生倾覆力矩，损坏消除器。

表 5 - 13　输入管直径与下开式水锤消除器直径

输水管直径(mm)	方案一		方案二	
	直径(mm)	个数	直径(mm)	个数
300	150	1	200	1
400	150	1	200	1
500	150 或 200	1	200	1
600	200	1	200	1
700	200	1～2	200	1
800	200	2	200	2
900	200	2	200	2
1000	200	2	350	1
1100	200	2	350	1～2

（2）自动复位下开式水锤消除器：如图 5.58 所示为自动复位下开式水锤消除器，它具有普通下开式消除器的优点，并能自动复位。

工作原理是：突然停电后，管道起端产生降压，水锤消除器缸体外部的水经闸阀 9 向下流入管道 8，缸体内的水经单向阀 3 也流入管道 8，此时，活塞 1 下部受力减小，在重锤 5 作用下，活塞下降到锥体内（图中虚线位置），于是排水管 4 的管口开启，当最大水锤压力到来时，高压水经消除器排水管流出，一部分水经单向阀阀瓣上的钻孔倒流入锥体内（阀瓣上的钻孔直径根据水锤波消失所需时间而定，一般由试验求得），随着时间的延长，水锤逐渐消失，缸体内活塞下部的水量慢慢增多，压力加大，直至重锤复位。为使重锤平稳，消除器上部设有缓冲器 6，活塞上升，排水管口又复关闭，这样即自动完成一次水锤消除作用。

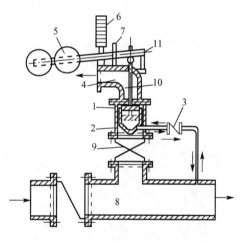

图 5.58　自动复位下开式水锤消除器
1—活塞；2—缸体；3—阀瓣上钻有
小孔的单向阀；4—排水管；5—重锤；
6—缓冲器；7—保持杆；8—管道；
9—闸阀（常开）；10—活塞联杆；11—支点

这种消除器的优点是：①可以自动复位；②由于采用了小孔延时方式，有效地消除了二次水锤。

2）取消止回阀

取消泵出口处的止回阀，水流倒回时，可以经过泵泄回吸水井，这样不会产生很大的水锤压力，平时还能减少水头损失，节省电耗，但是，倒回水流会冲击泵倒转，有可能导致轴套退扣（轴套为丝接时）。此外，还应采取其他相应的技术措施，以解决取消止回阀后带来的新问题。

国内有关单位对取消止回阀以消除停泵水锤问题，曾做过不少研究和试验。从已有的国内实测资料可知：取消止回阀后，最大停泵水锤升压仅为正常工作压力的1.27倍左右，泵机组最大反转速度约为正常转速的1.24倍，仅在个别试验中发生过轴套退扣和机轴窜动现象，没有发生机组或其他部件的损坏情况，电气设备也没有发生故障。中南地区许多农灌泵站和部分给水取水泵站采用取消止回阀来消除停泵水锤，取得了良好的效果。泵反转带来的主要问题是：停电后应立即关闭出水闸门，否则大量水回泄，会造成浪费。此外，再开泵时又可能给抽气引水工作带来困难。对于送水泵站若取消止回阀，配水管网由于大量泄水可能使管网内压力大大降低，而在个别高处有可能形成负压，在管网漏水处将外部污染的水吸进管内，使管网受到污染。现在不少单位对突然断电后及时关闭出水闸门问题进行了研究，并取得了初步成果。

3. 延长阀门启闭历时，减小输水管内流速变化率

阀门缓慢的开启与关闭，可减小管道内流速变化率，从而减小水锤压力的升高与降低，为此，可选用两阶段关闭的可控阀或各种形式的缓闭止回阀。

1）两阶段关闭的缓闭阀

缓闭阀有缓闭止回阀及缓闭式止回蝶阀，它们均可用于泵站中来消除停泵水锤。阀门的缓慢关闭或不全闭，允许局部倒流，能有效地减弱由于开闸停泵而产生的高压水锤。压力上升值的控制与阀的缓闭过程有关。图5.59所示为液压式缓闭止回阀。它是一种比较理想的分阶段缓闭的设施，安装在泵压水管上可作为闸阀和止回阀两用（即一阀代替两阀作用）。当泵站突然停电时，闸阀借助于重锤及油缸的特性，前60°蝶阀圆板为快关动作，后30°为慢关动作，快关和慢关的时间通过计算，可按需要预先调定。这种阀能有效地减小管路系统中水的倒流和消除水锤压力波动，目前国内已有许多水厂泵站采用。

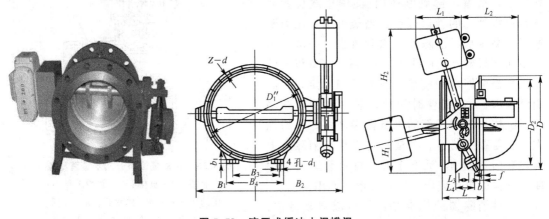

图 5.59　液压式缓冲止阀蝶阀

2）普通缓闭止回阀

图5.60所示为用于管径600mm以下的缓闭止回阀。它是普通型旋启式止回阀上面加设一个带阻尼的水缸（或油缸），在泵站突然停电，泵处于开闸停车的情况下，该缓闭止回阀在倒流水的冲击下依靠水缸（或油缸）中的阻尼作用形成均匀缓闭。与这种阀类同的另一种"母子止回阀"（图5.61），该阀在泵开闸停泵过程中，大阀板（母阀）快关，小阀板（子阀）缓闭，它与图5.60所示的缓闭止回阀相比较，具有回流量小的优点，可适用于较大口径的管路。

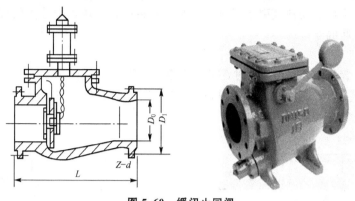

图 5.60 缓闭止回阀

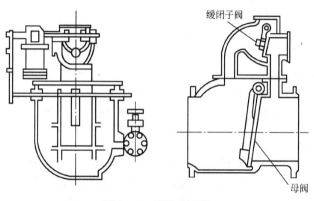

图 5.61 母子止回阀

4. 采用转动惯量大的水泵机组或增装惯性飞轮

在水泵机组主轴上增加惯性飞轮是为了加大水泵机组转动部分的转动惯量或飞轮力矩。根据理论力学知识，水泵机组事故失电后，机组轴上所受减速阻矩等于转动惯量与角减速度的乘积，即：

$$-M_{反} = J \frac{d\omega}{dt}$$

由上式可见，机组转子转动惯量越大，则角减速度的绝对值越小，即机组转速降低的速率很慢，转速下降率小，从而延长了水泵机组的"正常工况"历时，使水泵机组依靠惯性继续以缓慢的速率向管路中补水，有效避免了管路中流速和水压的快速降低，改善了水力过渡过程中的压力猛烈波动状况，在一定范围内减小了水柱分离的危险。

采用转动惯量大的机组或在卧式水泵的主轴上增加惯性飞轮，可有效地防止水柱分离，但对于管路长或管路起伏较大的情况，需装设的飞轮比水泵尺寸大很多，安装较困难，同时增设飞轮也增加了电机启动时的麻烦。

5. 其他措施

1) 取消普通止回阀

取消止回阀，水流可经过水泵倒流回吸水井，因此，在水泵突然失电后停泵水锤不会产生很大的压强增值，正常运行时还可减小水头损失，降低电耗；但水量浪费较大、水泵反转时间长、水泵再启动抽气引水困难，以及长管路中有出现水柱分离的可能性；主要适用于低扬程非并联的泵系统。

2）安装闸门

单管出水，管长不超过 800m 时，可在管道的末端采用溢流出水、装设轻质拍门、虹吸管出水等，防止倒灌泵房。图 5.62 所示为泵站出水池上能够在机组启动时迅速开启和正常或事故时迅速关闭防倒流的闸门。

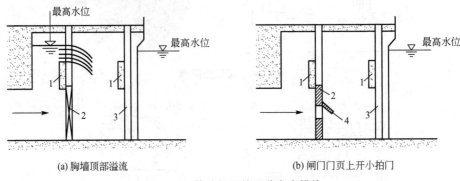

(a) 胸墙顶部溢流   (b) 闸门门页上开小拍门

图 5.62　快速闸门的两种安全措施

1—胸墙；2—快速闸门；3—检修门槽；4—小拍门

3）在泵站内设置旁通管

由于具体情况的不同，旁通管在泵站内也有集中设置方法。图 5.63 为对口抽水加压

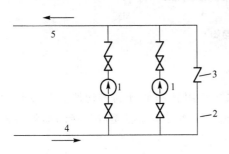

图 5.63　旁通管消除水锤示意图

1—加压或循环水泵；2—旁通管；

3—止回阀；4—吸水总管；5—压水总管

泵站中常用的旁通管设置简图，即在压水总管 4 和吸水总管 5 之间设置一个带止回阀的旁通管。在过热水供热系统的循环水泵站中也常采用这种布置方式来消除停泵水锤危害。旁通管消除停泵水锤原理如下：在泵系统正常工作时，由于水泵压水侧水压高于吸水侧水压，止回阀呈关闭状态，当事故停泵后，水泵出口处压力急剧降低，而吸水侧压力则猛烈上升（类似于长管路中突然关阀），在此压差作用下，吸水总管中的"瞬态高压水"推开止回阀阀板流向压水总管的"瞬态低压区"，并使该处低水压有所升高；同时水泵吸水侧的水锤升压也得到降低。从而水泵站两侧的水锤升、降压都得到有效控制，有效地减少和防止水锤危害。

设计泵站时，在取消止回阀的情况下，应进行停泵水锤的计算。目的是：

（1）求出泵机组在水轮机工况下的最大反转数 n_{max}，从而判断泵叶轮及电机转子承受离心应力的机械强度是否足够；

（2）求出泵壳内部及管路沿线的最大正压值，从而判断在今后的停泵水锤中有无爆裂管道及损害泵的危险；

（3）求出泵壳内部及管道沿线的最大负压值，从而判断有无可能形成水柱分离，造成断流水锤等严重事故。

下面介绍帕马金（J. Parmakian）图表法估算停泵水锤的计算要点，图 5.64 为帕马金停泵水锤计算图表，说明如下：

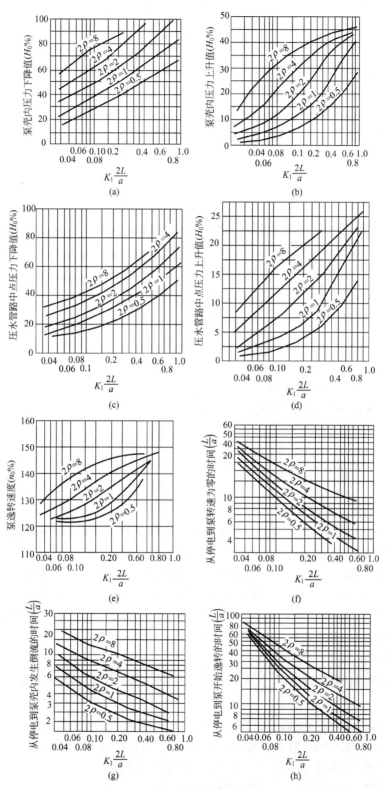

图 5.64 帕马金停泵水锤计算图表

$$a = \frac{1420}{\sqrt{1 + \frac{K}{E} \cdot \frac{D}{\delta}}} \qquad (5-20)$$

式中：a——水锤波传播速度(m/s)；

$\quad\quad K$——水的弹性模量(kg/cm²)；

$\quad\quad E$——管材的弹性模量(kg/cm²)；

$\quad\quad D$——水管的公称直径(mm)；

$\quad\quad \delta$——管壁厚度(mm)。

$$2\rho = \frac{a v_0}{g H_0} \qquad (5-21)$$

式中：2ρ——管路常数，为无因次数，由水力学知，管路常数代表单位额定水头下该管系的最大压力增值；

$\quad\quad v_0$——泵站正常运行条件下的管内水流速度(m/s)；

$\quad\quad H_0$——泵站在正常运行条件下的最大扬程(m)；

$\quad\quad g$——重力加速度(m/s²)。

$$K_1 = 1.70 \times 10^6 \frac{Q_0 H_0}{G D^2 \eta_0 n_0^2} \qquad (5-22)$$

式中：K_1——机组的惯性系数(s⁻¹)；

$\quad\quad n_0$——泵的正常(额定)转速(r/min)；

$\quad\quad \eta_0$——泵的正常效率(%)；

$\quad\quad Q_0$——相应于 n_0 与 η_0 的泵流量(m³/s)；

$\quad\quad H_0$——相应于 n_0 与 η_0 的泵扬程(m)；

$\quad\quad GD^2$——机组的飞轮力矩(kg·m²)；

$\quad\quad L$——管路总长度(m)。

帕马金计算图表的适用条件是：吸水管较短，压水管出口接明渠或水池；单泵或多泵并联工作的简单管路，压水管路不很长；管路上没有止回阀。

【例 5-3】 原始资料：某取水泵站近期工程采用三台 24SH-19 型泵(两台工作一台备用)，泵叶轮直径 $D=540$mm，配套电动机为 JSQ1410-6 型，$n=970$r/min。一根上山管线 $DN=1000$mm，长 $L=374$m，管材为钢管，壁厚为 14mm。水厂混合池水面标高为 60.5m，水源水位标高为洪水位 37.50m、常水位 26.80m、枯水位 23.68m。

求泵站正常运行工况点：

(1) 根据管路特性曲线方程 $\sum h = SQ^2$，绘出水源枯水位与洪水位时的管路特性曲线，见图 5.65。

(2) 绘出泵并联特性曲线，求得泵站在枯水位、常水位及洪水位时的工况点见图 5.65 (枯水位时 $H_{ST}=36.82$m；常水位时 $H_{ST}=33.7$m；洪水位时 $H_{ST}=23$m)。

【解】 求得在不同水位条件下，泵站的出水量和扬程为：

当枯水位时：$Q=1185$L/s$=102400$m³/d

$$H=39.4\text{m}$$

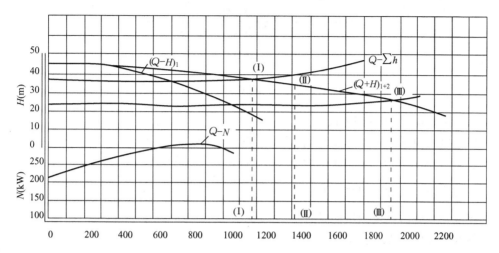

图 5.65　两台 SH－19 型泵并联工况

当常水位时：$Q = 1406\text{L/s} = 121500\text{m}^3/\text{d}$

$$H = 37.5\text{m}$$

当洪水位时：$Q = 1953\text{L/s} = 168700\text{m}^3/\text{d}$

$$H = 29\text{m}$$

停泵水锤计算：

按在最枯水位情况下（此时静扬程最大），发生突然停电事故进行水锤计算。

（1）水锤波传播速度 a 为：

$$a = \frac{1420}{\sqrt{1 + \dfrac{K}{E} \cdot \dfrac{D}{\delta}}}(\text{m/s})$$

以 $K = 2.1 \times 10^4\text{kg/cm}^2$，$E = 2.1 \times 10^6\text{kg/cm}^2$，$D = 1000\text{mm}$，$\delta = 14\text{mm}$，代入上式，得：

$$a = \frac{1420}{\sqrt{1 + \dfrac{2.1 \times 10^4}{2.1 \times 10^6} \cdot \dfrac{1000}{14}}} = 1070(\text{m/s})$$

（2）求管路常数 2ρ。

因管段直径不一，故求其平均流速 v_0 值。泵压水管 $D_1 = 700\text{mm}$，$L_1 = 27\text{m}$，每台泵出水量为 $\dfrac{1185}{2} = 5931\text{L/s}$，所以 $v_1 = 1.54\text{m/s}$，$1000i = 4\text{m}$；上山管路 $D_2 = 1000\text{mm}$，$L_2 = 374\text{m}$，所以 $v_2 = 1.51\text{m/s}$，$1000i = 2.42\text{m}$，则：

$$v_0 = \frac{L_1 v_1 + L_2 v_2}{\sum L} = 1.512\text{ m/s}$$

所以

$$2\rho = \frac{a v_0}{g H_0} = 4.19$$

（3）惯性系数 K_1。

已知电机 $n_0 = 970\text{r/min}$，泵效率 $\eta_0 = 0.8$，查得电机 $GD^2 = 180\text{kg} \cdot \text{m}^2$，考虑泵的飞轮转矩，乘以系数 1.2，得：

$$K_1 = 1.79 \times 10^6 \frac{H_0 Q_0}{1.2 G D^2 \eta_0 n_0^2} = 0.258$$

又

$$\frac{2L}{a} = 0.75$$

所以

$$K_1 \frac{2L}{a} = 0.193$$

（4）查图 5.64 求得下列各值。

在停电事故中泵压力下降值为 $78\% H_0$，压力上升值为 $33\% H_0$；

在管路中点 C 断面上压力下降值为 $46\% H_0$，压力上升值为 $16\% H_0$；

从停电到泵转速为零的时间 $t_1 = 12 \times \frac{L}{a} = 11 \times 0.375 = 4.5(\text{s})$；

从停电到泵壳内发生倒流的时间 $t_2 = 7.0 \times 0.375 = 2.63(\text{s})$；

泵的逸转速度为 $136\% n_0$。

（5）计算结果。

泵壳处的实际压头 $\quad H_{\max} = 39.4 + 39.4 \times 33\% = 52.4(\text{m})$

$$H_{\min} = 39.4 - 39.4 \times 78\% = 8.6(\text{m})$$

管路上 C 点处的压头 $\quad H_{\max} = 45.7\text{m}$

$$H_{\min} = 21.3\text{m}$$

泵最大反转速度 $\quad n_{r\max} = 970 \times \frac{136}{100} = 1320(\text{r/min})$

将上述计算结果绘制成泵站的正常工况及反常工况下的压力线，如图 5.66 所示。

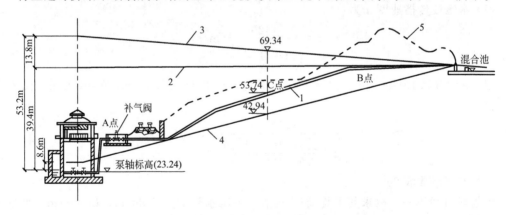

图 5.66　停泵水锤发生前后泵房压力工况图

1—输水管线；2—正常运行水管压力线；3—突然停电水锤压力升高线；

4—突然停电水锤压力下降线；5—原地面线

成果分析：

（1）泵站中取消止回阀后，最大停泵水锤压力为正常工作压力的 1.33 倍。这个压力不会导致泵壳和管道的破裂事故。因为一般离心泵的空转扬程均超过其额定扬程的 1.3 倍以上，而输水管道的试验压力也超过其正常工作压力的 1.5 倍以上。

（2）泵最大反转速度 $n_{r\max}$ 为正常转速 n_0 的 1.36 倍，这是比较大的，但是计算中没有考虑管路的摩阻。另外，考虑到如果管路长度不大，回流量有限等因素，则实际的反转速度有可能达不到计算值或仅在极短时间内达到此值。因此，在实际工程中应结合具体条件，对此项所带来的后果，进行充分的分析。

（3）从图5.66可知，在突然停电后，输水管线中的相当大一部分处于负压状态。为了防止在管路中出现水柱拉断现象，应采取补气或补水的措施，以消除负压。

为了保证安全生产，在泵站中取消止回阀的同时，应采取以下技术措施。

（1）在输水管线上适当地点，一般在出水管闸门切换井处装设补气阀，如图5.66所示。在管路上出现负压时，补气阀即能自动大量进气；或在输水管线埋设较浅之处，安装补气立管（一般管径 $D=100\sim150$mm），它可以起到经常排气和补气的作用。

（2）在输水管出口处设一轻质拍门，如图5.67所示。当突然停泵后，拍门的关闭可以阻止混合池中的水倒流入泵房，同时有助于减缓管路中水流的下泄速度。

（3）泵的轴套螺母均为丝扣套接，为了防止其退扣，可采用双螺母，或单螺母加止锁销钉，以满足泵反转时不松套的要求。双螺母又称防松螺母，它是依靠摩擦力来防松。如图5.68所示，当旋紧第二个螺母B时，在两螺母接触面上产生压紧力，使内外螺纹的间隙情况如图5.68所示，螺母B拧得越紧，螺纹牙上的压紧力越大。防松作用就是靠压紧力所产生的摩擦力。

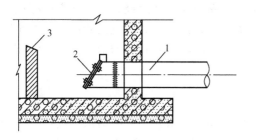

图 5.67　输水管末端拍门安装

1—上山管线；2—拍门；3—混合池隔板

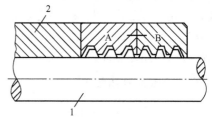

图 5.68　双螺母轴套

1—泵轴；2—轴套；

A、B—轴套螺母（锯成两半）

（4）对于泵的电动机与闸门的电动机可采用联锁控制来防止误操作事故的发生。对于失压保护装置应采用人工复位的措施，以防止电力网输电不正常而出现连续两次启动的现象。

5.8 泵站噪声控制

噪声是各种不同频率和声强的声音无规律的杂乱组合，是一种影响人体身心健康的有害声音。在工业生产中，噪声能使工作人员身体不适，容易引起误操作；对电声式的工业通信和工作信号造成极为严重的干扰；掩盖危及人身安全及设备安全的音响报警信号。

5.8.1 泵站噪声源

一般而言，工业噪声通常可以分为空气动力性、机械性和电磁性噪声三种。泵站运行中的噪声是这三种噪声的集合。

（1）在空气或流场内，当气体中有了涡流或发生了压力突变时，会引起气体的扰动，必然导致气体振动而形成空气动力性噪声。如风机、鼓风机、空气压缩机等产生的噪声。其中电机转子高速转动时，转子与定子间的空气振动而发出的高频声响为最大。

（2）转动机械在运转过程中，存在这摩擦、撞击和交变应力作用，使机械部件发生振动，形成机械性噪声。如泵站中电动机、水泵、风机等运行中产生的噪声。

（3）电磁性噪声是由于电机的空气隙中交变力相互作用而产生的。如电机定、转子的吸力，电流和磁场的相互作用，磁滞伸缩引起的铁心振动等。例如，电动机、变压器产生的噪声。

5.8.2 泵站噪声防治措施

泵站噪声防治最有效的办法是减弱噪声源本身发出的噪声，如设计生产低噪声的电机、水泵等，但是，在许多情况下，由于技术上或经济上的原因，直接从声源上治理噪声往往是很困难的。这就需要采取吸声、消声、隔声、隔振等噪声控制技术。

采取何种减噪措施及减弱达到何种程度，与噪声源的噪声级、允许噪声级标准和接触时间有关。我国《工业企业噪声卫生标准》规定：为保护听力，每天接触噪声 8 小时，允许噪声级为 90dB；为保护生活和工作环境，住宅区外，噪声允许标准为 35～45dB，车间按不同性质噪声允许标准为 45～75dB。

1. 选用低噪声的机电设备

一般而言，转速较低的转动设备噪声要低。同时，水泵、电机结构的改进也可降低噪声，国内生产的水冷式电机，改气冷为水冷，去掉了一个空气动力性噪声源，电机的噪声大为降低。

2. 利用吸声降低噪声

泵站吸声处理主要是利用吸声材料的松软性和多孔性，或利用吸声材料做成吸声共振结构，吸收反射声而降低混响声（但对降低直达声并无效果），以达到减弱噪声的目的。

吸声材料可分为纤维类多孔材料，如玻璃棉、矿渣棉、毛毡、甘蔗纤维板、水泥木丝板、棉絮、卡普隆纤维等，泡沫和颗粒类吸声材料，如聚氨酯泡沫材料、泡沫玻璃、泡沫水泥、膨胀珍珠岩、水玻璃膨胀珍珠岩等制品等。吸声处理在结构上可做成表面装饰或悬挂于空间的吸声体。在工程实践中，吸声材料常常布置在顶棚上，若要在四周墙上布置吸声装置，则布置在墙裙以上（裙高一般为 1.5m），因墙裙部分吸声效果差。若车间空间很大，声源又较少时，则在声源附近悬挂吸声体或吸声屏是经济有效的办法。

3. 利用隔声降低噪声

在噪声传播途径中采用隔声办法，能有效地降低控制噪声的传递。隔声实际上是把声源置于隔声带（罩）内，与值班人员隔开；或把值班人员置于隔声良好的隔声室内，与噪声源分开。隔声材料是密实、密度较大的材料，如砖、混凝土、钢板、玻璃、木板等。

在泵站布置时，可在泵房与附近构筑物之间设置 10～15m 的绿化带，降低环境噪声。

4. 减振

水泵机组的振动传给基础、地板、墙体、管道，以弹性波的形式传到泵房内，或沿管道辐射出去，以噪声的形式出现。减振是消除机械噪声的基本手段之一。泵房减振措施主要有以下方法。

在机组与基础之间装设橡胶减振垫或弹簧减振器；在水泵进出口管上设置挠性接头；机组与基础之间设置减振沟、管道穿墙采用柔性穿墙套管；管道穿楼板时做成防振立管；管道的支架、吊架上垫防振材料或设置防振吊架；立管设置于吸声良好的管井中。

目前水泵隔振主要采用橡胶隔振垫，可详见全国通用建筑标准设计图结水排水标准图集中关于《水泵隔振基础及其安装》的要求。

5.9 给水泵站土建特点

5.9.1 一级泵站

地面水取水泵站，多数为临河建站。由于河水水位涨落较大，为保证水泵正确的吸水条件，泵房往往埋深较大，因而常建成地下式。埋深较大的地下式取水泵房，为满足基本建设投资省、安全、技术先进可行等要求，将呈现出一系列特点，并对土建提出一系列要求。

1. 泵房结构应考虑抗渗、抗浮、抗裂、抗倾滑

由于水文地质、工程地质和地形条件等原因，埋深大的地下式取水泵房要能承受一定数值的土压和水压，地质条件允许时应采用沉井法施工，因而泵房筒体多半筑成圆形或椭圆形的形式；要求不透水不渗水。因而筒体和底板筑成连续浇筑的钢筋混凝土整体；要求有足够的自重（包括拟装的设备）以抗浮，因而筒体和底板除了满足强度要求外，还需有一定厚度。当筒体底板自重和拟装设备重力不足以抗浮时，还要考虑加"压舱"，即在底板内填充块石等；由于地质的缺陷，泵房筒体可能滑动、倾斜；因而应对地基进行妥善的处理，包括灌浆、加锚桩等。

2. 泵房的结构要考虑防洪

从1996—1998年洪水受灾披露的资料来看，我国南方许多沿江取水泵站被淹。它们被淹倒不是没有考虑防洪，而是设计洪水频率相应的洪峰水位值得商榷。随着现代工业的发展和人类活动对自然影响的加剧，水文现象的规律也有相应的变化，如果还沿用很久以前的防洪标准，势必造成泵站被淹。因而要选取适当频率的洪峰水位作筒体门槛高程或围堤高程设计的依据，防泵站被淹。

3. 泵房结构应考虑布置紧凑

为了节省投资，地下式泵房在保证供水安全、安装和检修方便的前提下，应尽量减小泵房面积。因而常把出水联络管及相应的管件置于泵房外，阀门置于切换井中；吸水井与

水泵间分建；不设卫生间(泵房内)；采用立式水泵等，以减小泵房面积。

在结构的具体处理时，泵房筒体上部(防洪水位以上的部分)可采取矩形结构，用砖砌筑；吊装设备可采用圆形桥式吊车；泵房与切换井间的管道，应敷设于支墩或混凝土垫板上，以免产生不均匀沉陷。吸水管敷设于钢筋混凝土暗沟内(吸水井与泵房分建时)，暗沟应留人孔。暗沟尺寸应能使工人进入检查与处理漏气事故，还应保证吸水管及管件放得进、取得出。暗沟与泵房连接处应设沉降缝，防不均沉降损坏管道。

4．结构应考虑留有发展余地

因扩建困难，工艺和结构设计除满足近期需要外，还要为站房寿命期内的远期发展需要作出安排，采取土建一次建成、设备分期安装(包括预留泵位、以大泵换小泵等)的设计方案。

5．土建应考虑的其他要求

(1)通风。风机、风管除满足工艺要求外，它们的敷设不得妨碍站内交通和其他设备的吊装；应避开电气设备的上空，防结露滴水。

(2)泵房交通。交通应方便。垂直上下的应设梯子。梯宽可取 0.8～1.2m，坡度为1∶1或更小，中间应设休息平台，平台间踏步不超过 20 级为宜，每级 17～20cm，与泵房外应有大门相通。门宽应比最大设备外形尺寸宽 0.25m，当采用汽车运送设备进出大门时，门的尺寸应满足汽车能自由出入的要求；外廊应比设计最高洪水位高出 0.5～1.5m，以防浪涌和被洪水淹没。

(3)采光。泵房照度要符合规范的要求，为此应考虑自然采光。开窗面积应大于地板面积的 1/7～1/6，最好采用 1/4。电力照明可按 20～25W/m² 设计，再辅以局部照明即可。

(4)检修场地。泵房附近没有专门的修理间时，一般在上层平台上预留 6～10m² 的面积作为检修和存放零星备件的场地。

(5)排水。泵房内壁四周应设排水沟，沟底向集水坑应有一定的坡度，集水坑尺寸可套用标准图集，水汇集到集水坑后用水泵排走。水泵流量可选 10～30L/s，扬程由水力计算确定，一般选用 IS 型水泵。

(6)水封水。取水泵站提升的是未经处理的浑水，不宜用作水封水，需外接自来水作机组的水封水。

(7)通信、工艺参数检测。泵站应有通讯工具，至少要有电话。装于水泵间内的电话应置于隔声间内；取水泵站一般不单独计量，但应有水泵进口的真空压力表、出口压力表及其他电工仪表等。

图 5.69 所示为某化工厂地下式取水泵房实例。泵房内设 14SH-13A 型泵四台(三台工作，一台备用)，由于河中最低水位低于泵轴线标高，但常水位却高于泵轴线标高，故仅设 SZ-2 型真空泵两台(一台工作一台备用)，作为最不利情况下启动泵之用。因泵房较深，仅筒体高度即达 13m，为了改善工人工作环境和电动机工作条件，设置 4-72-11# 4.5A 风机一台。为便于安装和检修机组及各种设备，安设起重量为 2t、跨度为 9m 的手动单轨吊车一台。此外，为排除机器间内积水，设置 2BA-6A 型排水泵一台。沿泵房内壁设宽 1.2m 的扶梯，以便值班人员上下。

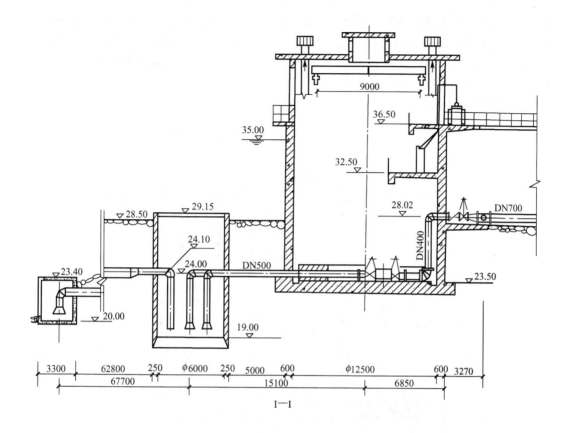

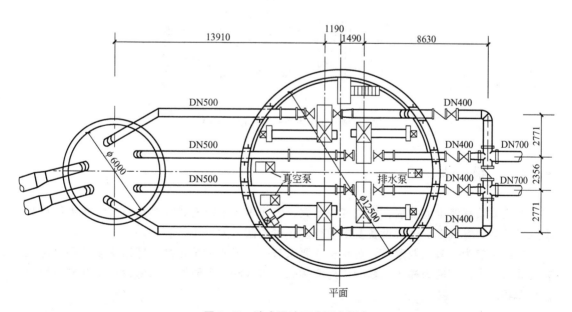

图 5.69 卧式泵地下式取水泵房

图 5.70 所示为某电厂采用立式泵的地下式取水泵站实例。泵站由泵房本体、栈桥、护岸、切换井 4 部分构成。泵房为箱形结构，纵向间隔为进水间 1、转动格网间 2、机器

间 3。机器间竖向布置有操作、电动机、泵 3 层。在操作层地板上开有吊装孔，平时用钢筋混凝土板或钢板盖住。四台沅江 36－23 型泵（3 台工作 1 台备用），取水能力为 $7m^3/s$，装机总容量为 3200kW。通风为抽风式，泵室设吸风口抽风，电机室风管与电动机壳连接密闭抽风。设起重量为 10t，起吊高度 16m 的电动桥式吊车一台。泵压水管上设两道闸阀，止回阀设于切换井内。

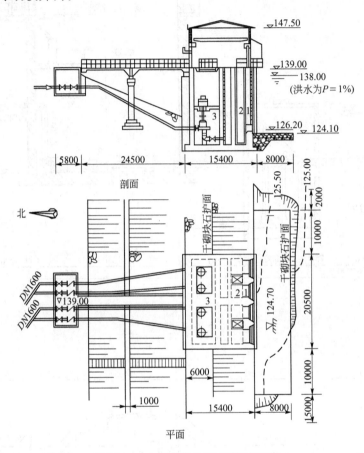

图 5.70　立式泵的地下式取水泵房

5.9.2　二级泵站

二级泵站从清水池抽水，水位变幅不大，因而多建成地面式或半地下式。基本特点是水泵机组多、管线多、电气设备及电缆较多，占地面积大。

二级泵房为一般工业建筑，对结构的要求与一般工业建筑相同，即结构设计要满足工艺设计的要求。一般为柱墩式基础、外墙砖砌、防水砂浆等防潮、内壁设行车壁柱或屋顶设吊车梁。

1. 泵房结构应满足工艺设计要求

因泵房多为地面式或半地下式，在保证供水安全、操作方便、满足工艺要求的前提下，合理布置机组、管线、电气设备和电缆，而不必过多考虑土建造价。

2. 隔声与减振

泵房内运行的机组多，噪声大，应采取适当的措施减弱噪声级。当机组容量大于 200kW 时，可选用噪声较小的水冷式电动机，为建筑装饰时可适当选用一些吸声材料，如水泥木丝板等；水泵机组采取一定的减振措施；设置隔声间。

3. 工艺参数检测

站内要设置计量与水位仪表。流量计的传感器装于现场，显示仪装于控制室（值班室）。最好选用能给出瞬时流量和累计流量的流量计；水位计传感器装于清水池内，显示器装于控制室。最好选用既能指示清水池（或水塔）水位，又能给出高低水位讯号（声、光信号，控制讯号）的水位计。

泵房用电计量、监视水泵电机运行情况的电工、热工仪表，应按需要设置。

图 5.71 所示为设有三台 SH 型泵的半地下式泵房的平面布置图。三台泵（2 台工作 1 台备用）成横向单行排列。这样布置便于沿泵房纵向设置单梁式吊车，吸水管道与压水管道直进直出，可减少水头损失，节省电耗。泵用真空泵引水启动。机器间地板向吸水侧有 0.005 的坡度，沿墙内侧设有排水沟，集水坑设于泵房一角，用手摇泵排水。压水管路上方的走道平台，直接与值班室相通，从平台有短梯通向机器间。值班室和配电室设于泵房一端，两侧各有大门和单扇小门与外面相通。值班室隔墙上设双层玻璃窗，既可隔声，又可观察整个机器间。泵房另一端还开有一小门通向室外。

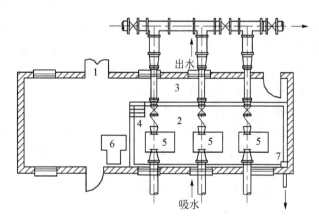

图 5.71 设有 SH 型泵的半地下式平面布置图
1—操作室与配电室；2—地下式泵房；3—走道；4—短梯；
5—水泵基础；6—真空泵基础；7—集水坑

5.9.3 循环泵站

循环泵站的显著特点是：
（1）泵站的流量和扬程比较稳定，一般可选用同型号的泵并联工作。
（2）对供水的安全性要求较高，特别是一些大型的冶金厂和电厂，即使极短时间内中断供水也是不允许的。

（3）站内常装有热水泵，为改善泵的吸水条件，应采用自灌式工作，故泵站埋设较深。因此，在选泵和布置机组时，必须考虑有必要的备用率和安全供水措施。

循环泵站中有时有冷、热水两种泵。当条件允许时，应尽量利用废热水本身的余压直接送到冷却构筑物上去冷却，这样，便可省去一组热水泵机组，只需设置冷水泵机组，因而使泵站布置大为简化。

设有冷水及热水泵机组的循环泵房，在平面上常有以下几种布置形式。

（1）机组横向双行交错排列布置，如图 5.71（a）所示。该布置形式适用于机组较多，泵都是相同转向的情况下。其优点是布置紧凑，泵房跨度较小；缺点是吸水管与压水管均须横向穿过泵房，增加管沟或管桥设施。

（2）图 5.72（b）与图 5.72（a）的布置基本相同。其特点是冷热水泵都有正、反两种转向，冷热水吸水池可以设在泵房的同一侧。

（3）机组纵向双行排列布置，如图 5.72（c）所示。该布置形式适用于机组较多的情况。其特点是管道布置在泵房两侧，不需横穿泵房，因此，通道

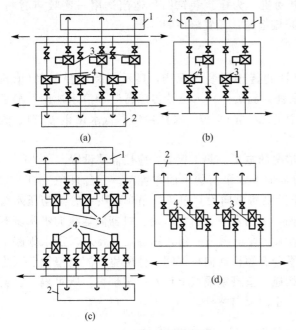

图 5.72　循环泵房布置

1—热水池；2—冷水池；
3—热水泵组；4—冷水泵组

比较宽敞，便于操作检修；缺点是泵房跨度较大。

（4）机组纵向单行排列布置，如图 5.72（d）所示。该布置形式适用于机组较少的情况。冷水池与热水池可以布置在泵房的同一侧或者分开布置在泵房的两侧；也可采取泵机组轴线位于同一直线的单行顺列，则管道的水力条件较好，但泵房长度较大。

有些大型工厂的循环泵站，泵机组多达十几台、几十台，往往采用几种形式的综合布置。这要根据生产工艺流程的布局，对泵站的要求以及地形地质条件等具体情况，经多方案的技术经济比较后确定。

5.10 深井泵站与潜水泵站

5.10.1　深井泵站

深井泵站通常由泵房与变电所组成。深井泵房的形式有地面式、半地下式和地下式 3 种。不同结构形式的泵房各有其优缺点。地面式的造价最低，建成投产迅速；通风条件好，室温一般比半下地式的低 5~6℃；操作管理与检修方便；室内排水容易；泵电动机运行噪声扩散快，音量小；但出水管弯头配件多，不便于工艺布置，且水头损失较大。半地

下式比地面式造价高；出水管可不用弯头配件，便于工艺布置，且水力条件好，可稍节省电耗及经常运行费用，人防条件较好；但通风条件较差，夏季室温高；室内有楼梯，有效面积缩小；操作管理、检修人员上下、机器设备上下搬运均较不便；室内地坪低，不利排水；泵电动机运转时，声音不易扩散，音量大；地下部分土建施工困难。地下式的造价最高，施工困难最多，防水处理复杂；室内排水困难；操作管理、检修工作不便；但人防条件好；抗震条件好；因不受阳光照射，故夏季室温较低。

实践表明：以上 3 种形式，以前两种为好。

深井泵房平面尺寸一般均很紧凑，因此选用尺寸较小的设备对缩小平面尺寸有很大意义。设计时应与机电密切配合，选择效能高、尺寸小、占地少的机电设备。

此外，深井泵房设计，还应注意泵房屋顶的处理，屋顶检修孔的设置以及泵房的通风、排水等问题。

1. 一般深井泵站

当用深井泵提升地下水时，泵浸于水中，电动机设于井上，一台泵即为一个独立泵站。

图 5.73 所示为深井泵提升地下水的半地下式泵房。泵压水管直接接出，无弯头配件，故水力条件较好。该泵房的立式电动机 1 装在井口的机座上，泵将井水抽送到水塔或清水池，以便供给用户。在泵压水管路 2 上，除了设置闸阀 3 和止回阀 4 外，为了便于施工及检修，还安装了一个伸缩接头 5。

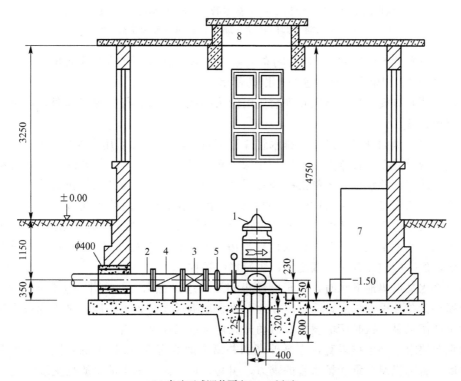

(a) 半地下式深井泵房(I—I 剖面)

图 5.73　深井泵提升地下水的半地下式泵房

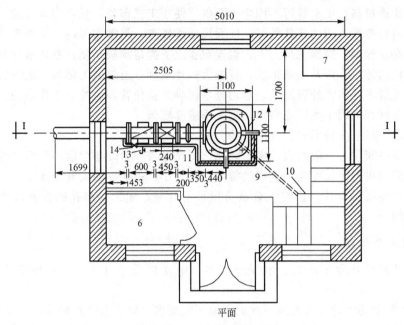

平面

(b) 半地下式深井泵房(平面)

图 5.73   深井泵提升地下水的半地下式泵房(续)

1—立式电动机；2—压水管；3—闸阀；4—止回阀；5—活箍；6—消毒间；
7—低压配电盘；8—吊装孔；9—排水管；10—集水坑；11—预润水管；
12—预润水阀门；13—放水嘴；14—检修闸阀

泵房进口左侧为消毒间 6，消毒间靠近窗户，以利通风。泵站内的墙角处设置配电用的低压配电盘 7，配电盘应远离窗户，以防雨水淋入。

泵房屋顶开有安装泵机组和修理泵机用的吊装孔 8，当进行修理工作时，在吊装孔上可装设起重设备。

深井泵填料函的排出水经 $\phi25$ 排水管 9 流至集水坑 10，然后用手摇泵排除。

从止回阀后的压水管路上，引出一根 $\phi13$ 的预润水管 11 与深井泵的预润孔相接，当管井中水位较低，井水位以上露出的深井泵主轴轴承较多，且深井泵停止运转 30min 后启动时，可将预润水管阀门 12 打开，以便在泵启动前引压水管内的水润滑主轴轴承。预润水管上有供取水样和放空管内存水的放水嘴 13 及供修理泵和放水嘴时使用的检修闸阀 14。

为了测量井中水位，还要装设水位计。由于小型深井泵站系"一井一泵"，设置分散管理不便，故一般应设置中心调度室，实行集中遥控。

当用潜水泵取集地下水时，由于电动机和泵一起浸在水下，在井口上仅有出水弯管，因此无须每井单独设立泵房，而可以在地下蓄水池附近设一集中控制间来管理很多向此蓄水池供水的潜水泵。这时配电设备及启动开关均可设在控制间内。

潜水泵要求在井下挂得直，在泵外壳和井筒之间要有 5mm 以上的空隙。潜水泵不应触及井底，否则机组会承受扬水管的重力，引起损坏，同时抽出的水质也受影响。

2. 大型深井泵站(湿式竖井泵站)

当地下水源岩性很好，储量充沛，涌水量大，但埋藏较深时，或在山区河流取集地面水时，可以采取"一井多泵"的方法，即在一个大口径钢筋混凝土井筒内，设置若干台深井泵或潜水泵取水。我国西南地区一些水厂和工厂自备水源采用这种方式取水取得了一定效果。

5.10.2 潜水泵站

潜水泵站是用潜水泵抽水的泵站。很长一段时间内我国生产的潜水泵多为中高扬程、较小流量，适用于深井抽水和矿山排水。目前，我国已有不少厂家生产出大型潜水泵，如江苏亚太水泵厂生产的大型高压(指额定电压)潜水泵 QG、QZ 系列，适用于给水排水工程。

随着国内外中低扬程、大流量、高效率潜水泵的问世，国内有些城市的给水工程中采用了取水潜水泵站。如某市新建水厂规模 $30 \times 10^4 m^3/d$(分两期建设)，一级泵站采用了德国 THTSSENN 公司生产的 PT3/645 型潜水泵(结构与国产 QZ 型类似)4 台(3 用 1 备)，泵房建在水厂内，布置如图 5.74 所示。

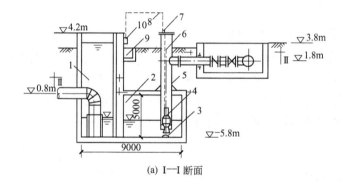

(a) I—I 断面

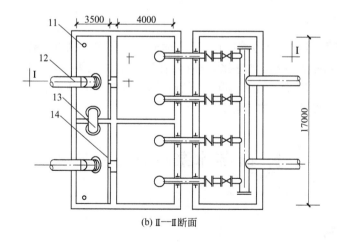

(b) II—II 断面

图 5.74 一级泵房布置示意图

1—吸水井；2—吸水室；3—分水锥；4—水泵机组；5—井筒；6—潜水泵室；
7—电缆密封压盖；8—电缆；9—电缆沟；10—接线盒；11—水位计；
12—进水虹吸管；13—连通虹吸管；14—格网

该泵站为钢筋混凝土地下建筑。由吸水井、潜水泵吸水室和钢竖井组成。吸水井尺寸为 17.5m×3.5m×10.0m，分为两格。潜水泵吸水室尺寸为 17.5m×4.0m×5.0m，分为两格。吸水井与吸水室间设不锈钢格网。吸水室内均布 4 只安装潜水泵的密封承压钢竖井（ϕ1100）。每个钢竖井出口设缓闭止回阀和检修蝶阀（DN900），布置在出水管廊中。变配电室和控制室建在泵站北侧，面积为 140m²。吸水井中装水位计的传感器，潜水取水（可以是排水、雨水）泵站是一种新型结构的泵站，具有如下优点。

1. 简化泵站结构，节省土建费用

如以上例为例，与采用国产 HL 型混流泵方案相比，地下构筑物的总体积由 3500m³ 降为 1531m³，地面建筑由 530m² 减至 140m²，节省了土建投资，在总投资不增加的情况下而配置了先进的设备，从经济效益和社会效益角度衡量是非常合算的。

2. 节能效果明显

由于采用高效率、低扬程的 PT3/645 型潜水泵，在相同工况下与国产水泵（如 SH 型泵）相比，能耗降低 30% 以上。

3. 设备配置简化，安装维护方便

由于 PT3/645 型泵结构设计合理，泵体（机电一体化）直接置于 DN1100mm、深 9.6m 的钢井中，自行找中，不要紧固件连接。检修水泵时，只要打开钢井法兰盖板和电缆密封压盖，用穿在潜水泵吊环上的尼龙绳夹住吊钩，拖拉尼龙绳使吊钩在水中穿进水泵顶部的吊环，用汽车起重机便可吊出，进行检查与维修。

4. 运行噪声小

潜水泵处于全潜流状态下运行，工作场所噪声低。上例实测得的噪声低于 55dB，完全符合国家规定的车间噪声允许标准 45～75dB。

5. 便于运行监督

国产 QG、QZ 系列潜水泵与德国产 PT3/645 潜水泵均为机电一体化的水泵，设有大体相同的检测项目和密封结构，如接线腔内装有漏水检测探头，定子腔内装有感温元件，电机腔下端装有漏水检测器、轴承温度检测器，油隔离室装有油水检测探头。这些检测元件给出相应的讯号，便于实现自动监控。

5.11 给水泵站的工艺设计

5.11.1 设计资料

设计泵站所需资料，可分为两部分。

1. 基础资料

基础资料对设计具有决定性作用和不同程度的约束性。它往往不能按照设计者的意图与主观愿望任意变动，是设计的主要依据。主管部门对设计工作的主要指示、决议、设计任务书、有关的协议文件、工程地质、水文与水文地质、气象、地形等，都属于这类资料。基础资料包括：

(1) 设计任务书。

(2) 规划、人防、卫生、供电、航道、航运等部门同意在一定地点修建泵站的正式许可文件。

(3) 地区气象资料：最低、最高气温，冬季采暖计算温度，冻结平均深度和起止日期，最大冻结层厚。

(4) 地区水文与水文地质资料：水源的洪水位、常水位、枯水位资料，河流的含砂量、流速、风浪情况等，地下水流向、流速、水质情况及对建筑材料的腐蚀性等。

(5) 泵站所在地附近地区一定比例的地形图。

(6) 泵站所在地的工程地质资料、抗震设计烈度资料。

(7) 用水量、水压资料以及给水排水制度。

(8) 泵站的设计使用年限。

(9) 电源位置、性质、可靠程度、电压、单位电价等。

(10) 与泵站有关的给水排水构筑物的位置与设计标高。

(11) 泵样本，电动机和电器产品目录。

(12) 管材及管配件的产品规格。

(13) 设备材料单价表，预算工程单位估价表，地方材料及价格，劳动工资水平。

(14) 对于扩建或改建工程，还应有原构筑物的设计资料、调查资料、竣工图或实测图。

2. 参考资料

参考资料仅供参考，不能作为设计的依据，如各种参考书籍，口头调查资料，某些历史性纪录及某些尚未生产的产品目录等，都属于这一类，包括：

(1) 地区内现有泵站的运行情况调查资料，泵站形式，建筑规模和年限，结构形式，机组台数和设备性能，历年大修次数，曾经发生的事故及其原因分析和解决办法，冬季采暖及夏季通风情况，电源或其他动力来源等。

(2) 地区内现有泵站的设计图、竣工图或实测图。

(3) 地区内已有泵站的施工方法和施工经验。

(4) 施工中可能利用的机械和劳动力的来源。

(5) 其他有关参考资料。

5.11.2 泵站工艺设计步骤和方法

泵站工艺设计步骤和方法分述如下：

(1) 确定设计流量和扬程。

(2) 初步选泵和电动机或其他原动机，包括选择泵的型号，工作泵和备用泵的台数。由于初步选泵时，泵站尚未设计好，吸水、压水管路也未进行布置，水流通过管路中的水头损失是未知的，所以这时泵的全扬程不能确切知道，只能假定泵站内管道中的水头损失为某一个数值。一般在初步选泵时，可假定此数为2m左右。

根据所选泵的轴功率及转数选用电动机。如果机组由水泵厂配套供应，则不必另选。

（3）设计机组的基础。在机组初步选好后，即可查泵及电动机产品样本，查到机组的安装尺寸（或机组底板的尺寸）和总重量，据此可进行基础的平面尺寸和深度的设计。

（4）计算泵的吸水管和压水管的直径。

（5）布置机组和管道。

（6）精选泵和电动机。根据地形条件确定泵的安装高度。计算出吸水管路和泵站范围内压水管路中的水头损失，然后求出泵站的扬程。如果发现初选的泵不合适，则另行选泵。根据新选的泵的轴功率，再选用电动机。

（7）选择泵站中的附属设备。

（8）确定泵房建筑高度。泵房的建筑高度，取决于泵的安装高度、泵房内有无起重设备以及起重设备的型号。

（9）确定泵房的平面尺寸，初步规划泵站总平面。机组的平面布置确定以后，泵房（机器间）的最小长度 L 也就确定了，如图5.75所示：a 为机组基础的长度，b 为机组基础的间距；c 为机组基础与墙的距离。查有关材料手册，找出相应管道、配件的型号规格和大小尺寸，按一定的比例将泵机组的基础与吸水、压水管道上的管配件、闸阀、止回阀等画在同一张图上，逐一标出尺寸，依次相加，就可以得出机器间的最小宽度 B，如图5.76所示。

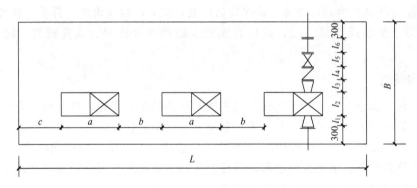

图 5.75　机器间长度 L 和宽度 B

a—机组基础长度；b—基础间距；c—基础与墙距离；l_1、l_3、l_4、l_5、l_6—分别为水泵进口短管、出水短管、止回阀、闸阀、短管的长度；l_2—机组基础宽度

L 和 B 确定后，再考虑维修场地等因素，便可最后确定泵站机器间的平面尺寸大小。

泵站总平面布置的内容应包括变压器室（可露天安装）、配电室、机器间、值班室（控制室）、修理间、道路、绿化带等。布置时要考虑人员及设备安全，检修及运输方便、经济，并留有发展余地。

变配电设备一般置于泵站的一端。变压器发生故障时，易引起火灾或爆炸，宜将变压器设置于单独的变压器室内，必要时还需设贮油池（按规范要求）。当高、低压配电屏较多时，应将它们分别置于高、低压配电室内，若配电屏不多时可共设于一室，但高、低压配电屏应分列安装；低压配电室应尽量靠近水泵间，以节省电线和减小线路损耗；控制屏可安装在控制室内，也可安装在机组附近，如装有立式泵（离心泵、轴流泵）机组的泵房，控制屏就安装于上层或中层平台上。不论控制屏安装于何处，均应能实现机组的就地(机组旁)与远距离(控制室内)启动、停止;值班室与水泵间应尽量靠近，以便能很好地通视。要尽量做到不因配电间的设置而使泵房的跨度增大。

修理间的布置应便于设备的内部吊运及向外运输，并与整体的道路设计相适应。

按照建筑模数制的规定，泵房跨度方向的轴线称纵向定位轴线，一般取 30M(即 3m)的倍数，纵向定位轴线通常与屋架的跨度相吻合，与外纵墙内皮重合;泵房长度方向即柱距方向的轴线称横向定位轴线，泵房的柱距一般为 60M(即 6m)的倍数，小型泵房的柱距可采用 4m。设在泵房两端的配电间、检修间的柱距可取与主泵房相同的柱距，也可根据需要确定。为使端屋架与山墙抗风柱的位置不发生冲突，可将山墙内侧第一排柱中心线内移 500mm。要强调的是水泵进出水管路不允许在柱下通过。

(10) 向有关工种提出设计任务。

一个给水工程设计需要工艺、土建(包括建筑)、机电仪表、概预算专业设计人员的配合，而工艺设计人员应通过总工程师向有关工种提出相关的设计任务。

(11) 编制设计计算书、设计说明书。

(12) 审核、会签。

(13) 出图。

(14) 编制预算。

5.11.3 泵站的技术经济指标

泵站的技术经济指标包括单位水量基建投资，输水成本和电耗三项，取决于泵站的基建总投资、年运行费用、年总输水量和生产管理水平。这几项指标，在设计泵站时，可作为方案技术经济比较的参考，而在泵站投产运行以后，则是改进经营管理、降低输水成本和节约电耗的主要依据。

泵站的基建总投资 C 包括土建、配管、设备、电气照明等。初步设计或扩大初步设计时，按概算指标进行计算，施工图设计阶段按预算指标计算，工程投产后按工程决算进行计算。

泵站的年运行费用 S 包括以下几项:

(1) 折旧及大修费 E_1。

(2) 电费 E_2，全年的电费可按下式计算:

$$E_2 = \frac{\sum Q_i H_i T_i}{1000 \eta_p \eta_m \eta_n} \rho g a \text{(元)} \tag{5-23}$$

式中: Q_i——一年中泵站随季节变化的平均日输水量(m^3/s);

H_i——相应于 Q_i 的泵站输水扬程(m);

T_i——泵站在(Q_i，H_i)工况下工作小时数(h);

ρ——水的容重，取 $\rho = 1000\text{kg/m}^3$;

η_p——泵效率(%);

η_m——电机效率(%);

η_n——电网的效率(%);

a——每 1kW·h 电的价格(元/度);

g——重力加速度(m/s²)。

(3) 工资福利费 E_3：取决于劳动组织、劳动定员以及职工的平均工资水平。

(4) 经常养护费 E_4。

(5) 其他费用 E_5。

即：
$$S=E_1+E_2+E_3+E_4+E_5 \qquad (5-24)$$

故单位水量基建投资 c 为：
$$c=\frac{C}{Q}(元/m^3) \qquad (5-25)$$

式中：Q——为泵站设计日供水量(m³/d)。

输水成本 s 为：
$$s=\frac{S}{\sum Q} \qquad (5-26)$$

式中：Q——为泵站全年的总输水量(m³)。

在泵站日常运行中，电耗大小是衡量其是否正常经济运行的重要指标之一。通常电耗 e_c 以每抽送 1000m³ 的水所实际耗费的电能(kW·h)来表示，即：
$$e_c=\frac{E_c}{Q}\times 1000(kW·h) \qquad (5-27)$$

式中：E_c——泵站在一昼夜(或一段时间)内所耗费的电能(kW·h)，可以从泵站内的电表中查得；

Q——泵站在一昼夜(或一段时间)内所抽送的水量(m³)，可从流量计中查得。

而泵站运行的理论电耗或叫比电耗(即每小时将 1000m³ 的水提升 1m 高度所耗费的电能)可用下式计算：
$$e_c'=\frac{Q'H'\rho g}{1000\times 3600\eta_p\eta_m}=\frac{1000\times 1\times 1000\times 9.81}{1000\times 3600\eta_p\eta_m}=\frac{2.72}{\eta_p\eta_m\eta_n}(kW·h) \qquad (5-28)$$

设取 $\eta_p\eta_m\eta_n=0.68$，则
$$e_c'=\frac{2.72}{0.68}=4.03(kW·h) \qquad (5-29)$$

泵站中实际的比电耗应按每台机组在不同运行状态下(即在一定的流量和扬程下连续运行若干小时)分别进行计算。把实际的比电耗与理论比电耗进行比较，便可看出每台泵是否在最经济合理的状态下运行，从而可以改进泵的工作，设法提高其工作效率。

5.11.4 取水泵站工艺设计实例

【卧式离心泵取水泵站设计实例】

某厂新建水源工程近期设计水量为 250000m³/d，要求远期发展到 400000m³/d，采用固定式取水泵房用两条直径为 1400mm 的自流管从江中取水。水源洪水位标高为 37.00m (1%频率)，枯水位标高为 23.53m(97%频率)。净化场反应池前配水井的水面标高为 57.83m，自流取水管全长 200m，泵站到净化场的输水干管全长 150m。图 5.76 为某取水泵站枢纽布置图，试进行泵站工艺设计。

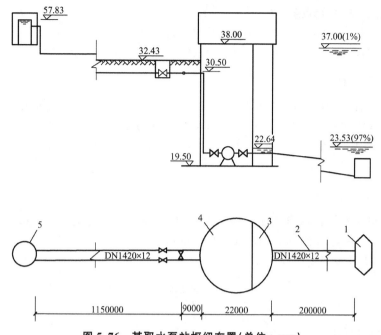

图 5.76 某取水泵站枢纽布置(单位：mm)
1—箱式取水头部；2—取水自流管；3—吸水间；4—机器间；5—净化场配水井

1. 设计流量的确定和设计扬程估算

1) 设计流量 Q

考虑到输水干管漏损和净化场本身用水，取自用水系数 $\alpha = 1.05$，则

近期设计流量为 $\quad Q = 1.05 \times \dfrac{250000}{24} = 10937.5(\mathrm{m^3/h}) = 3.038(\mathrm{m^3/s})$

远期设计流量为 $Q' = 1.05 \times \dfrac{400000}{24} = 17500(\mathrm{m^3/h}) = 4.861(\mathrm{m^3/s})$

2) 设计扬程 H

(1) 泵所需静扬程 H_{ST}。

通过取水部分的计算已知在最不利情况下(即一条自流管检修，另一条自流管通过75％的设计流量时)，从取水头部到泵房吸水间的全部水头损失为 0.89m，则吸水间中最高水面标高为 37.00−0.89=36.11(m)，最低水面标高为 23.53−0.89=22.64(m)。所以泵所需静扬程 H_{ST} 为：

洪水位时，$H_{ST} = 57.83 - 36.11 = 21.72(\mathrm{m})$

枯水位时，$H_{ST} = 57.83 - 22.64 = 35.19(\mathrm{m})$

(2) 输水干管中的水头损失 $\sum h$。

设采用两条 DN1420×12 钢管并联作为原水输水干管，当一条输水管检修时，另一条输水管应通过75％的设计流量(按远期考虑)，即：$Q = 0.75 \times 17500\mathrm{m^3/h} = 13125\mathrm{m^3/h} = 3.646\mathrm{m^3/s}$，查水力计算表得管内流速 $v = 2.37\mathrm{m/s}$，$i = 0.0039$，所以 $\sum h = 1.1 \times 0.0039 \times 1150 = 4.93(\mathrm{m})$(式中 1.1 为包括局部损失而加大的系数)。

(3) 泵站内管路中的水头损失 h_p。

粗估为 2m，则泵设计扬程为：

枯水位时，$H_{max}=35.19+4.93+2+2=44.12(\text{m})$

洪水位时，$H_{min}=21.72+4.93+2+2=30.65(\text{m})$

2. 初选泵和电机

近期三台 32SA‑10 型泵（$Q=1.00\sim1.71\text{m}^3/\text{s}$，$H=52.43\sim41.65\text{m}$，$N=752\text{kW}$，$H_s=4.7\text{m}$），两台工作一台备用。远期增加一台同型号泵，三台工作一台备用。

根据 32SA‑10 型泵的要求选用 YKS630‑10 型异步电动机（1000kW，10kV，IP44 水冷式）。

3. 机组基础尺寸的确定

查泵与电机样本，计算出 32SA‑10 型泵机组基础平面尺寸为 5200mm×2000mm，机组总重量 $W=W_p+W_m=81340+87710=169050(\text{N})$。

基础深度 H 可按下式计算：

$$H=\frac{3.0W}{LB\gamma}$$

式中：L——基础长度，$L=5.2\text{m}$；

B——基础宽度，$B=2.0\text{m}$；

γ——基础所用材料的容重，对于混凝土基础，$\gamma=23520\text{N/m}^3$。

故 $$H=\frac{3.0\times169050}{5.2\times2.0\times23520}=2.07(\text{m})$$

基础实际深度连同泵房底板在内，应为 3.25m。

4. 吸水管路与压水管路计算

每台泵有单独的吸水管与压水管

1）吸水管

已知 $$Q_1=\frac{17500}{3}=5833(\text{m}^3/\text{h})=1.62\text{m}^3/\text{s}$$

采用 DN1220×12 钢管，则 $v=1.45\text{m/s}$，$i=1.77\times10^{-3}$

2）压水管

采用 DN1020×10 钢管，则 $v=2.06\text{m/s}$，$i=4.56\times10^{-3}$

5. 机组与管道布置

如图 5.77 和图 5.78 所示，为了布置紧凑，充分利用建筑面积，将四台机组交错并列布置成两排，两台为正常转向，两台为反常转向，在订货时应予以说明。每台泵有单独的吸水管、压水管引出泵房后两两连接起来。泵出水管上设有液控蝶阀(c)(HDZs41X‑10)和手动蝶阀($D_2$241X‑10)，吸水管上设手动闸板闸阀(Z545T‑6)。为了减少泵房建筑面积，闸阀切换井设在泵房外面，两条 DN1400 的输水干管用 DN1400 蝶阀(GD371Xp‑1)连接起来，每条输水管上各设切换用的蝶阀(GD371Xp‑1)一个。由于管径较大，相应的连接配件（如三通、大小头等）没有全国通用的标准系列产品，本设计中便采用了一些自制的配件，在其他设计中，以选用全国通用标准产品为宜。

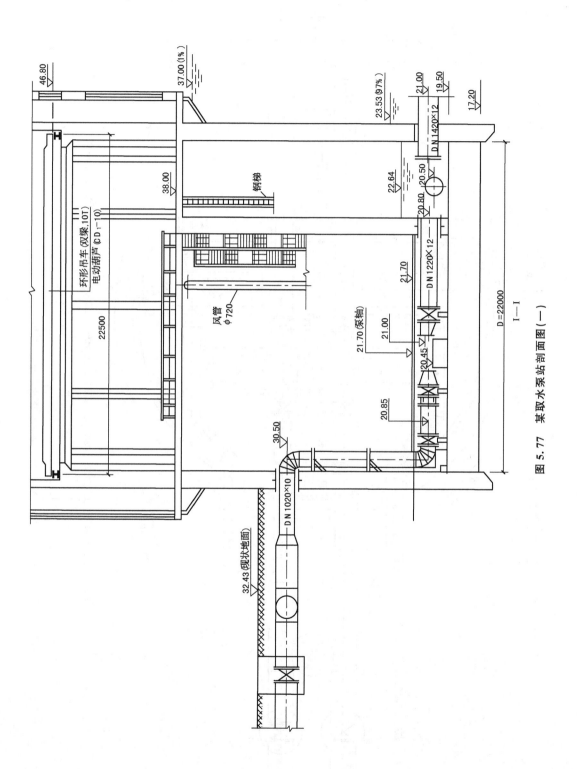

图 5.77 某取水泵站剖面图（一）

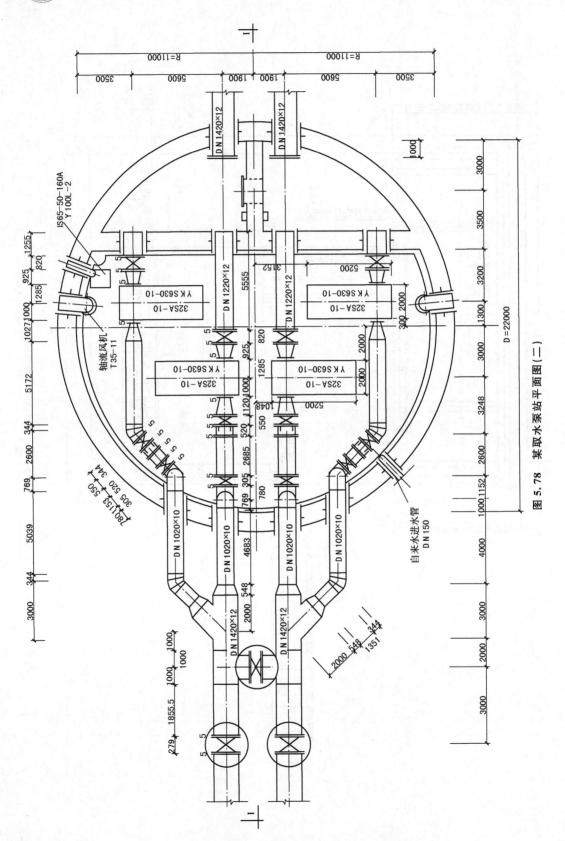

图 5.78 某取水泵站平面图(二)

6. 吸水管路和压水管路中水头损失的计算

取一条最不利线路，从吸水口到输水干管上切换闸阀为止为计算线路图(图 5.79)。

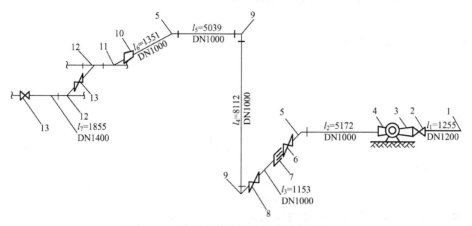

图 5.79 吸压水管路水头损失计算线路图

(1) 吸水管路中水头损失 $\sum h_s$

$$\sum h_s = \sum h_{fs} + \sum h_{ls}$$

$$\sum h_{fs} = l_1 \cdot i_s = 1.77 \times 10^{-3} \times 1.255 = 0.0022 \text{(m)}$$

$$\sum h_{ls} = (\xi_1 + \xi_2) \frac{v_2^2}{2g} + \xi_3 \cdot \frac{v_1^2}{2g}$$

式中：ξ_1——吸水管进口局部阻力系数，$\xi_1 = 0.75$；

ξ_2——DN1200 闸阀局部阻力系数，按开启度 $\frac{a}{d} = \frac{1}{8}$ 考虑，$\xi_2 = 0.15$；

ξ_3——偏心渐缩管 DN1200×800，$\xi_3 = 0.20$。

则

$$\sum h_{ls} = (0.75 + 0.15) \frac{1.45^2}{2g} + 0.20 \times \frac{3.22^2}{2g} = 0.20 \text{(m)}$$

故

$$\sum h_s = \sum h_{fs} + \sum h_{ls} = 0.0022 + 0.2 = 0.20 \text{(m)}$$

(2) 压水管路水头损失 $\sum h_d$。

$$\sum h_d = \sum h_{fd} + \sum h_{ld}$$

$$\sum h_{fd} = (l_2 + l_3 + l_4 + l_5 + l_6) i_{d1} + l_7 \cdot i_{d2}$$

$$= (5.172 + 1.153 + 8.112 + 5.039 + 1.351) \times \frac{45.6}{1000} + 1.855 \times \frac{39.0}{1000}$$

$$= 0.10 \text{(m)}$$

$$\sum h_{ld} = \xi_4 \frac{v_3^2}{2g} + (2\xi_5 + \xi_6 + \xi_7 + \xi_8 + 2\xi_9 + \xi_{10}) \frac{v_4^2}{2g} + (\xi_{11} + \xi_{12} + \xi_{13}) \frac{v_5^2}{2g}$$

式中：ξ_4——DN600×1000 渐放管，$\xi_4 = 0.33$；

ξ_5——DN1000 钢制 45°弯头，$\xi_5 = 0.54$；

ξ_6——DN1000 液控蝶阀，$\xi_6 = 0.15$；

ξ_7——DN1000 伸缩接头，$\xi_7 = 0.21$；

ξ_8——DN1000 手动蝶阀，$\xi_8=0.15$；

ξ_9——DN1000 钢制 90°弯头，$\xi_9=1.08$；

ξ_{10}——DN1000×1400 渐放管，$\xi_{10}=0.47$；

ξ_{11}——DN1400 钢制斜三通，$\xi_{11}=0.5$；

ξ_{12}——DN1400 钢制正三通，$\xi_{12}=1.5$；

ξ_{13}——DN1400 蝶阀，$\xi_{13}=0.15$。

则

$$\sum h_{ld} = 0.33 \times \frac{5.73^2}{2g} + (2 \times 0.54 + 0.15 + 0.21 + 0.15 + 2 \times 1.08 + 0.47) \times$$

$$\frac{2.06^2}{2g} + (0.5 + 2 \times 1.5 + 2 \times 0.15) \times \frac{2.37^2}{2g}$$

$$= 0.552 + 0.193 + 1.089 = 2.50 \text{（m）}$$

故

$$\sum h_d = \sum h_{fd} + \sum h_{ld} = 0.10 + 2.50 = 2.60 \text{（m）}$$

从泵吸水口到输水干管上切换闸阀间的全部水头损失为：

$$\sum h = \sum h_s + \sum h_d = 2.80 \text{（m）}$$

因此，泵的实际扬程为：

设计枯水位时，$H_{max} = 35.19 + 4.93 + 2.80 + 2 = 44.92$（m）

设计洪水位时，$H_{min} = 21.72 + 4.93 + 2.80 + 2 = 31.45$（m）

由此可见，初选的泵机组符合要求。

7. 泵安装高度的确定和泵房筒体高度计算

为了便于用沉井法施工，将泵房机器间底板放在与吸水间底板同一标高，因而泵为自灌式工作，所以泵的安装高度小于其允许吸上真空高度，无须计算。

已知吸水间最低动水位标高为 22.64m，为保证吸水管的正常吸水，取吸水管的中心标高为 20.80m。吸水管上缘的淹没深度为 22.64 - 20.80 - (D/2) = 1.24（m）。取吸水管下缘距吸水间底板为 0.7m，则吸水间底板标高为 20.80 - (D/2 + 0.7) = 19.50（m）。洪水位标高为 37.00m，考虑 1.0m 的浪高，则操作平台标高为 37.00 + 1.0 = 38.00（m）。故泵房筒体高度为：

$$H = 38.00 - 19.50 = 18.50 \text{（m）}$$

8. 附属设备的选择

1）起重设备

最大起重量为 YKS630-10 型电机重量 $W_m = 8950$kg，最大起吊高度为 18.50 + 2.0 = 20.5（m）（其中 2.00m 是考虑操作平台上汽车的高度）。为此，选用环形吊车（定制，起重量为 10t，双梁，跨度为 22.5m，CD_i-10 电动葫芦，起吊高度为 24m）。

2）引水设备

泵系自灌式工作，不需引水设备。

3）排水设备

由于泵房较深，故采用电动泵排水。沿泵房内壁设排水沟，将水汇集到集水坑内，然后用泵抽回到吸水间去。

取水泵房的排水量一般按 $20\sim40\mathrm{m^3/h}$ 考虑，排水泵的静扬程按 17.5m 计，水头损失大约为 5m，故总扬程在 $17.5+5=22.5(\mathrm{m})$ 左右，可选用 IS65-50-160A 型离心泵（$Q=15\sim28\mathrm{m^3/h}$，$H=27\sim22\mathrm{m}$，$N=3\mathrm{kW}$，$n=2900\mathrm{r/min}$）两台，一台工作一台备用，配套电机为 Y100L-2。

4）通风设备

由于与泵配套的电机为水冷式，无需专用通风设备进行空-空冷却，但由于泵房筒体较深，仍选用风机进行换气通风。选用两台 T35-11 型轴流风机（叶轮直径 700mm，转速 960r/min，叶片角度 15°，风量 $10127\mathrm{m^3/h}$，风压 90Pa，配套电机 YSF-8026，$N=0.37\mathrm{kW}$）。

5）计量设备

在净化场的送水泵站内安装电磁流量计统一计量，故本泵站内不再设计量设备。

9. 泵房建筑高度的确定

泵房筒体高度已知为 18.50m，操作平台以上的建筑高度，根据起重设备及起吊高度、电梯井机房的高度、采光及通风的要求，吊车梁底板到操作平台楼板的距离为 8.80m，从平台楼板到房顶底板净高为 11.30m。

10. 泵房平面尺寸的确定

根据泵机组、吸水与压水管道的布置条件以及排水泵机组和通风机等附属设备的设置情况，从给水排水设计手册中查出有关设备和管道配件的尺寸（图 5.78），通过计算，求得泵房内径为 22m。

【潜水供水泵取水泵站举例】

某新建取水泵站总设计规模为 $16\times10^4\mathrm{m^3/d}$，一期工程为 $8\times10^4\mathrm{m^3/d}$，二期工程为 $116\times10^4\mathrm{m^3/d}$。采用固定式泵房用两条自流管从河中取水。水源洪水位 76.70m，常水位 69.75m，枯水位 68.73m。拟定站址后的自流管长度 70m，净水厂反应池前配水井最高水位高程 95.10m，泵站至净水厂输水干管总长 483m。试进行泵站工艺设计。

1. 设计流量确定和设计扬程估算

1）设计流量 Q

取漏损和自用水系数 1.05，则：

一期：$Q=1.05\times\dfrac{8\times10^4}{24}=3500(\mathrm{m^3/h})=0.972\mathrm{m^3/s}$

二期：$Q'=1.05\times\dfrac{16\times10^4}{24}=7000(\mathrm{m^3/h})=1.944\mathrm{m^3/s}$

2）设计扬程 H

（1）水泵静扬程。

水泵所需静扬程取水头部示意如图 5.80 所示。自流管按 $16.8\times10^4\mathrm{m^3/d}$ 的规模一次设计施工，采用两根一期工程设计流量 $8.4\times10^4\mathrm{m^3/d}$，按一根自流管工作计算，流速 $v=1.02\mathrm{m/s}$；二期工程设计流量 $16.8\times10^4\mathrm{m^3/d}$，两根自流管工作，按最不利情况单管过流 $0.7Q'$ 计算，流速 1.43m/s。

自流管沿程水头损失为：

一期：$h_f=i\times l=0.001\times70=0.07(\mathrm{m})$

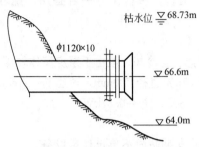

图 5.80　取水头部示意图

二期：$h_f' = i \times l = 0.0019 \times 70 = 0.13 (\text{m})$

取水头部采用喇叭口加栅条结构。过栅流速取为 0.6m/s，格栅阻塞面积按 25% 考虑，一期工程过栅流速为 0.576m/s，小于 0.6m/s；二期工程过栅流速（不利情况下）为 0.8m/s，大于 0.6m/s，但属于短时工作。局部水头损失仍按最不利情况计算：

$$h_m = (\xi_{进} + \xi_{出})\frac{v_{管}^2}{2g} + \xi_{栅}\frac{v_{栅}^2}{2g} = (0.5 + 1) \times \frac{1.43^2}{2 \times 2.98} + 0.364 \times \frac{0.8^2}{2 \times 9.81} = 0.17 (\text{m})$$

自流管最大设计规模下，水头损失为：

$$h = h_f' + h_m = 0.13 + 0.17 = 0.30 (\text{m})$$

吸水井最低水面高程：$68.73 - 0.30 = 68.43 (\text{m})$

吸水井最高水面高程：$76.70 - 0.30 = 76.40 (\text{m})$

枯水位时静扬程：$H_{ST} = 95.10 - 68.43 = 26.67 (\text{m})$

高水位时静扬程：$H_{ST}' = 95.10 - 76.40 = 18.70 (\text{m})$

（2）输水干管的水头损失。

一期工程为一条输水干管工作，取 DN1000mm 的钢管，管流流速 $v = 1.24\text{m/s}$，总水头损失为：$h = 1.34\text{m}$。

二期工程，两条 DN1000mm 钢管同时工作，按最不利情况单管过流 $0.70Q'$ 计算，流速 1.86m/s，总水头损失为：$h = 3.04\text{m}$。

（3）站内水头损失。

拟采用供水潜水泵（QG 系列），泵站内管道很短，预计水头损失为 0.8m。

（4）安全水头。

暂取为 2m。

一期工程泵站设计扬程为：

最低水位时：$H_{max} = 26.67 + 1.34 + 0.8 + 2 = 30.81 (\text{m})$

最高水位时：$H_{min} = 18.70 + 1.34 + 0.8 + 2 = 22.84 (\text{m})$

二期工程泵站设计扬程为：

最低水位时：$H_{max} = 26.67 + 3.04 + 0.8 + 2 = 32.51 (\text{m})$

最高水位时：$H_{min} = 18.70 + 3.04 + 0.8 + 2 = 24.54 (\text{m})$

2. 初选水泵

1）水泵型号

选江苏亚太水泵厂生产的 QG 型潜水供水泵。

2）水泵台数

取水泵站采用均匀供水方式。一期工程拟装 3 台同规格水泵（2 用 1 备）；一期工程拟装 5~6 台同规格水泵（4 用 1 备或 4 用 2 备）。单泵流量约为 $1750\text{m}^3/\text{h}$ 以下，扬程约为 31~33m。

3）水泵规格

根据所需的流量、扬程和水泵厂提供的 QG 系列水泵特性曲线，700QG1834 - 30 - 250 泵较为合适。$Q = 1300 \sim 2200\text{m}^3/\text{h}$、$H = 37 \sim 30\text{m}$、$N = 220\text{kW}$。水泵特性曲线见

图 5.84。QG 系列潜水泵为泵机一体，无需再选配电机。

QG 系列潜水泵为并筒式立装。7000G1834 - 30 - 250 水泵采用钢制井筒悬吊式安装，示意见图 5.81。

由样本查得井筒内径 1100mm，安装孔内径 1600mm，地脚螺栓长度 500mm，淹深 1900mm，机组重 3400kg。

经估算，闭阀启动时轴向推力约为 33200kg。梁的截面要满足强度和地脚螺栓埋设深度的要求，同时要有足够的刚度，暂取为 400mm×900mm。

3. 机组与管道布置

潜水泵扬水管（即钢制井筒）DN1100，排出管 DN700，故压水管采用 DN700 的钢管。水泵出口压水管路上装微阻缓闭止回阀、对夹式蝶阀各一个，联络管上装对夹式蝶阀一个。输水管为两条 DN1000 钢管，一期工程只敷设一条。吸水室（井）为钢筋混凝土结构，长 22m、宽 5.6m、高 6m，池

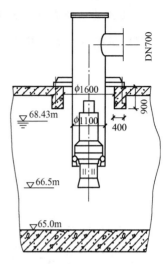

图 5.81　潜水泵安装示意图

中布置 6 个 φ1100 钢井。由于本设计吸水室中不设拦污栅和闸板，按样本的说明，部分安装尺寸可根据设计要求确定。泵房布置如图 5.82 所示。

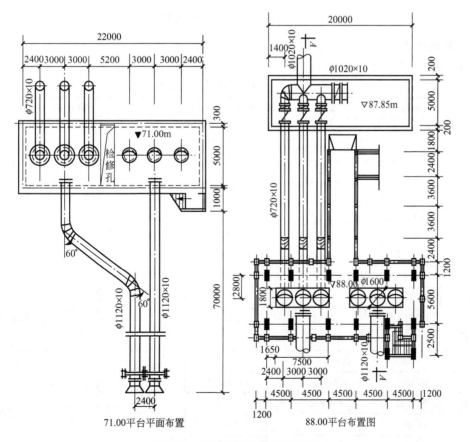

图 5.82　某水厂潜水泵取水泵房

4. 管路水头损失计算及选泵复算

根据机组与管路的布置，管路水力计算图式如图 5.83 所示。

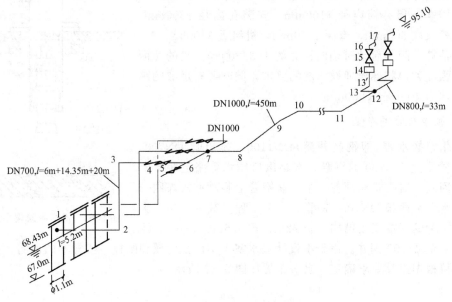

图 5.83　管网水力计算简图

1）局部水头损失

局部水头损失，见表 5-14。

表 5-14　局部水头损失计算表

编号	名称	管径	局部水损系数	计算公式
0	水泵入口	D1100	1.0	
1	渐缩管	D1100×700	1.5+0.26	
2	90°弯头	D700	0.51	
3	90°弯头	D700	0.51	$\sum \xi = 6.29$
4	止回阀	DN700	0.33	$h_{m1} = \sum \xi \dfrac{8(Q/2)^2}{\pi^2 g D^4} = 0.5422Q^2$
5	蝶阀	DN700	0.30	
6	渐放管	D700×1100	1.5+0.38	
7	四通	D1000×700×D1000	1.5×2	
8	30°弯头	D1000	0.2	$\sum \xi = 5.3$
9、10	45°弯头	D1000	0.54×2	$h_{m2} = \sum \xi \dfrac{8(Q/2)^2}{\pi^2 g D^4} = 0.4437Q^2$
11	90°弯头	D1000	1.08	
12	三通	D800×800	1.5	
13、16	90°弯头	D800	0.51×2	$\sum \xi = 6.5$
14	混合器	DN800	2.65	$h_{m3} = \sum \xi \dfrac{8(Q/2)^2}{\pi^2 g D^4} = 0.3285Q^2$
15	蝶阀	DN800	0.33	
17	出口	DN800	1.0	

2）沿程水头损失

沿程水头损失，见表 5-15。

表 5-15 沿程水头损失计算表

管径	管长	计算公式
DN1100	5.2	$h_{f1}=0.001048\times5.2\times0.25\times Q^2=0.00136Q^2$
DN700	43.5	$h_{f2}=0.001150\times43.5\times0.25\times Q^2=0.116Q^2$
DN1000	450	$h_{f3}=0.001736\times450\times0.25\times Q^2=0.78Q^2$
DN800	33	$h_{f4}=0.005665\times33\times0.25\times Q^2=0.04673Q^2$
$\sum h_f$		$0.9446Q^2$

管网特性曲线表达式为：

最低水位时：$H_1=26.67+2.259Q^2$

常水位时：$H_2=25.65+2.259Q^2$

最高水位时：$H_3=18.70+2.259Q^2$

3）选泵复算

二泵并联运行，由图 5.84 可知：水泵扬程 30m、供水量为 0.99m³/s、轴功率 200kW、效率为 76%。可见初选的水泵是合适的。洪水季节和用水量较小的时段可考虑单泵运行。

二期工程，再安装一组与一期工程相同的设备和管道，两条输水管输水。两条输水管正常运行的情况下，由于布置的对称性，为三期工程所选的水泵完全满足要求。

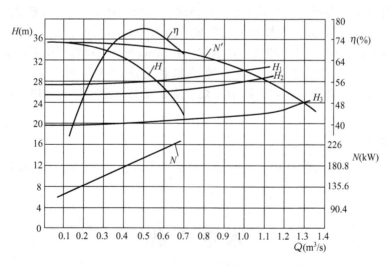

图 5.84 水泵特性曲线

5. 校核

1）消防

取水泵站的消防任务是在规定的时间内，向清水池补充好消防贮备水。由于泵站供水量较大（单泵为 0.55m³/s）不必设置专用消防泵，只需在消防贮备水补充期间启动备用泵即可。

2）事故

一期工程，只有一根输水管工作，若输水管故障，则必须停水，加紧抢修。二期工程，在一条输水管故障停用的情况下，三台水泵工作，供水量为 $0.7Q'$。校核如下：

局部水头损失：

$$h_{m1} = \sum \xi \frac{8(0.7Q'/3)^2}{\pi^2 gD^4} = 0.512\text{m}$$

$$h_{m2} = \sum \xi \frac{8(0.7Q'/3)^2}{\pi^2 gD^4} = 0.943\text{m}$$

$$h_{m3} = \sum \xi \frac{8(0.7Q'/3)^2}{\pi^2 gD^4} = 0.697\text{m}$$

沿程水头损失：

$$h_{f1} = A_1 l_1 (0.7Q'/3)^2 = 0.001\text{m}$$
$$h_{f2} = A_2 l_2 (0.7Q'/3)^2 = 0.109\text{m}$$
$$h_{f3} = A_3 l_3 (0.7Q'/3)^2 = 1.658\text{m}$$
$$h_{f4} = A_4 l_{24} (0.7Q'/3)^2 = 0.044\text{m}$$

总水头损失为 3.96m，在最低水位时，水泵扬程为 $26.67 + 3.96 = 30.63$（m）。由图 5.84 可知，当水泵扬程为 30.63m 时，三泵并联工作的供水量约为 $1.41\text{m}^3/\text{s}$，接近于 $0.70Q'$，所选水泵满足事故工况要求。

6. 泵站高程确定

为保证自流管喇叭口中线在枯水位 68.73m 下有 1m 的淹没深度，取管轴线高程为 66.60m；为保证水泵在吸水井最低水位 68.43m 有 1.9m（样本要求）的淹没深度，水泵吸水口高程取为 66.50m；由自流管安装的需要，吸水井底部高程取为 65.00m；潜水泵高 3241mm，为满足水泵安装尺寸和在正常水位（69.75m）下水泵检修的需要，取底层平台高程为 71.00m；洪水位为 76.70m，由于地形和地质条件的限制，取上层平台高程为 88.00m；采用单轨电动葫芦，由于城市规划要求泵房有点缀风景的作用，取吊车梁底高程为 95.00m。

7. 起重设备

最大起重量为水泵机组的重量 3400kg，最大起吊高度为 23.5m。选用 CD_1 型电动葫芦，起重量 5t。

本 章 小 结

本章主要讲述给水泵站的分类及特点；泵房内部机组选型与计算；站内基础、管道的布置及基本设计；泵站内主要辅助设施如：计量设备、引水设备、起重设备、通风与采暖、变配电设施、站内给排水设施、防雷等基本布置与设计；给水泵站停泵水锤的发生与停泵水锤的防护措施；泵站噪声消除措施；各类给水泵站的土建特点；最后重点介绍的是给水泵站的工艺设计。

本章前 10 节为给水泵站工艺设计基础，第 11 节为给水泵站工艺设计的步骤、方法及其具体设计实例。

习　　题

1. 各类泵站的工艺特点。
2. 选泵的原则和要点。
3. 选泵需要考虑的其他因素。
4. 选择电动机应考虑的因素。
5. 什么叫停泵水锤？简述其发生的原因、危害及消除方法。
6. 什么叫断流水锤？其危害是什么？

第6章
排水泵站

本章主要叙述污水泵站、雨水泵站、合流泵站的工艺特点及设计参数选择；水泵的选择；机组与管道布置特点；污水泵站集水池容积计算；雨水泵站集水池的计算；泵站内部标高的确定与计算。通过本章的学习，应达到以下目标：

(1) 了解排水泵站的组成与分类方法，泵站的基本类型和特点；

(2) 掌握水泵选择的依据、原则和方法，选泵方案的技术经济比较；

(3) 掌握污水泵站的工艺特点及选泵方法；

(4) 掌握雨水泵站的工艺特点及选泵方法；

(5) 掌握合流泵站的工艺特点及选泵方法；

(6) 掌握螺旋泵站的工艺特点及泵站设计参数的选择。

教学要求

知识要点	能力要求	相关知识
排水泵站的组成与分类方法；泵站的基本类型和特点	(1) 了解排水泵站的组成与分类方法 (2) 掌握泵站的基本类型和特点	(1) 排水泵站的组成与分类 (2) 排水泵站的基本类型
污水泵站、雨水泵站、合流泵站的工艺特点及设计参数选择	(1) 掌握污水泵站的工艺特点及选泵方法 (2) 掌握雨水泵站的工艺特点及选泵方法 (3) 掌握合流泵站的工艺特点及选泵方法	(1) 设计流量、水泵全扬程 (2) 干室型泵房 (3) 截流倍数
水泵的选择	(1) 掌握水泵选择的依据、原则和方法 (2) 掌握选泵方案的技术经济比较	(1) 泵站设计流量的确定 (2) 泵站的扬程
机组与管道布置特点	(1) 了解机组布置特点 (2) 了解管道布置特点	(1) 机组布置要求 (2) 管道布置特点及要求
污水泵站集水池容积计算；雨水泵站集水池的计算；泵站内部标高的确定与计算	(1) 掌握污水泵站集水池容积计算 (2) 掌握雨水泵站集水池的计算 (3) 掌握泵站内部标高的确定与计算	(1) 集水池的设计 (2) 泵站内部标高的确定

基本概念

排水泵站、污水泵站、雨水泵站、集水池、合建式圆形排水泵站、合建式矩形排水泵站、水位控制器。

6.1 概　述

城市中排泄的生活污水和工业废水，以及雨水经排水管渠系统汇集后，由排水泵站抽送。排水泵站在日常生活中起着重要的作用。

6.1.1　组成与分类

排水泵站的工作特点是它所抽升的水一般含有大量的杂质，而且来水的流量逐日逐时都在变化。

排水泵站的基本组成包括：机器间、集水池、格栅、辅助间，有时还附设有变电所。机器间内设置泵机组和有关的附属设备。格栅和吸水管安装在集水池内，集水池还可以在一定程度上调节来水的不均匀性，以使泵能较均匀工作。格栅作用是阻拦水中粗大的固体杂质，以防止杂物阻塞和损坏泵，因此，格栅又叫拦污栅。辅助间一般包括储藏室、修理间、休息室和厕所等。

排水泵站按其排水的性质，一般可分为污水（生活污水、生产污水）泵站、雨水泵站、合流泵站和污泥泵站。

按其在排水系统中的作用，可分为中途泵站（或叫区域泵站）和终点泵站（又叫总泵站）。中途泵站通常是为了避免排水干管埋设太深而设置的。终点泵站就是将整个城镇的污水或工业企业的污水抽送到污水处理厂或将处理后的污水进行农田灌溉或直接排入水体。

按泵启动前能否自流充水分为自灌式泵站和非自灌式泵站。

按泵房的平面形状，可以分为圆形泵站和矩形泵站。

按集水池与机器间的组合情况，可分为合建式泵站和分建式泵站。

按采用的泵特殊性又有潜水泵站和螺旋泵站。

按照控制的方式又可分为人工控制、自动控制和遥控三类。

6.1.2　站址的选择

排水泵站选择站址应注意以下几点。

（1）站址应选在排水区的较低处，与自然汇流相适应。要注意充分利用原有的排水系统，以减少渠道开挖的土方工程和占地面积，但在利用原有渠系时要注意将来渠系调整对泵站的影响，站址要尽量靠近容泄区，以缩短泄水渠的长度。

（2）站址应选在外河水位较低的地段（即设在外河下游处），以降低排水扬程，减少装机容量和电能消耗。

（3）站址应选在河流顺直，河床稳定，冲刷、淤积较少的河段或弯曲河段的凹岸；应有一定的外滩宽度，以利于施工围堰和工料场的布置，但也不宜太宽，以免排水渠太长。尽可能满足正面进水和正面泄水的要求。

（4）要充分考虑自排条件，尽可能使自排与抽排相结合。

(5) 要注意综合利用，注意远景和近期结合。如有灌溉要求，则应考虑灌溉引水口和灌溉渠首的高程和布置，尽可能做到排灌结合，提高设备利用率，扩大工程效益。

(6) 站址应选在地质条件较好的地方，尽可能避开淤泥软土和粉细砂地层，避开废河道、水潭、深沟等易淤积的地方。

6.1.3　排水泵站的基本类型

排水泵站的类型取决于进水管渠的埋设深度、来水流量、泵机组的型号与台数、水文地质条件及施工方法等因素。选择排水泵站的类型应从造价、布置、施工、运行条件等方面综合考虑。几种典型的排水泵站优缺点及适用条件见表 6-1。

表 6-1　排水泵站基本类型比较

合建式圆形排水泵站（图 6.1）	优点	圆形结构受力条件好，便于采用沉井法施工，可降低工程造价，泵启动方便，易于根据吸水井中水位实现自动操作
	缺点	机器内机组与附属设备布置较困难，当泵房很深时，工人上下不便，且电动机容易受潮。由于电动机深入地下，需考虑通风设施，以降低机器间的温度
	适用条件	中、小型排水量，泵不超过 4 台
合建式矩形排水泵站（图 6.2）	优点	泵台数为 4 台或更多时，采用矩形机器间，在机组、管道和附属设备的布置方面较为方便，启动操作简单，易于实现自动化。电气设备置于上层，不易受潮，工人操作管理条件良好
	缺点	建造费用高。当土质差，地下水位高时，因不利施工，不宜采用
	适用条件	大型泵站
分建式排水泵站（图 6.3）	优点	结构上处理比合建式简单，施工较方便，机器间没有污水渗透和被污水淹没的危险
	缺点	要抽真空启动，为了满足排水泵站来水的不均匀，启动泵较频繁，给运行操作带来困难
	适用条件	土质差、地下水位高时，减少施工困难和降低工程造价

图 6.1 为合建式圆形排水泵站，装设卧式泵，自灌式工作，适合于中、小型排水量，泵不超过 4 台。圆形结构受力条件好，便于采用沉井法施工，可降低工程造价，泵启动方便，易于根据吸水井中水位实现自动操作。其缺点是：机器内机组与附属设备布置较困难，当泵房很深时，工人上下不便，且电动机容易受潮。由于电动机深入地下，需考虑通风设施，以降低机器间的温度。

若将此种类型泵站中的卧式泵改为立式离心泵（也可用轴流泵），就可避免上述缺点。但是，立式离心泵安装技术要求较高，特别是泵房较深，传动轴很长时，须设中间轴承及固定支架，以免泵运行时传动轴发生振荡。由于这种类型能减少泵房面积，降低工程造价，并使电气设备运行条件和工人操作条件得到改善，故在我国仍广泛采用。

图 6.2 为合建式矩形排水泵站，装设立式泵，自灌式工作。大型泵站用此种类型较合

适。泵台数为 4 台或更多时，采用矩形机器间，在机组、管道和附属设备的布置方面较为方便，启动操作简单，易于实现自动化。电气设备置于上层，不易受潮，工人操作管理条件良好。其缺点是建造费用高。当土质差，地下水位高时，因不利施工，不宜采用。

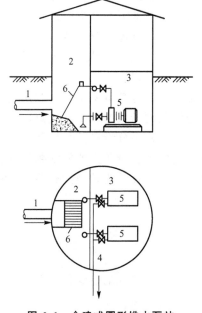
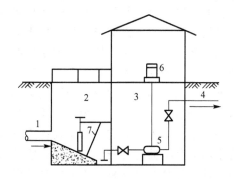
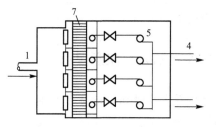

图 6.1　合建式圆形排水泵站
1—排水管渠；2—集水池；3—机器间；
4—压水管；5—卧式污水泵；6—格栅

图 6.2　合建式矩形排水泵站
1—排水管渠；2—集水池；3—机器间；
4—压水管；5—立式污水管；6—立式电动机；7—格栅

　　图 6.3 为分建式圆形排水泵站。当土质差、地下水位高时，为了减少施工困难和降低工程造价，将集水池与机器间分开修建是合理的。将一定深度的集水池单独修建，施工上相对容易些。为了减小机器间的地下部分深度，应尽量利用泵的吸水能力，以提高机器间标

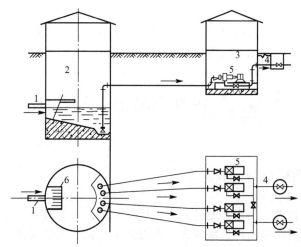

图 6.3　分建式圆形排水泵站
1—排水管渠；2—集水池；3—机器间；4—压水管；5—水泵机组；6—格栅

高。但是，应注意泵的允许吸上真空高度不要利用到极限，以免泵站投入运行后吸水发生困难。因为在设计当中对施工时可能发生与设计不符的情况和运动后管道积垢、泵磨损、电源频率降低等情况都无法事先准确估计，所以适当留有余地是必要的。

在工程实践中，排水泵站的类型是多种多样的。例如，合建式泵站，集水池采用半圆形，机器间为矩形；合建椭圆形泵站；集水池露天或加盖；泵站地下部分为圆形钢筋混凝土结构，地上部分用矩形砖砌体等。究竟采取何种类型，应根据具体情况，经多方案技术经济比较后决定。根据我国设计和运行经验，凡泵台数不多于4台的污水泵站和3台或3台以下的雨水泵站，其地下部分结构采用圆形最为经济，其地面以上构筑物的形式，必须与周围建筑物相适应。当泵台数超过上述数量时，地下及地上部分都可采用矩形或由矩形组合成的多边形；地下部分有时为了发挥圆形结构比较经济和便于沉井施工的优点，也可以采取将集水池和机器间分开为两个构筑物的布置方式，或者将泵分设在两个地下的圆形构筑物内，地上部分可以处理为矩形或腰圆形。这种布置适用于流量较大的雨水泵站或合流泵站。对于抽送会产生易燃易爆和有毒气体的污水泵站，必须设计为单独的建筑物，并应采用相应的防护措施。

6.1.4 排水泵站设计注意要点

抽送产生易燃易爆和有毒有害气体的污水泵站，必须设计为单独的建筑物，并应采取相应的防护措施。

排水泵站宜按远期规模设计且宜设计为单独的建筑物，水泵机组可按近期规模配置。

单独设置的泵站与居住房屋和公共建筑物的距离，应满足规划、消防和环保部门的要求。泵站的地面建筑物造型应与周围环境协调，做到适用、经济、美观，泵站内应绿化。

泵站室外地坪标高应按城镇防洪标准确定，并符合规划部门要求；泵房室内地坪应比室外地坪高0.2～0.3m；易受洪水淹没地区的泵站，其入口处设计地面标高应比设计洪水位高0.5m以上；当不能满足上述要求时，可在入口处设置闸槽等临时防洪措施。

排水泵站供电应按二级负荷设计。特别重要地区的泵站，应按一级负荷设计。当不能满足上述要求时，应设置备用动力设施。

6.2 污水泵站的工艺设计

6.2.1 污水泵站的特点和一般规定

污水泵站有如下特点：污水泵站的特点是连续进水，水量较小，但变化幅度大；水中污染物含量多，对周围环境的污染影响大。所以污水泵站应该使用适合污水的水泵和清污量大的格栅除污机，集水池要有足够的调蓄容积，水泵的运行时间长，应考虑备用泵；泵站的设计应尽量减少对环境的污染，站内要提供较好的管理、检修条件。

污水泵站工艺设计的一般规定如下。

（1）应根据远近期污水量，确定污水泵站的规模。泵站设计流量应与进水管设计流量相同。

（2）应明确泵站是一次建成，还是分期建设，是永久性的还是半永久性的，以决定其标准和设施。并根据污水泵站抽升后，出水是入河流，还是进处理厂处理来选定合适的泵站位置。

（3）污水泵站的集水池与机器间合建在同一构筑物内时，集水池和机器间须用防水隔墙分开，不允许渗漏；集水池与机器间分建时要保持一定的施工距离，避免不均匀沉降，其中集水池多采用圆形，机器间多采用方形。

（4）注意减少对周围环境的影响，结合当地条件，使泵站与居住房屋和公共建筑保持一定的距离，院内须加强绿化，尽量做到庭院园林化，四周建隔离带。

6.2.2 水泵选型

1. 泵站设计流量的确定

城市用水量是不均匀的，因而排入管道的污水流量也是不均匀的，而且逐日逐时都在变化，水量小，变化幅度大。要正确地确定水泵的设计流量，必须知道排水量在最高日中逐时的变化情况。在设计时，这种资料往往是不能得到的。因此，排水泵站的设计流量一般按最高日最高时污水流量决定。

2. 泵站的扬程

泵站扬程可按下式计算：

$$H = H_{ss} + H_{sd} + \sum h_s + \sum h_d \; (\text{m}) \tag{6-1}$$

式中： H_{ss}——吸水地形高度（m），为集水池内最低水位与水泵轴线之高差；

H_{sd}——压水地形高度（m），为泵轴线与输水最高点（即压水管出口处）之高差；

$\sum h_s$、$\sum h_d$——污水通过吸水管路和压水管路中的水头损失（包括沿程损失和局部损失）。

必须指出：污水泵在工程使用中因水泵扬程下降和管道中水头损失随工作历时而增加等因素，在确定设计扬程时应考虑一定的安全值，一般为 $1\sim2\text{m}$。

3. 水泵类型的选择

污水泵站干管埋设较深，来水水位较低，并含有杂质，应优先考虑选用立式污水泵，如 WL、WTL 型，PWL 型及 MN 型。一般也可选用卧式污水泵 PW、MF 型，潜水污水泵 WQ 型及螺旋泵 JTC 型等。近年来，潜水泵已得到广泛应用。

对于排除含有酸性或其他腐蚀性工业污水的泵站，应选择耐腐蚀的泵，如 F 型耐腐蚀离心泵及 FY 型耐腐蚀液下泵等。在排污泥时，尽可能选用污泥泵。对于低粘度污泥可用污水泵，高粘度污泥一般选用单螺旋杆泵，如 GH 型泵等。

应尽量选用类型相同、口径相同的泵，最多不超过两种型号的水泵，以便于维修管理。并应考虑一定的备用机组与机组配件，一般只设一台备用机组。当工作泵台数不大于 4 台时，备用泵宜为 1 台。工作泵台数不小于 5 台时，备用泵宜为 2 台。潜水泵房备用泵为 2 台时，可现场备用 1 台，库存备用 1 台。

4. 选泵考虑的因素

设计水量、水泵全扬程的工况点应靠近水泵的最高效率点。

由于水泵在运行过程中，集水池中的水位是变化的，所选水泵在这个变化范围内处于高效区。

当泵站内设有多台水泵时，选择水泵应当注意不但在联合运行时，而且在单泵运行时都应在高效区。

尽量选用同型号水泵，方便维修管理；水量变化大时，水泵台数较多时，采用大小水泵搭配较为合适。

远期污水量发展的泵站，水泵要有足够的适应能力。

6.2.3　集水池容积及结构形式

污水泵站集水池的容积与进入泵站的流量变化情况、泵的型号、台数及其工作制度、泵站操作性质、启动时间等有关。如果集水池容积过大，淤积量加大，工程造价增加；容积过小，不能满足水量调节要求，同时会使水泵频繁启动。根据以上情况，在水泵有良好进水条件下应合理地确定集水池的容积。

集水池容积包括死容积和有效容积两部分，死容积是最低水位以下的容积，不能取用。集水池的有效容积是最高水位与最低水位之差。根据排水规范，有效容积一般应符合下列要求。

(1) 全日制运行的污水泵站，集水池容积是根据工作水泵机组停车时启动备用机组所需的时间来计算的，也就是由水泵开停次数决定的。当水泵机组人工管理时，每小时水泵开停次数不宜多于 3 次，当水泵机组为自动控制时，每小时开启次数由电动机的性能决定。一般按不小于泵站中最大一台水泵 5min 出水量的体积。

(2) 对于小型污水泵站，由于夜间的流入量不大，一般夜间停止运行，这种情况下，必须使集水池容积能够满足储存夜间流入量的要求。

(3) 对于排除含有酸性或其他腐蚀性工业废水的泵站，应选择耐腐蚀的泵。排除污泥，应尽可能选用污泥泵。

根据污水的特点，集水池在构造上应有拦污、清污、排污等要求。进口处设有格栅与清污工作平台及安全栏杆，并设在最高水位 0.5m 以上，自工作平台到池底装有爬梯上下，在池底最低处设有集水坑，用以排污检修，坑的大小及吸水喇叭口在池中的位置应符合水泵吸水要求。池底倾向集水坑的坡度 $i=0.1\sim0.2$。

6.2.4　机组与管道的布置特点

1. 机组布置的特点

污水泵站中机组台数，一般不超过 3～4 台，而且污水泵都是从轴向进水，一侧出水，所以常采取并列的布置形式。常见的布置形式有以下几种如图 6.4 所示。

图 6.4(a) 适用于卧式污水泵；图 6.4(b) 及 (c) 适用于立式污水泵。

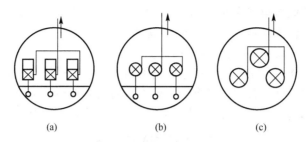

图 6.4 污水泵站机组布置

机组间距及通道大小，可参考给水泵站的要求。

为了减小集水池的容积，污水泵机组的开停比较频繁。为此，污水泵常常采取自灌式工作。这时，吸水管上必须装设闸门，以便检修泵。但是，采取自灌式工作，会使泵房埋深加大，增加造价。

水泵布置宜采用单行排列。

主要机组的布置和通道宽度，应满足机电设备安装、运行和操作的要求，并应符合下列要求：

(1) 水泵机组基础间的净距不宜小于 1.0m；

(2) 机组突出部分与墙壁的净距不宜小于 1.2m；

(3) 主要通道宽度不宜小于 1.5m。

2. 管道的布置

(1) 每台水泵应设置一条单独的进水管，这样可以改善水泵的进水条件，减少杂物堵塞管道的可能性。

进水管的设计流速一般采用 1.0～1.5m/s，最低不得小于 0.7m/s，以免管内产生沉淀。当进水管较短时，流速也可提高到 2.0～2.5m/s。

当水泵是自灌式工作时，在进水管路上应设有闸阀(轴流泵除外)，以便检修；当水泵是非自灌式工作时，应利用真空泵或水射器引水，不允许在管进口处装置底阀，任何情况都不宜在管进口处设滤网。因底阀、滤网在污水中易堵塞，影响水泵的启动，且增加水头损失。

(2) 出水管的流速一般为 2.0～3.0m/s，当两台或两台以上水泵合用一条出水管而仅一台水泵工作时，其流速也不得小于 0.7m/s。各泵的出水管接入出水干管(连接管)时，不得自干管底部接入，以免水泵停止运行时，在水泵的出水管内形成淤积。每台水泵的出水管上装设闸阀，一般不装止回阀。

污水泵站管道易腐蚀，钢管抵抗腐蚀性能较差，因此，一般避免使用钢管。

当 2 台或 2 台以上水泵合用一根出水管时，每台水泵的出水管上均应设置闸阀，并在闸阀和水泵之间设置止回阀。当污水泵出水管与压力管或压力井相连时，出水管上必须安装止回阀和闸阀等倒流装置。

6.2.5 污水泵站中的辅助设备

1. 格栅

格栅是污水泵站中最主要的辅助设备。格栅一般由一组平行的栅条组成，斜置于泵站集水池的进口处。其倾斜角度为 $60°\sim80°$。

栅条间隙根据泵性能确定，可按表 6 - 2 选用。

栅条的断面形状与尺寸可按表 6 - 3 选用。

格栅后应设置工作台，工作台一般应高出格栅上游最高水位 0.5m。

对于人工清除的格栅，其工作平台沿水流方向的长度不小于 1.2m，机械清除的格栅，其长度不小于 1.5m，两侧过道宽度不小于 0.7m。工作平台上应有栏杆和冲洗设施。

表 6 - 2　污水泵前格栅的栅条间隙

水泵型号		栅条间隙(mm)
离心泵	$2\frac{1}{2}$PWA	≤20
	4PWA	≤40
	6PWA	≤70
	8PWA	≤90
轴流泵	20ZLB - 70	≤60
	282LB - 70	≤90

表 6 - 3　栅条的断面形状与尺寸

栅条断面形状	一般采用尺寸(mm)
正方形	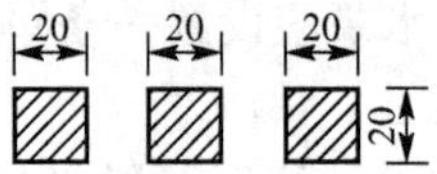
圆形	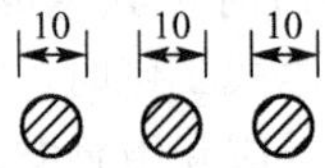
矩形	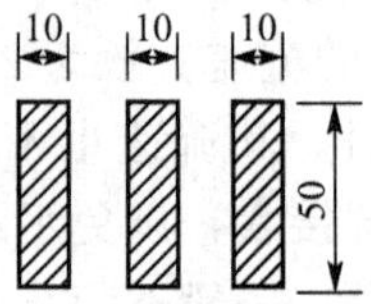
带半圆的矩形	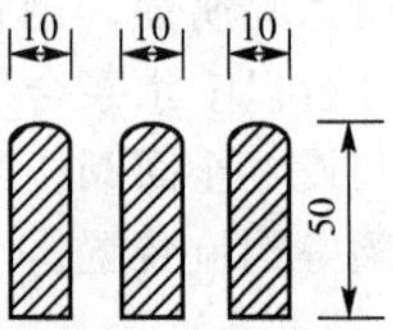

为了收集从格栅上取下的杂物，过去都靠人工清除。有的泵站，格栅深达 6~7m，人工清除，不但劳动强度大，而且随着各种工业废水的增加，污水中蒸发的有毒气体往往对清污工人的健康有很大的危害，甚至造成伤亡事故。因此，如何采用机械方法清除格栅上的垃圾、杂物，便成为污水泵站机械化、自动化的重要课题。

机械格栅(机耙)能自动清除截留在格栅上的垃圾,将垃圾倾倒在翻斗车或其他集污设备内,大大地减轻了工人的劳动强度,保护了工人身体健康,同时可降低格栅的水头损失,节约电耗。

国外有的地方已经使用机械手来清洗格栅。随着我国给水排水事业的机械化自动化程度的提高,机械格栅也将不断完善、不断提高。有关部门正在探索其定型化、标准化,使之既能在新建工程中推广使用,又能适用于老泵站的改造。

2. 水位控制器

为适应污水泵站开停频繁的特点,往往采用自动控制机组运行。自动控制机组启动停车的信号,通常是由水位继电器发出的。图 6.5 为污水泵站中常用的浮球液位控制器工作原理。浮子 1 置于集水池中,通过滑轮 5,用绳 2 与重锤 6 相连,浮子 1 略重于重锤 6。浮子随着池中水位上升与下落,带动重锤下降与上升。在绳 2 上有夹头 7 和 8,水位变动时,夹头能将杠杆 3 拨到上面或下面的极限位置,使触点 4 接通或切断线路 9 与 10,从而发出信号。当继电器接受信号后,即能按事先规定的程序开车或停车。国内使用较多的有 UQK-12 型浮球液位控制器、浮球行程式水位开关、浮球拉线式水位开关。

除浮球液位控制器外,尚有电极液位控制器,其原理是利用污水具有导电性,由液位电极配合继电器实现液位控制。与浮球液位控制器相比,由于它无机械传动部分,从而具有故障少、灵敏度高的优点。按电极配用的继电器类型不同,分为晶体管水位继电器、三极管水位继电器、干簧继电器等。

3. 计量设备

由于污水中含有机械杂质,其计量设备应考虑被堵塞的问题。设在污水处理厂内的泵站,可不考虑计量问题,因为污水处理厂常在污水处理后的总出口明渠上设置计量槽。单独设立的污水泵站可采用电磁流量计(图 6.6),也可以采用弯头水表或文氏管水表计量,但应注意防止传压细管被污物堵塞,为此,应有引高压清水冲洗传压细管的措施。

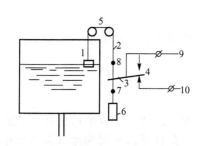

图 6.5　浮子水位继电器

1—浮子;2—绳子;3—杠杆;4—触点;

5—滑轮;6—重锤;7—下夹头;8—上夹头;9、10—线路

图 6.6　电磁流量计

4. 引水装置

污水泵站一般设计成自灌式，无须引水装置。当泵为非自灌工作时，可采用真空泵或水射器抽气引水，也可以采用密闭水箱注水。当采用真空泵引水时，在真空泵与污水泵之间应设置气水分离箱，以免污水和杂质进入真空泵内。

5. 反冲洗设备

污水中所含杂质，往往部分地沉积在集水坑内，时间长了，腐化发臭，甚至填塞集水坑，影响泵的正常吸水。

为了松动集水坑内的沉渣，应在坑内设置压力冲洗管。一般从泵压水管上接出一根直径为 50～100mm 的支管伸入集水坑中，定期将沉渣冲起，由泵抽走。也可在集水池间设一自来水龙头，作为冲洗水源。

6. 排水设备

当泵为非自灌式时，机器间高于集水池。机器间的污水能自流泄入集水池，可用管道把机器间的集水坑与集水池连接起来，其上装设闸门，排集水坑污水时，将闸门开启，污水排放完毕，即将闸门关闭，以免集水池中的臭气逸入机器间内。当吸水管能形成真空时，也可在泵吸水口附近(管径最小处)接出一根小管伸入集水坑，泵在低水位工作时，将坑中污水抽走。

如机器间污水不能自行流入集水池时，则应设排水泵(或手摇泵)将坑中污水抽到集水池。

7. 采暖与通风设施

集水池一般不需采暖设备，因为集水池较深，热量不易散失，且污水温度通常不低于 10～20℃。机器间如必须采暖时，一般采用火炉，也可采用暖气设施。

排水泵站的集水池通常利用通风管自然通风，在屋顶设置风帽。机器间一般只在屋顶设置风帽，进行自然通风。只有在炎热地区，机组台数较多或功率很大，自然通风不能满足要求时，才采用机械通风。

8. 起重设备

起重量在 0.5t 以内时，设置移动三脚架或手动单梁吊车，也可在集水池和机器间的顶板上预留吊钩；起重量在 0.5～2.0t 时，设置手动单梁吊车；起重量超过 2.0t 时，设置手动桥式吊车。

深入地下的泵房或吊运距离较长时，可适当提高起吊机械水平。

6.2.6 排水泵站的构造特点

由于排水泵站的工艺特点，泵大多数为自灌式工作，所以泵站往往设计成为半地下式或地下式。其深入地下的深度，取决于来水管渠的埋深。又因为排水泵站总是建在地势低洼处，所以它们常位于地下水位以下，因此，其地下部分一般采用钢筋混凝土结构，并应采取必要的防水措施。应根据土压和水压来设计地下部分的墙壁(井筒)，其底板应按承受地下水浮力进行计算。泵房的地上部分的墙壁一般用砖砌筑。

一般说来，集水池应尽可能和机器间合建在一起，使吸水管路长度缩短。只有当泵台数很多，且泵站进水管渠埋设又很深时，两者才分开修建，以减少机器间的埋深。机器间的埋深取决于泵的允许吸上真空高度。分建式的缺点是泵不能自灌充水。

辅助间（包括工人休息室），由于它与集水池和机器间设计标高相差很大，往往分开修建。

当集水池和机器间合建时，应当用无门窗的不透水的隔墙分开。集水池和机器间各设有单独的进口。

在地下式排水泵站内，扶梯通常沿着房屋周边布置。如地下部分深度超过 3m 时，扶梯应设中间平台。

在机器间的地板上应有排水沟和集水坑。排水沟一般沿墙设置，坡度为 $i=0.01$，集水坑平面尺寸一般为 $0.4m×0.4m$，深为 $0.5\sim0.6m$。

对于非自动化泵站，在集水池中应设置水位指示器，使值班人员能随时了解池中水位变化情况，以便控制泵的开或停。

当泵站有被洪水淹没的可能时，应设必要的防洪措施。如用土堤将整个泵站围起来，或提高泵站机器间进口门槛的标高。防洪设施的标高应比当地洪水水位高 0.5m 以上。

集水池间的通风管必须伸到工作平台以下，以免在抽风时臭气从室内通过，影响管理人员健康。

集水池中一般应设事故排水管。

图 6.8 所示为设卧式泵（6PWA 型）的圆形污水泵站。泵房地下部分为钢筋混凝土结构，地上部分用砖砌筑。用钢筋混凝土隔墙将集水池与机器间分开。内设三台 6PWA 型污水泵（两台工作用一台备用）。每台泵出水量为 110L/s，扬程 $H=23m$。各泵有单独的吸水管，管径为 350mm。由于泵为自灌式，故每条吸水管上均设有闸门。三台泵共用一条压水管。

利用压水管上的弯头，作为计量设备。机器间内的污水，在吸水管上接出管径为 25mm 的小管伸到集水坑内，当泵工作时，把坑内积水抽走。

从压水管上接出一条直径为 50mm 的冲洗管（在坑内部分为穿孔管），通到集水坑内。

集水池容积按一台泵 5min 的出水量计算，其容积为 33m³，有效水深为 2m，内设一个宽 1.5m、斜长 1.8m 的格栅。格栅用人工清除。

在机器间起重设备采用单梁吊车（图 6.7），集水池间设置固定吊钩。

图 6.9 为设三台立式泵机组的圆形污水泵站。集水池与机器间用不透水的钢筋混凝土隔墙分开，各有单独的门进出。集水池中装有格栅，休息室与厕所分别设在集水池两侧，均有门通往机器间。泵为自灌式，机组开停用浮筒开关装置自动控制。各泵吸水管上均设有闸阀，便于检修。联络干管设于泵房外。电动机及有关电气设备设在楼板上，所以泵间尺寸较小，以降低工程造价。而且通风条件良好，电机运行条件和工人操作环境也好。

图 6.7 单梁手动吊车

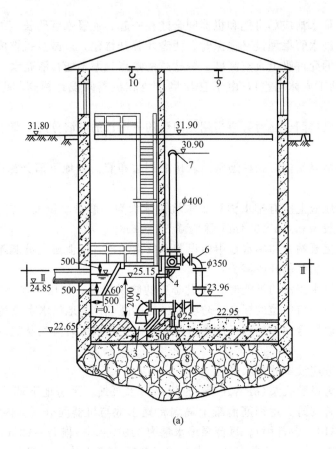

(a)

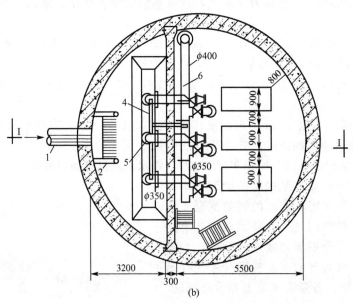

(b)

图 6.8　6PWA 型污水泵站

1—来水干管；2—格栅；3—吸水坑；4—冲洗水管；5—水泵吸水管；
6—压水管；7—弯头水表；8—φ25 吸水管；9—单梁吊车；10—吊钩

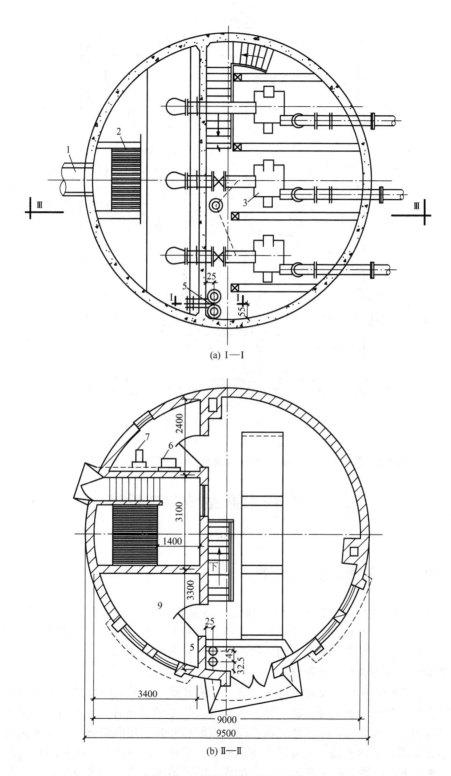

(a) I—I

(b) II—II

图 6.9　立式泵的圆形污水泵站

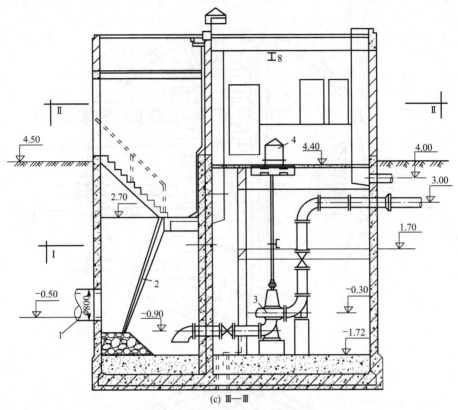

(c) Ⅲ—Ⅲ

图 6.9 立式泵的圆形污水泵站(续)

1—来水干管；2—格栅；3—水泵；4—电动机；

5—浮筒开关装置；6—洗面盆；7—大便器；8—单梁手动吊车；9—休息室

6.3 雨水泵站的工艺设计

6.3.1 雨水泵站的特点与一般规定

雨水泵站的特点是汛期运行，洪峰量大，泵站规模大，雨水能否及时排除社会影响大。设计一般使用轴流泵为主，要求尽量保持良好的进出水水力条件和降雨时运行管理的工作条件。充分估计有压进水和受纳水体高水位时发生的工况。

雨水泵站设计应满足以下规定：

（1）集水池和机器间一般为合建。对于立式轴流泵站或卧式轴流泵的非自灌泵站，集水池可以设在机器间地板下面。其中卧式水泵吸水管穿过地板时，要做防水密封处理；对于自灌启动的地下式泵站，集水池和机器间可以前后并列，用隔墙分开。泵站的地下构筑物要求布置紧凑，节约占地，可将进水闸、格栅、出水池同集水池、机器间合建在一起。

（2）城市雨水泵站一般应布置为干式泵站，使用轴流泵的泵站可以布置成三层，上层是电机间，中层是水泵间，下层是集水池。水泵使用封闭式底座，以便于维修管理。干式水泵间应设地面集水、排水设施。

（3）雨水泵站的设计流量，宜按进水管道检查井中水位提高时的有压排水量计算。压力系数由管渠计算决定。

（4）泵站进、出水闸门的设置要根据工艺要求决定。一般应设闸门解决断水检修和防止倒灌问题，采用高位出水管可不设出水闸门。同旱季洁净程度较高河道联通的泵站闸门，要求有良好的闭水效果，一般要用比较严密的金属闸门。泵站内的闸阀，宜采用电动闸阀。大泵的进水可肘行流道，出水常用活门，也可用虹吸断流。大泵活门要设平衡装置，以减小水头损失和撞击力。虹吸断流需设真空破坏阀，以免发生倒灌。

6.3.2 选泵

（1）选择水泵时，要在流量、扬程适合的基础上，注意使用效率较高的水泵。泵站的扬程应该在对进、出水水位组合后决定。雨水泵站的出水大多直接排入水体，应该收集历年的水文资料，统计分析受纳水体的洪水位，汛期正常、高、低等特征水位。用经常出现的扬程作为选泵的依据。对于出口水位变动大的雨水泵站，要同时满足在高扬程条件下流量的需要。

（2）选泵应尽量使用相同类型、相同口径的水泵。雨水泵站的特点是流量大、扬程低，并具有季节性的特点。随着雨季和旱季雨水径流量的变化，泵站的流量与扬程也随之变化，而且变化的梯度很大，根据以上特点，一般选用轴流泵而且台数不宜太少，以适应径流的变化。由于流量变化梯度大，一般不用大小机组配合，而用同型号轴流泵，利用旱季无雨时检修，因此通常不设备用泵。

6.3.3 泵房的基本类型

1. 干室型泵房

对于流量较大的水泵，由于水泵机组的质量较大，为了减小作用于地基单位面积上的重力，避免单位面积地基上所承受的重力超过其承载能力，就需要扩大机组基础的面积，使各水泵机组的基础及机组基础与泵房墙基础连成一个整体。另外，对于水源水位变幅大于水泵的有效吸上高度的泵站，为了防止外水渗入泵房，也需要将泵房底板与侧墙基础连成一体，浇筑成一个封闭的干室，于是就形成了干室型泵房。

干室型泵房通常由地上和地下两个部分组成，主机组安装在干室内，其基础与干室底板用钢筋混凝土浇筑成整体，为避免外水进入，地下干室挡水侧墙的顶部高程应高于进水侧的最高水位，其安全超高按表6-4的规定确定。干室底板高程根据计算得到的水泵允许安装高度和机组的安装尺寸确定。

表6-4 泵房挡水部位顶部安全超高下限值

泵站建筑物级别 计算情况	1	2	3	4、5
设计	0.7	0.5	0.4	0.3
校核	0.5	0.4	0.3	0.2

2. 湿式型泵房

所谓湿式型泵房，就是在泵房的下部有一个与前池相同并充满水的地下室，即湿室。湿室一方面起着进水池的作用，另一方面，湿室中的水重平衡了一部分地下水的浮托力，可增强泵房的稳定性。

湿室型泵房一般分为两层，下层为湿室，也叫水泵层，水泵淹没在湿室的水面以下，直接从中吸水；上层安装动力机及其辅助设备，称动力机层。这样不仅减少了泵房平面尺寸，同时解决了动力机的防潮、通风和照明等问题，并具有进水管短、水头损失小、启动前不需要灌水等优点，但水泵安装在湿室水下检修不便。

6.3.4 集水池的设计

有效容积的确定：由于雨水管道设计流量大，在暴雨时，泵站在短时间内要排出大量雨水，如果完全用集水池来调节，往往需要很大的容积。另一方面，接入泵站的雨水管渠断面积很大，敷设坡度又小，也能起一定的调节水量的作用。因此，在雨水泵站设计中，一般不考虑集水池的调节作用，只要求在保证泵正常工作和合理布置吸水口等所必须的容积。一般采用不小于最大一台泵 30s 的出水量。

由于雨水泵站大都采用轴流泵，而轴流泵是没有吸水管的，集水池中水流的情况会直接影响叶轮进口的水流条件，从而引起对泵性能的影响。因此，必须正确地设计集水池，否则会使泵工作受到干扰而使泵性能与设计要求大大不同。

由于水流具有惯性，流速越大其惯性越显著，因此水流不会轻易改变方向。集水池的设计必须考虑水流的惯性，以保证泵具有良好的吸水条件，不致产生旋流与各种涡流。

在泵的吸水井中，可能产生如图 6.10 所示的涡流。图 6.10(a)为凹洼涡、局部涡、同心涡。后两者统称空气吸入涡流。图 6.10(b)所示为水中涡流。这种涡流附着于集水池底部或侧壁，一端延伸到泵进口内。在水中涡流中心产生气蚀作用。

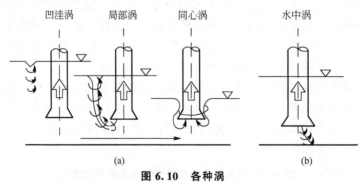

图 6.10 各种涡

由于吸入空气和气蚀作用，导致泵性能改变，效率下降，出水量减少，并使电动机过载运行；此外，还会产生噪声和振动，使运行不稳定，导致轴承磨损、叶轮腐蚀。

旋流是由于集水池中水的偏流、涡流和泵叶轮的旋转而产生的。旋流扰乱了泵叶轮中的均匀水流，从而直接影响泵的流量、扬程和轴向推力。旋流也是造成机组振动的原因。

集水池的设计一般应注意以下事项：

(1) 使进入池中的水流均匀地流向各台泵（见表 6-5 中Ⅳ）；

（2）泵的布置、吸入口位置和集水池形状的设计，不致引起旋流（见表 6-5 中Ⅰ、Ⅲ、Ⅳ、Ⅴ）；

（3）集水池进口流速尽可能的缓慢，一般不超过 0.7m/s，泵吸入口的行近流速以取 0.3m/s 以下为宜；

（4）流线不要突然扩大和改变方向（见表 6-5 中Ⅰ、Ⅲ、Ⅳ）；

（5）在泵与集水池壁之间，不应留过多的空隙（见表 6-5 中Ⅱ）；

（6）在一台泵的上游应避免设置其他的泵（见表 6-5 中Ⅳ）；

（7）应取足够的淹没水深，防止空气吸入形成涡流；

（8）进水管管口要做成淹没出流，使水流平稳地没入集水池中，因为这样进水管中的水不致卷吸空气并带到吸水井中（见表 6-5 中Ⅵ、Ⅸ）；

（9）在封闭的集水池中应设透气管，排除集存的空气（见表 6-5 中Ⅶ）；

（10）进水明渠应设计成不发生水跃的形式（见表 6-5 中Ⅷ）；

（11）为了防止形成涡流，在必要时应设置适当的涡流防止壁与隔壁（见表 6-5）。

表 6-5　集水池的坏例与好例

序号	坏例	注意事项	好例
Ⅰ	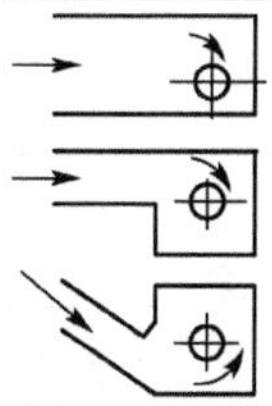	2 2，4 2，4	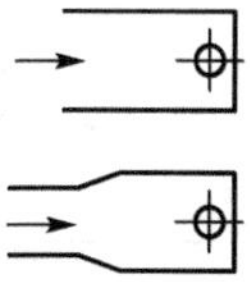
Ⅱ	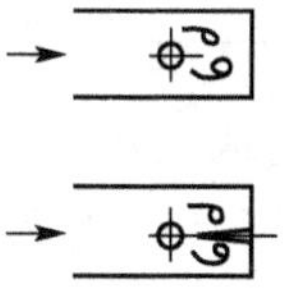	5 5，11	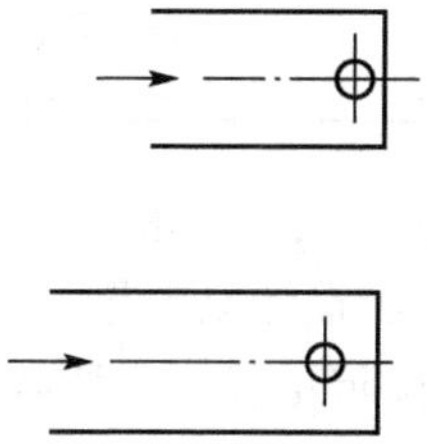
Ⅲ	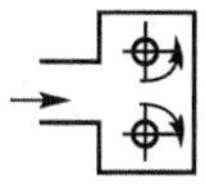	2，4 11	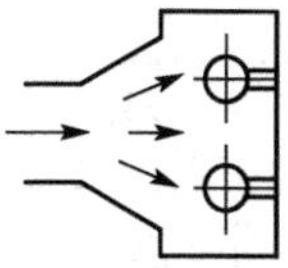
Ⅳ	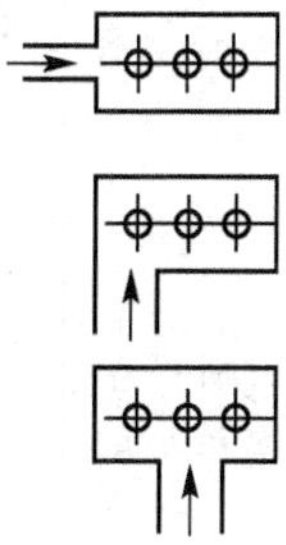	1，4，6 1，2，4 1，2，4	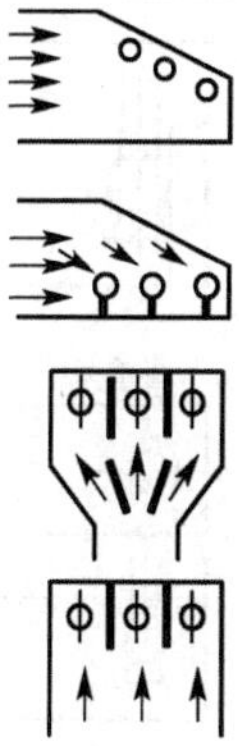

（续）

序号	坏例	注意事项	好例
Ⅴ	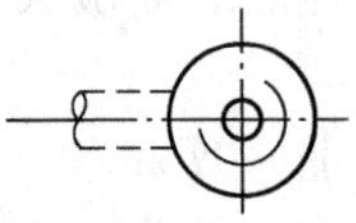	2，11	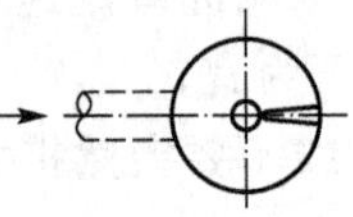
Ⅵ	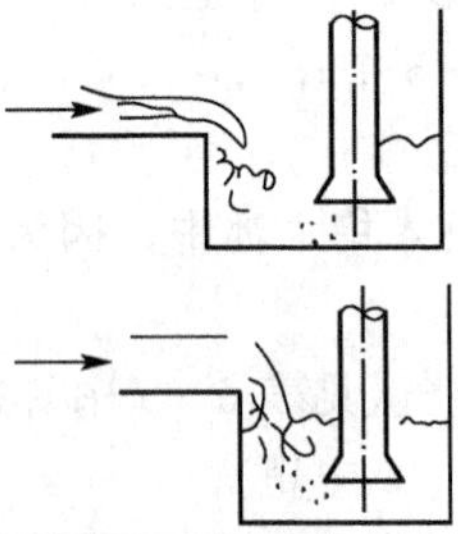	8 8	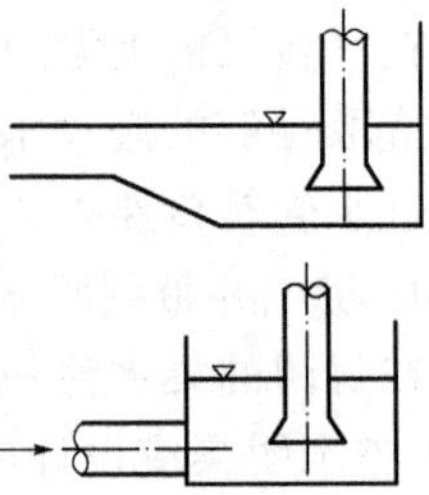
Ⅶ	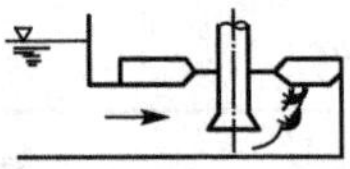	9	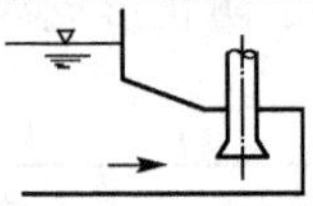 池内集存的空气，可以排除
Ⅷ		10	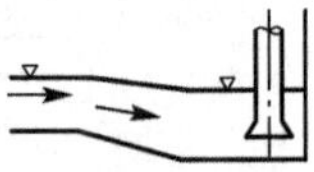
Ⅸ	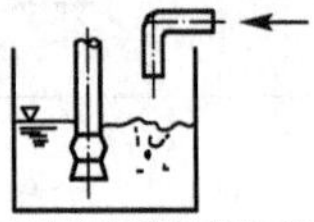	8	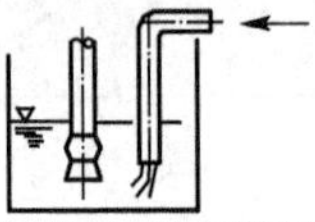

由于集水池（吸水井）的形状受某些条件的限制（如场地大小、施工条件、机组配置等），不可能设计成理想的形状和尺寸时，为了防止产生空气吸入涡、水中涡及旋流等，可设置涡流防止壁。几种典型的涡流防止壁的形式、特征和用途如表 6-6 所示。

表 6-6　涡流防止壁的形式、特征和用途

序号	形式	特征	用途
1	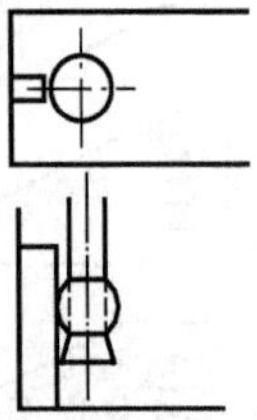	当吸水管与侧壁之间的空隙大时，可防止吸水管下水流的旋流；并防止随旋流而产生的涡流。但是，如设计涡流防止壁中的侧壁距离过大时，会产生空气吸入涡	防止吸水管下水流的旋流与涡流
2	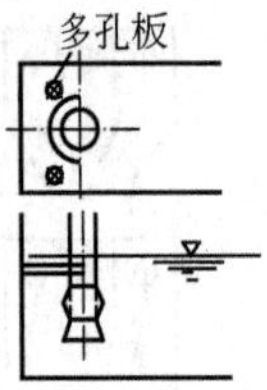 多孔板	防止因旋流淹没水深不足，所产生的吸水管下的空气吸入涡，但是不能防止旋流	防止吸水管下产生空气吸水涡

（续）

序号	形式	特征	用途
3	多孔板	预计到因各种条件在水面有涡流产生时，用多孔板防止涡流	防止水面空气吸入涡流

6.3.5 出流设施

出水池：出水池分为封闭式和敞开式两种，敞开式高出地面，池顶可以做成全敞开或半敞开。出水池的布置应满足水泵出水的工艺要求。

水泵在出水管口淹没条件下启动时，出水池会发生壅高水位，以克服水池到水体的全部水头损失，并提供推动静止水柱的惯性水头。由于排水泵站的来水量不断变化，水泵启闭比较频繁，对出水池可能发生的水位壅高现象应有充分的估计，并采取稳妥措施，以保证出水池和出水总管的安全运行。

（1）在出水总管长，水头损失大，估算水文壅高值困难时，工程设计中采取的方法是将水池局部做成敞开的高型井，井内设溢流设施的方法。

（2）在出水管总管不长，水头损失不大时，出水池一般做成封闭式。池顶设防止负压的空气管和用于维护检修的压力人孔。池顶安装泄空管。

（3）溢流管的作用是当水体水位不高，同时排水量不大时，或在泵发生故障或突然停电时，用以排泄雨水。因此，在连接溢流管的检查井中应装设闸板，平时该闸板关闭。

（4）出水管道：出水管道的压力水头高于检查井顶时应做压力井。

（5）出水口：雨水排入河道出口应设出水口闸门，出口流速控制在 0.6～1.0m/s。护底、护坡应满足河道管理的要求，避免对河道的冲刷和影响航运。

6.3.6 附属设备相关规定

水泵传动轴长度大于 1.8m 时，必须设置中间轴承。

水泵间内应设集水坑及小型水泵以排除水泵的渗水，该泵应设在不被水淹之处。

在设立式轴流泵的泵站中，电动机间一般设在水泵间之上。电动机间应设置起重设备，在房屋跨度不大时，可采用单梁吊车；在跨度较大或起重量较大时，应采用桥式吊车。电动机间的地板上应有吊装孔，该孔在平时用盖板盖好。采用单梁吊车时，为方便起吊工作，工字梁应放在机组的上方。如果梁正好在大门中心时，则可使工字梁伸出 1m 以上，设备起吊后可直接装上汽车，但应注意考虑大门上面过梁的负荷问题。另外，也有的将大门加宽，使汽车进到泵站内，以便吊起的设备直接装车。

电动机间的净空高度，当电动机功率在 55kW 以下时，应不小于 3.5m；在 100kW 以上时，应不小于5.0m。

为了便于检修，集水池最好分隔成进水格间，每台泵有各自单独的进水格间，在各进水格间的隔墙上设砖墩，墩上有槽或槽钢滑道，以便插入闸板。闸板设两道，平时闸板升高，检修时将闸板放下，中间用粘土填实，以防渗水。

在集水池前应设格栅，格栅可单独设置或附设在泵站内，单独设置的格栅井通常建成露天式，四周围以栏杆，也可以在井上设置盖板。附设在泵站内时，必须与机器间、变压器间和其他房间完全隔开。为便于清理格栅要设格栅平台，平台应高于集水池设计最高水位0.5m，平台宽度应不小于1.2m，平台上应做渗水孔，并装上自来水龙头以便冲洗。格栅宽度不得小于进水管渠宽度的两倍。格栅栅条间隙可采用50～100mm。

格栅前进水管渠内的流速不应小于1m/s，过栅流速不超过0.5m/s。

为了便于检修，集水池最好分隔成进水格间，每台泵有各自单独的进水格间，在各进水格间的隔墙上设砖墩，墩上有槽或槽钢滑道，以便插入闸板。闸板设两道，平时闸板开启，检修时将闸板放下，中间用粘土填实，以防渗水。

6.3.7 雨水泵站工艺设计实例

1. 概况

本雨水泵站汇水范围229.29ha，全部为低区。低区排水在河水水位上升后，不能自流排出，需经雨水泵站强制排出。汇水在进入雨水泵站之前，先经截污井截污($n=1.0$)，截污后雨水进入雨水泵站，污水进入截污干管输送至污水处理厂。本雨水泵站水系汇水，峰值流量为16.35m³/s。

本泵站设计雨水流量为13.60m³/s。

河流洪水位：10年一遇35.58m(黄海高程，下同)；200年一遇38.95m。

2. 汇水量计算

计算公式：

$$Q=\psi qF$$

本设计中暴雨强度公式如下，综合径流系数按用地规划取加权平均值：

$$q=\frac{2150.5(1+0.411 lg T)}{(t+13.275)^{0.6846}}$$

式中，$t=t_1+mt_2$；$t_1=10min$；$m=2.0$；$\psi=0.68$；$T=1$年。

泵站前计算总汇水量为16.35m³/s，经过截污井($n=1.0$)截污后进入泵站的雨水量为15.78m³/s，考虑汇水范围内现有水塘沟渠的调蓄作用，确定本泵站的排涝流量为13.60m³/s。

为便于集中检修与控制，检修场与控制场分别置于泵房的两端。

上部建筑为举行组合式的砖砌建筑物。

集水池系露天设置，内设格栅一个，为了起吊格栅及清除污物，在清水池上部设置SH₅手动吊车一部。

每台泵有单独的出水管道，为 DN1000mm 铸铁管，以 60°角由泵房直接穿出地面，使管道中心升到 23.50m 高程(地面设计高程为 22.40m)。

3. 工艺设计

1) 站前溢流井

水力参数如下：

(1) 溢流井进水涵 5.0m×2.2m，$i=0.005$，进水流量 16.35m³/s；

(2) 溢流井出水涵 6.0m×2.0m，$i=0.0025$，出水流量 15.78m³/s；

(3) 截流管(截留倍数 $n=1.0$)DN1000，$i=0.001$，出水流量 0.57m³/s；

(4) 溢流井底板标高 29.02m，溢流坎坎顶标高 29.52m。

2) 沉砂池

为了防止初期雨水中所含的较大颗粒的泥砂流入外河对河道产生淤积和污染，或进入泵房对泵产生影响，在汇水自排出河或进入泵房之前，设沉砂池进行沉砂处理。

设计采用平流式沉砂池，可去除水中所含相对密度大于 2.65，颗粒直径在 0.2mm 以上的砂粒。

设计参数如下：

(1) 沉砂池分为两格，进出水端均设闸门控制，可分格检修；

(2) 最大流速 $v=0.3$m/s；

(3) 最大流量时的停留时间 $t=30$s；

(4) 沉砂含水率 60%，容重 1500kg/m³(根据长沙市城区现在已有的雨水泵站的出渣情况，在雨季，本泵站的日均沉砂量预计为 4m³/d)；

(5) 沉砂斗雨季每 5 天排砂 1 次。

3) 格栅

本泵站内设有两道格栅：

第一道格栅设于沉砂池的末端出水闸门前，栅条采用 $\phi 50$ 钢管焊制，中心距 250mm，起到拦截水中的大型漂浮物的作用。采用人工清渣方式。

第二道格栅设于泵房吸水池前，采用回转式机械格栅，栅条宽度 10mm，栅条间隙 50mm，过栅流速 1.0m/s，用于拦截水中的小型漂浮杂质。设两座宽度为 4.1m 的格栅井，格栅宽度为 4.0m。

4) 雨水泵房

泵房的进水涵底板标高为 27.83m。

泵房设计流量 $Q=13.60$m³/s。

泵房进水闸门在外河水位低于 29.80m 时处于关闭状态，雨水自流排入外河；当外河水位高于 29.80m 时开启进水闸门，泵站进入工作状态，雨水经泵站提升排入外河。

(1) 泵站设计扬程的确定：

最高启泵水位：29.80m

最低停泵水位：27.90m

设计扬程：35.58－(27.80+2.0)+2=7.78(m)

校核扬程：38.95－(27.80+2.0)+2=11.15(m)

（2）泵的选型方案如下：

① 第一方案：选用 8 台潜水混流泵。

泵型为 900HQB-50D，叶片安装角度+2°。

单泵工况参数为：$Q=1.7m^3/s$，$H=7.8m$，$N=185kW$，水力效率 86.4%。

总配电功率 $N_总=185×8=1480(kW)$。

② 第二方案：选用 6 台潜水混流泵。

泵型为 900QH-72G，叶片安装角度+4°。

单台泵的工况参数为：$Q=2.27m^3/s$，$H=10m$，$N=315kW$，水力效率 82%。

总配电功率 $N_总=315×6=1890(kW)$。

③ 第三方案：选用 5 台潜水混流泵。

泵型为 1200HQB-50，片安装角度-4°。

单泵工况参数为：$Q=2.27m^3/s$，$H=9.2m$，$N=440kW$，水力效率 85.2%。

总配电功率 $N_总=440×5=2200(kW)$。

④ 第四方案：选用 4 台潜水混流泵。

泵型为 1200HQB-50，叶片安装角度0°。

单泵工况参数为：$Q=3.4m^3/s$，$H=9m$，$N=520kW$，水力效率 81.5%。

总配电功率 $N_总=520×4=2080(kW)$。

通过以上四种方案的设计参数对比，可以看出，第一方案总配电功率最小，常年运行最经济，泵的水力效率最高，而且单台出流较小，有利于在雨季降水量较小时，分级启泵排渍，使泵站运行能耗降低，因此最终确定方案一。

将 8 台雨水泵分设在两个相对独立的泵室内，两泵室之间设闸门连通，既可联合运行，又便于分格检修。单格吸水池有效调节容积为 315m³，大于单台泵 30s 的抽水量。

泵的出水采用单泵单管形式；外河出口处设拍门。

泵站自排出口处设闸门，外河低水位时，闸门开启；外河高水位时，闸门关闭。

5）泥砂浓缩池

由于经泥浆泵从沉砂池中抽出的泥砂含水较大，不方便外运，因此，设一座泥砂浓缩池以去除泥砂中的水分。

浓缩时间设为 12h。

方案比较：为了提高泥砂浓缩工序操作的自动化程序，减少工人的劳动强度，建议本工序采用旋流式沉砂池除砂机。

6）固体杂质处理及出路

对于从机械格栅拦截下来的悬浮物和经泥砂浓缩池浓缩后的泥砂，需经压榨机压榨，进一步去除水分，再送至垃圾中转集装箱收集，经垃圾运输车密闭运送至城市垃圾处理场。经压榨后的泥砂含水率按 10% 计算，则日均出渣量为 1.78m³。对于从沉砂池中的第一道格栅拦截下来的大型漂浮物，则集中堆放在大型垃圾堆场中，最终经打包密封后即可运送至城市垃圾处理场。

7）泵站工艺图

泵站工艺图见图 6.11。

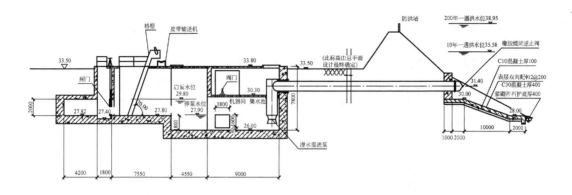

(a) 泵站工艺剖面图

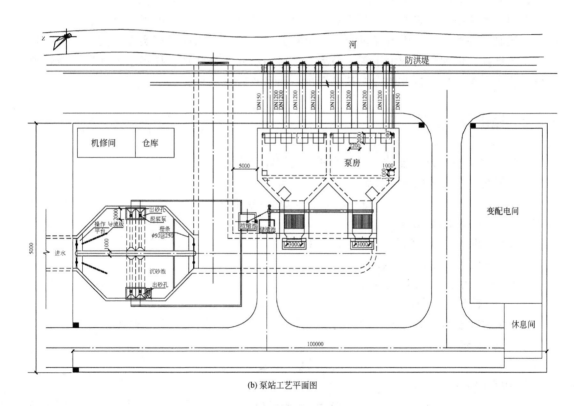

(b) 泵站工艺平面图

图 6.11　潜水泵雨水泵站工艺图

6.4 合流泵站的工艺设计

　　合流泵站：在降雨时应立即能按着雨水流量来控制，同时要满足使污水及时排出，不发生倒灌；在非雨季时节，其运行特点，同一般污水泵站的运行规律。

6.4.1 合流制的适用条件

合流制是指用同一管渠系统收集和输送城镇污水和雨水的排水方式。

采用合流制排水系统在基建投资、维护管理等方面可显示出其优越性，但其最大的缺点是增大了污水处理厂规模和污水处理的难度。因此，只有在具备了以下条件的地区和城市方可采用合流制排水系统。

(1) 雨水稀少的地区。

(2) 排水区域内有一处或多处水量充沛的水体，环境容量大，一定量的混合污水溢入水体后，对水体污染危害程度在允许范围内。

(3) 街道狭窄，两侧建设比较完善，地下管线多，且施工复杂，没有条件修建分流制排水系统。

(4) 在经济发达地区的城市，水体环境要求很高，雨、污水均需处理。

在旧城改造中，宜将原合流制排水系统改造为分流制。但是，由于将原直泄式合流制改为分流制，并非易事，因改建投资大，影响面广，往往短期内很难实现。而将原合流制排水系统保留，沿河修建截流干管和溢流井，将污水和部分雨水送往污水处理厂，经处理达标后排入受纳水体。这样改造，其投资小，而且较容易实现。

6.4.2 城市合流水量

合流污水泵站的设计流量，应按下列公式计算确定。

(1) 泵站后设污水截流装置时，按公式计算。

$$Q = Q_d + Q_m + Q_s = Q_{dr} + Q_s \tag{6-2}$$

式中：Q——设计流量(L/s)；

Q_d——设计综合生活污水设计流量(L/s)；

Q_m——设计工业废水量(L/s)；

Q_s——雨水设计流量(L/s)；

Q_{dr}——截流井以前的旱流污水设计流量(L/s)。

(2) 泵站前设污水截流装置时，雨水部分和污水部分分别按下列公式计算。

① 雨水部分：

$$Q_p = Q_s - n_0 Q_{dr} \tag{6-3}$$

② 污水部分：

$$Q_p = (n_0 + 1) Q_{dr} \tag{6-4}$$

式中：Q_p——泵站设计流量(m³/s)；

Q_s——雨水设计流量(m³/s)；

Q_{dr}——旱流污水设计流量(m³/s)；

n_0——截流倍数。

截流倍数 n_0 应根据旱季污水的水质、水量、排放水体的卫生要求、水文、气候、经济和排水区域大小等因素经计算确定，宜采用1～5。在同一排水系统中可采用同一截流倍数或不同截流倍数。

　　城市合流管道的总流量、溢流井以后管段的流量估算和合流管道的雨水量重现期的确定可参照《室外排水设计规范》（GB 50014—2006）"合流水量"有关条文。

6.4.3　合流制泵站的特点

　　在合流制或截流式合流污水系统设置的用以提升或排除服务区域内的污水和雨水的泵站为合流泵站。合流泵站的工艺设计、布置、构造等具有污水泵站和雨水泵站两者的特点。

　　合流泵站在不下雨时，抽送的是污水，流量较小。当下雨时，合流管道系统流量增加，合流泵站不仅抽送污水，还要抽送雨水，流量较大。因此在合流泵站设计选泵时，不仅要装设流量较大的用以抽送雨天合流污水的泵，还要装设小流量的泵，用于不下雨时抽送经常连续流来的少量污水。这个问题应该引起重视，解决不好会造成泵站工作的困难和电能浪费。如某城市的一个合流泵站中，只装了两台 28ZLB-70 型轴流泵，没有安装小流量的污水泵。大雨时开一台泵已足够，而且开泵的时间很短（约 10～20min）。由于泵的流量太大，根本不适合抽送经常连续流来的少量污水。一台大泵一开动，很快就能将集水池的污水吸完，泵立即停车。泵一停，集水池中水位又逐渐上升，水位到一定高度，又开大泵抽一下，但很快又要停车。如此连续频繁开停泵，会给工作带来很多不便。因此，合流泵站设计时，应根据合流泵站抽送合流污水及其流量的特点，合理选泵及布置泵站设备。

6.4.4　合流泵站规划用地指标

　　合流泵站可参考雨水泵站指标，见表 6-7。

表 6-7　雨水泵站规划用地指标($m^2 \cdot s/L$)

建设规模	雨水流量(L/s)			
	20000 以上	10000～20000	5000～10000	100～5000
用地指标	0.4～0.6	0.5～0.7	0.6～0.8	0.8～1.1

　　注：1. 用地指标是按生产必需的土地面积。

　　　　2. 雨水泵站规模按最大秒流量计。

　　　　3. 本指标未包括站区周围绿化带用地。

6.4.5　水泵配置

　　由于合流污水泵的特征是流量大、扬程低、吸水能力小，根据多年来的实践经验，应采用自灌式泵站。若采用非自灌式泵站，保养较困难。

　　合流污水泵设计扬程根据出水管渠水位及集水池水位的不同组合，可组成不同的扬程。设计平均流量时出水管渠水位与集水池设计水位之差加上管路系统水头损失和安全水头为设计扬程。设计最小流量时出水管渠水位与集水池设计最高水位之差加上管路系统水头损失和安全水头为最低工作扬程。设计最大流量时出水管渠水位与集水池设计最低水位之差加上管路系统水头损失和安全水头为最高工作扬程。安全水头一般为 0.3～0.5m。

合流污水泵房的备用泵台数，应根据下列情况考虑。

(1) 地区的重要性：不允许间断排水的重要政治、经济、文化和重要的工业企业等地区的泵房，应有较高的水泵备用率。

(2) 泵房的特殊性：是指泵房在排水系统中的特殊地位。如多级串联排水的泵房，其中一座泵房因故不能工作时，会影响整个排水区域的排水，故应适当提高备用率。

(3) 工作泵的型号：当采用橡胶轴承的轴流泵抽送污水时，因橡胶轴承等容易磨损，造成检修工作繁重，也需要适当提高水泵备用率。

(4) 台数较多的泵房，相应的损坏次数也较多，故备用台数应有所增加。

(5) 水泵制造质量的提高，检修率下降，可减少备用率。

合流污水泵房设备用泵，当工作泵台数不大于 4 台时，备用泵宜为 1 台。工作泵台数不小于 5 台时，备用泵宜为 2 台；但是备用泵增多，会增加投资和维护工作，综合考虑后作此规定。由于潜水泵调换方便，当备用泵为 2 台时，可现场备用 1 台，库存备用 1 台，以减小土建规模。多级串联的合流污水泵站，应考虑级间调整的影响。

6.4.6 合流泵站的构造特点

合流管道应按满流计算，排水管渠在满流时的最小设计流速为 0.75m/s。

截流井的位置，应根据污水截流干管位置、合流管渠位置、溢流管下游水位高程和周围环境等因素确定。

截流井宜采用槽式，也可采用堰式或槽堰结合式。管渠高程允许时，应选用槽式，当选用堰式或槽堰结合式时，堰高和堰长应进行水力计算。

截流井溢流水位，应在设计洪水位或受纳管道设计水位以上，当不能满足要求时，应设置闸门等防倒灌设施。

截流井内宜设流量控制设施。

合流污水泵站集水池的设计最高水位，应与进水管管顶相平。当设计进水管道为压力管时，集水池的设计最高水位可高于进水管管顶，但不得使管道上游地面冒水。

泵站集水池前，应设置闸门或闸槽；泵站宜设置事故排出口，污水泵站和合流污水泵站设置事故排出口应报有关部门批准。

合流污水泵站宜设试车水回流管，出水井通向河道一侧应安装出水闸门或考虑临时封堵措施。

6.4.7 合流泵站工艺设计实例

图 6.12～图 6.14 为某合流泵站设计实例的平面图及剖面图。

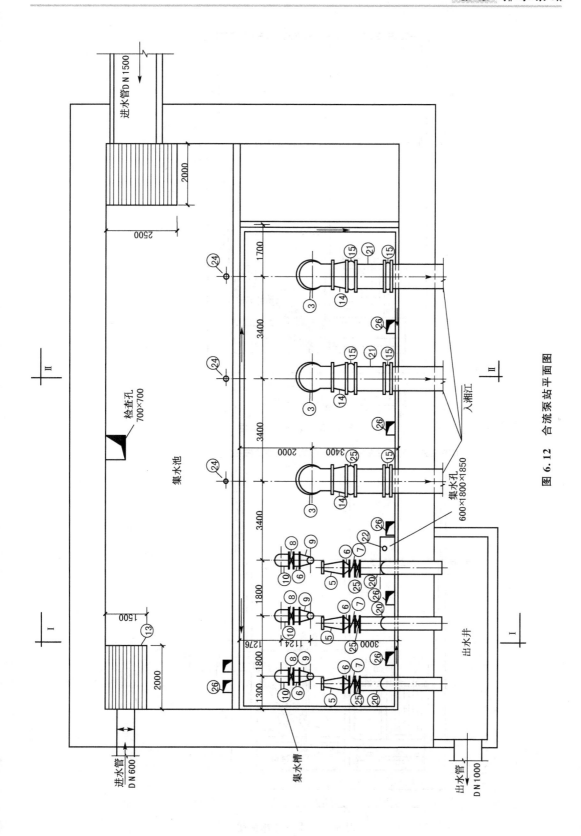

图 6.12 合流泵站平面图

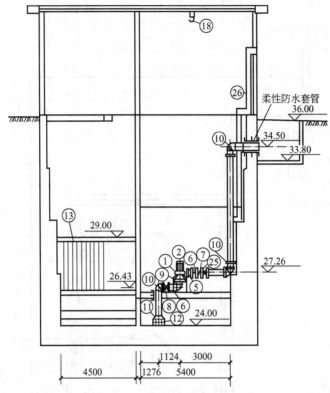

柔性防水套管

图 6.13 Ⅰ—Ⅰ剖面图

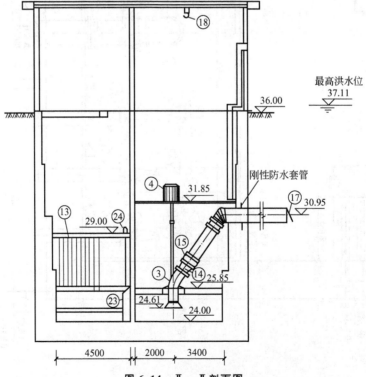

最高洪水位
37.11

刚性防水套管

图 6.14 Ⅱ—Ⅱ剖面图

(1) 泵站设计流量。

泵站排渍设计流量为 $2.83m^3/s$,污水提升常年运转设计流量为 $0.51m^3/s$。

(2) 选泵。

泵站设计雨水泵三台,型号为 28ZLB-70,单台流量 $0.8\sim1.2m^3/s$,扬程 $10\sim11.5m$,转速 730r/min,功率 155kW;污水泵设三台,型号为 8PWL,单台流量 $0.16\sim0.20m^3/s$,扬程 $9.5\sim13m$,转速 730r/min,功率 45kW。为节省能耗,雨水泵采用高水位启动。

(3) 泵站布置。

泵站总建筑面积 $915m^2$,设有机器间、集水池、出水池、检修间、值班室、休息室、高低压配电间、变压器间及应有的生活设施。泵站前设有事故排放口和沉砂井。泵站为半地下式,机器间、集水池、出水池均在地下,其余在地上。

(4) 集水池。

集水池有效容积:污水泵按最大泵 10min 出水量计算,雨水泵按最大泵 3min 出水量计算。集水池污泥用污泥泵排出。

(5) 格栅。

污水进入集水池均经过格栅,为减轻管理人员劳动强度,格栅采用机械格栅。

(6) 通风。

为解决高温散热、散湿和空气污染,泵站采用机械通风,机器间和集水池均设置通风设备。

(7) 设计标高。

泵站上游管底标高 26.00m,下游管底标高 33.80m,最高洪水位 37.11m,集水池底标高 24.00m,水泵间标高 25.85m,雨水泵电机间标高 31.85m,格栅平台标高 29.00m。

(8) 其他。

污水泵自灌式启动,考虑以后的维修养护,且不能停止运行,在泵前吸水管路设有闸阀。污水泵压水管路设有闸阀及止回阀,雨水泵出水管上设有拍门。为抗振和减少噪声,管路上设有曲挠接头。为排除泵站内集水,设有集水槽及集水坑,由潜污泵排除集水。泵站设单梁起重机一台。机器间内管材均采用钢管,管材与泵、阀、弯头均采用法兰连接,所有钢管均采用加强防腐措施,淹没在集水池的钢管,外层均采用玻璃钢防腐。

该合流泵站的主要设备材料见表 6-8。

表 6-8 设备材料一览表

编号	名称	型号、规格	单位	数量	备注
1	污水泵	8PWL,$Q=0.2m^3/s$,$H=12m$	台	3	
2	电机	Y250M-8,$n=730r/min$,$N=40kW$	台	3	
3	轴流泵	28ZLB-70,$Q=1m^3/s$,$H=11m$	台	3	
4	电机	轴流泵配套	台	3	
5	渐扩管	DN200×400	个	3	
6	曲挠接头	DN400,KXT	个	6	

（续）

编号	名称	型号、规格	单位	数量	备注
7	缓闭止回阀	HH44X-10 型，DN400	个	3	
8	蝶阀	D_j371X-10，DN400	个	3	
9	渐扩弯头	90°，DN250×400	个	3	
10	弯头	90°，DN400	个	6	
11	喇叭口	DN400×600	个	3	
12	喇叭口支座	DN600	个	3	
13	机械格栅	ZD，2500×3000	台	1	
14	渐扩管	DN700×800	个	3	
15	曲挠接头	DN800，KXT	个	6	
16	弯头	135°，DN800	个	3	
17	拍门	DN800	个	3	
18	单梁起重机	MD_l2-18D	台	1	
19	机械格栅	ZD，2200×1500	台	1	
20	钢管	DN400			
21	钢管	DN800			
22	潜污泵	80QWB0.3-10	台	1	
23	闸门	HZFN1800×2600	个	3	
24	启闭机	LQD-V	个	3	
25	蝶阀	D_j371X-10，DN400	个	3	
26	风机、风管	FS_4-72，NO3，风管 250×400	台	7	

本 章 小 结

    本章主要讲述排水泵站的组成与分类方法；泵站的基本类型和特点；污水泵站、雨水泵站、合流泵站的工艺特点及设计参数选择；水泵的选择；机组与管道布置特点；污水泵站集水池容积计算；雨水泵站集水池的计算；泵站内部标高的确定与计算。

    重点与难点：水泵选择的依据、原则和方法；选泵方案的技术经济比较；污水泵站的工艺特点及选泵方法；雨水泵站的工艺特点及选泵方法；合流泵站的工艺特点和选泵方法；螺旋泵站的工艺特点、泵站设计参数的选择。

习 题

1. 污水泵站的集水池容积的确定。
2. 排水泵站选择站址应注意什么？
3. 单独设立的污水泵站采用的计量设备？
4. 什么叫雨水泵站的"干室式"和"湿室式"？
5. 简述雨水泵站的选泵要点。
6. 雨水泵站吸水室中水涡有哪些类型及如何防止水涡？

参 考 文 献

[1] 姜乃昌. 泵与泵站 [M]. 5 版. 北京：中国建筑工业出版社，2007.

[2] 金锥，姜乃昌，等. 停泵水锤及其防护 [M]. 2 版. 北京：中国建筑工业出版社，2007.

[3] 中华人民共和国水利部. 泵站设计规范（GB/T 50265—2010）[S]. 北京：中国计划出版社，2010.

[4] 栾鸿儒. 水泵及水泵站 [M]. 北京：中国水利水电出版社，1993.

[5] 刘竹溪，刘景植. 水泵及水泵站 [M]. 4 版. 北京：中国水利水电出版社，2009.

[6] 上海市建设和交通委员会. 室外给水设计规范（GB 50013—2006）[S]. 北京：中国计划出版社，2010.

[7] 上海市建设和交通委员会. 室外排水设计规范（GB 50014—2006）[S]. 北京：中国计划出版社，2010.

[8] 上海市政工程设计研究院. 给水排水设计手册（第 3 册—城镇给水）[M]. 北京：中国建筑工业出版社，2004.

[9] 北京市市政工程设计研究总院. 给水排水设计手册（第 5 册—城镇排水）[M]. 北京：中国建筑工业出版社，2004.

[10] 中国市政工程西北设计院. 给水排水设计手册（第 11 册—常用设备）[M]. 北京：中国建筑工业出版社，2004.

[11] [俄] В. Ф. 切巴耶夫斯基. 泵站设计与抽水装置试验 [M]. 4 版. 窦以松，何希杰，等译. 刘竹溪，校. 北京：中国水利水电出版社，2007.

[12] 徐士鸣. 水泵与风机——原理及应用 [M]. 大连：大连理工大学出版社，1992.

[13] 崔福义，彭永臻. 给排水工程仪表与控制 [M]. 北京：中国建筑工业出版社，2006.

[14] 王圃，龙腾锐，等. 给水泵站的水泵优选及节能改造 [J]. 中国给水排水，2004，20(10)：81 - 83.

[15] 赵新华，王维斌，等. 给水泵站设计中水泵方案优选的研究 [J]. 中国给水排水，1997，13(1)：9 - 11.

[16] 付强，袁寿其，等. 大型给水泵站进、出水流道数值模拟及优化技术 [J]. 中国给水排水，2012，28(1)：48 - 51.

[17] 朱雪明，黄澄，等. 大型市政输水泵站综合自动化系统设计 [J]. 给水排水，2010，36(2)：52 - 57.